职业教育“十四五”规划系列教材

中文版CorelDRAW X6平面设计案例教程

主　编　刘　颖　李锦鹤　翟魏欣

副主编　秦椏楠　解晓华　张红举

参　编　郭晓静　董芳羽　孙世婧

杨振南

華中科技大學出版社

http://press.hust.edu.cn

中国·武汉

图书在版编目(CIP)数据

中文版 CorelDRAW X6 平面设计案例教程/刘颖,李锦鹤,翟魏欣主编. —武汉:华中科技大学出版社,2023. 10
ISBN 978-7-5772-0155-9

Ⅰ. ①中… Ⅱ. ①刘… ②李… ③翟… Ⅲ. ①图形软件-案例-教材 Ⅳ. ①TP317.4

中国国家版本馆 CIP 数据核字(2023)第 196204 号

中文版 CorelDRAW X6 平面设计案例教程　　刘　颖　李锦鹤　翟魏欣　主编
Zhongwen Ban CorelDRAW X6 Pingmian Sheji Anli Jiaocheng

策划编辑:胡天金
责任编辑:周江吟
封面设计:旗语书装
版式设计:赵慧萍
责任监印:朱　玢
出版发行:华中科技大学出版社(中国·武汉)　　电话:(027)81321913
　　　　　武汉市东湖新技术开发区华工科技园　　邮编:430223
录　　排:华中科技大学出版社美编室
印　　刷:武汉市籍缘印刷厂
开　　本:889mm×1194mm　1/16
印　　张:14.5
字　　数:419 千字
版　　次:2023 年 10 月第 1 版第 1 次印刷
定　　价:55.00 元

本书若有印装质量问题,请向出版社营销中心调换
全国免费服务热线:400-6679-118　竭诚为您服务

PREFACE 前言

CorelDRAW是由Corel公司开发的矢量图形处理和编辑软件，它功能强大、易学易用，深受图形图像处理爱好者和平面设计人员的喜爱。本书根据教育部最新教学大纲要求编写，邀请行业、企业专家和一线课程负责人一起，从人才培养目标、专业方案等方面做好顶层设计，明确专业课程标准，强化专业技能培养，安排教材内容；根据岗位技能要求，引入企业真实案例，力求达到“十四五”职业教育国家规划教材的要求，提高职业院校专业技能课的教学质量。

根据现代职业院校的教学方向和教学特色，我们对本书的编写体系做了精心的设计。全书根据CorelDRAW在设计领域的应用方向来组织内容，每个项目分为多个任务，各任务按照“任务分析—设计理念—任务实施—知识讲解—课堂演练”的思路进行编排，并在每个项目的最后通过实战演练将相关知识应用于实战，学生可以快速熟悉设计理念和制作方法。通过软件知识讲解，学生深入学习软件功能和制作特色；通过课堂演练和实战演练，学生不断提高实际应用能力。

在内容编写方面，我们力求细致全面、重点突出；在文字叙述方面，我们注意言简意赅、通俗易懂；在案例选取方面，我们强调案例的针对性和实用性。

本书配套的教学资源包可联系出版社获取。

由于编者水平有限，书中难免存在疏漏和不妥之处，敬请广大读者批评指正。

编者

CONTENTS 目录

项目一

初识 CorelDRAW X6

CorelDRAW 是目前最流行的矢量图形设计软件之一，是由全球知名的专业化图形设计与桌面出版软件开发商——加拿大的 Corel 公司于 1989 年推出的。本项目通过对案例的讲解，使读者对 CorelDRAW X6 有初步的认识和了解，并掌握该软件的基础知识和基本操作方法，为以后的学习打下坚实的基础。

项目目标

- 掌握工作界面的基本操作
- 掌握设置文件的基本方法

任务一 界面操作

任务目标

通过打开文件命令，熟悉菜单栏的操作；通过选取图像、移动图像和缩放图像，掌握工具箱中工具的使用方法。

任务实施

STEP 1 打开 CorelDRAW X6 软件，选择“文件>打开”命令，弹出“打开绘图”对话框。选择资源包中的“源文件\项目一\01”文件，如图 1-1 所示。单击“打开”按钮，打开文件，显示 CorelDRAW X6 的软件界面，如图 1-2 所示。

STEP 2 在窗口左侧工具箱中选择“选择”工具，单击选取页面中的薯条图像，如图 1-3 所示。拖曳图像到页面的左下角，移动薯条图像，如图 1-4 所示。

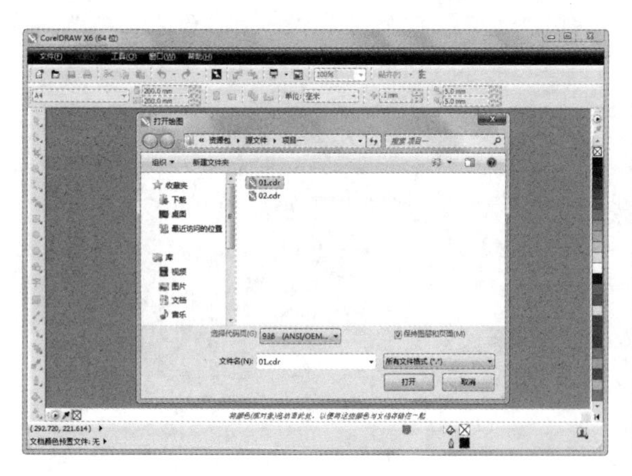
图 1-1

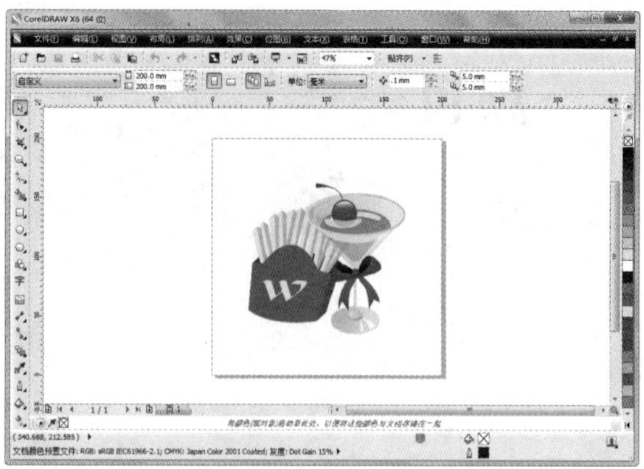
图 1-2

STEP 3 将鼠标指针放置在薯条图像对角线的控制手柄上，拖曳对角线上的控制手柄，缩小薯条图像，如图 1-5 所示。

图 1-3

图 1-4

图 1-5

STEP 4 选择“文件>另存为”命令，弹出“另存为”对话框，设置保存文件的名称、路径和类型，单击“保存”按钮，保存文件。

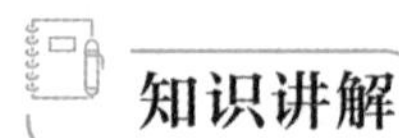

知识讲解

1. 菜单栏

CorelDRAW X6 中文版的菜单栏包含“文件”“编辑”“视图”“布局”“排列”“效果”“位图”“文本”“表格”“工具”“窗口”“帮助”等几个大类，如图 1-6 所示。单击每一类的名称将弹出其下拉菜单。例如，单击“编辑”菜单，将弹出如图 1-7 所示的菜单。

图 1-6

菜单最左边为图标，它和工具栏中具有相同功能的图标一致，以便于用户记忆和使用。

菜单最右边显示的组合键为操作快捷键，便于用户提高工作效率。

某些命令后带有“▸”标志，表明该命令还有下一级菜单，将鼠标指针停放其上即可弹出下拉菜单。

某些命令后带有“…”标志，单击该命令可弹出对话框，允许用户进一步对其进行设置。

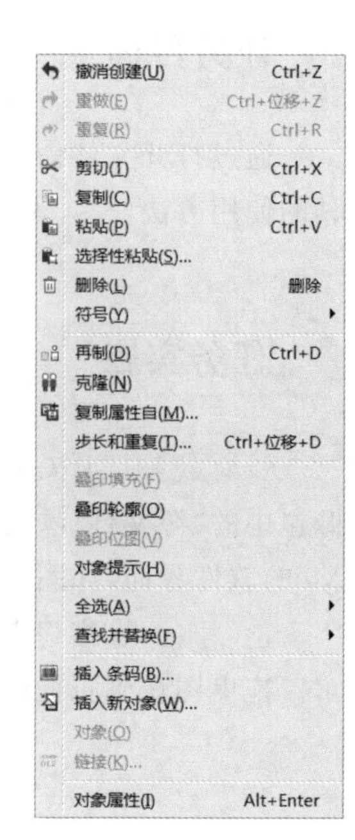

图 1-7

此外,“编辑”菜单中的某些命令呈灰色状态,表明该命令当前还不可使用,需要进行一些相关的操作后方可使用。

2. 工具栏

工具栏通常是在菜单栏的下方,但实际上,它摆放的位置可由用户自行决定。不只是“标准”工具栏如此,在 CorelDRAW X6 中,只要在前端出现控制柄的工具栏,用户均可按照自己的习惯进行拖曳摆放。

CorelDRAW X6 的“标准”工具栏如图 1-8 所示。

图 1-8

“标准”工具栏中存放了几种常用的命令按钮,如“新建”“打开”“保存”“打印”“剪切”“复制”“粘贴”“撤消”“重做”“搜索内容”“导入”“导出”“应用程序启动器”“欢迎屏幕”“缩放级别”“贴齐”“选项”等。它们可以使用户便捷地完成以上的基本操作动作。

此外,CorelDRAW X6 还提供了其他一些工具栏,用户可以在“选项”对话框中选择并显示它们。选择“工具>选项”命令,弹出如图 1-9 所示的对话框,选取所要显示的工具栏,单击“确定”按钮即可显示。图 1-10 所示为勾选“文本”复选框后显示的工具栏。

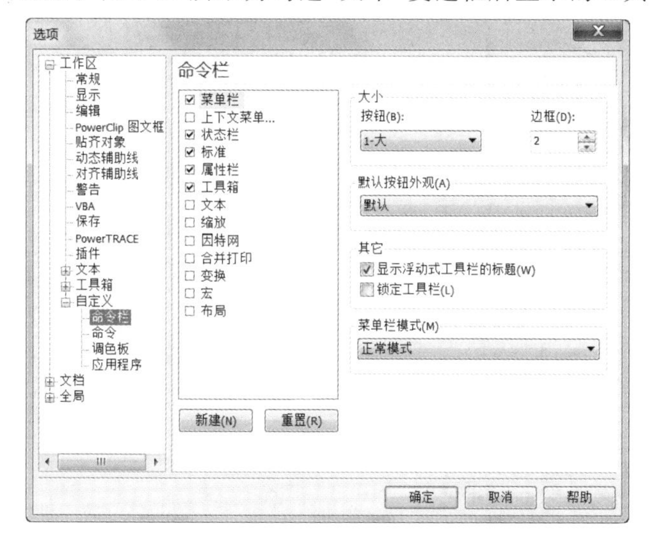

图 1-9

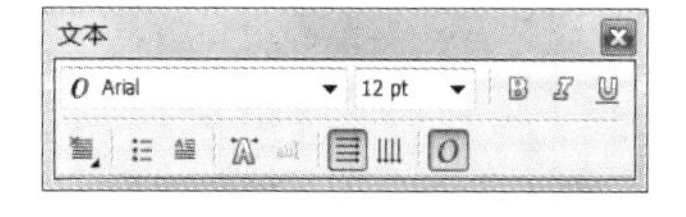

图 1-10

在菜单栏空白处右击,在弹出的快捷菜单中选择“变换”命令,可显示“变换”工具栏,如图 1-11 所示。另外,选择“窗口>工具栏>变换”命令,也可显示“变换”工具栏。

图 1-11

3. 工具箱

CorelDRAW X6 中文版的工具箱中放置着绘制图形的常用工具。这些工具是每一个软件使用者都必须掌握的。CorelDRAW X6 中文版的工具箱如图 1-12 所示,其中依次排列着“选择”工具、“形状”工具、“裁剪”工具、“缩放”工具、“手绘”工具、“智能填充”工具、“矩形”工具、“椭圆形”工具、“多边形”工具、“基本形状”工具、“文本”工具、“表格”工具、“平行度量”工具、“直线连接器”工具、“调和”工具、“颜色滴管”工具、“轮廓笔”工具、“填充”工具、“交互式填充”工具。

其中，有些工具按钮带有小三角标记◢，表明其还可展开下一级工具栏，将鼠标指针停放其上即可展开。例如，鼠标指针停放在"填充"工具上，将展开工具栏。此外，也可将其拖曳出来，变成固定工具栏，如图 1-13 所示。

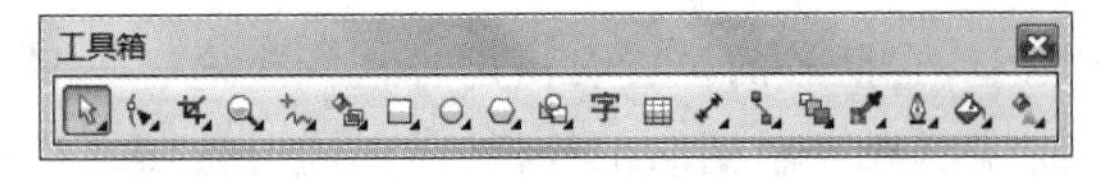

图 1-12

图 1-13

4. 泊坞窗

CorelDRAW X6 中文版的泊坞窗是一个十分有特色的窗口。当打开这一窗口时，它会停靠在绘图窗口的边缘，因此被称为"泊坞窗"。选择"窗口>泊坞窗>对象属性"命令，弹出"对象属性"泊坞窗，如图 1-14 所示。此外，还可将泊坞窗拖曳出来，摆放在任意位置，如图 1-15 所示。

图 1-14

图 1-15

其实，除了名称有些特别，泊坞窗更大的特色是其提供给用户便捷的操作方式。通常情况下，每个应用软件都会给用户提供许多用于设置参数、调节功能的对话框。用户在使用时，必须先打开它们，然后进行设置，再关闭它们。而一旦需要重新设置，则又要重复上述操作，十分不便。CorelDRAW X6 中文版的泊坞窗彻底解决了这一问题，它通过这些交互式的对话框，使用户无须重复打开、关闭对话框即可查看所做的改动，极为方便。

CorelDRAW X6 泊坞窗的列表位于“窗口>泊坞窗”子菜单中。用户可以选择“泊坞窗”下的各个命令，打开相应的泊坞窗。当同时打开多个泊坞窗时，除了活动的泊坞窗，其余的泊坞窗将沿着泊坞窗的右侧边缘以标签形式显示，效果如图 1-16 所示。

图 1-16

任务二　文件设置

任务目标

通过打开文件，熟练掌握“打开”命令；通过复制图像到新建的文件中，熟练掌握“新建”命令；通过关闭新建的文件，熟练掌握“保存”和“关闭”命令。

任务实施

STEP 1　打开 CorelDRAW X6 软件，选择“文件>打开”命令，弹出“打开绘图”对话框，如图 1-17 所示。选中资源包中的“源文件\项目一\02”文件，单击“打开”按钮，打开文件，如图 1-18 所示。

图 1-17

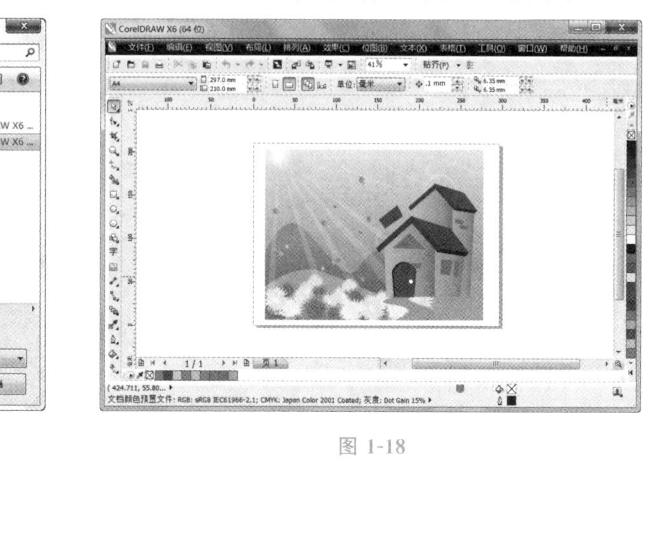

图 1-18

STEP 2 按 Ctrl+A 组合键，全选图形，如图 1-19 所示。按 Ctrl+C 组合键，复制图形。选择“文件>新建”命令，新建一个页面/文档，如图 1-20 所示。

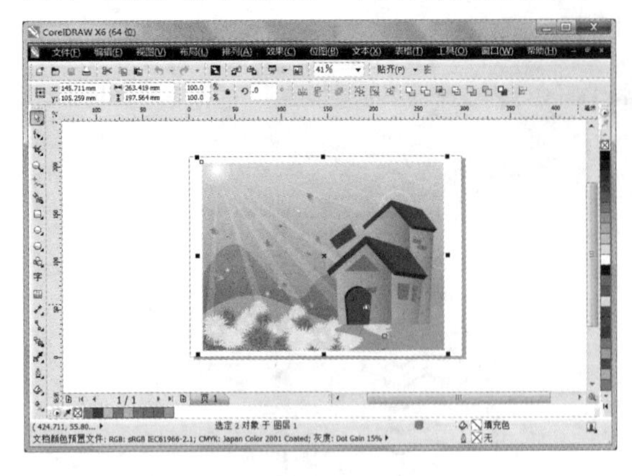

图 1-19

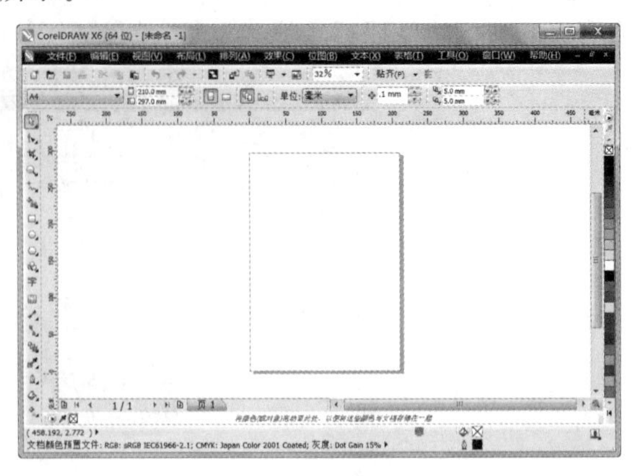

图 1-20

STEP 3 按 Ctrl+V 组合键，粘贴图形到新建的页面中，如图 1-21 所示，并拖曳到适当的位置。单击绘图窗口右上角的×按钮，弹出提示对话框，如图 1-22 所示。单击“是”按钮，弹出“保存绘图”对话框，选项的设置如图 1-23 所示。设置完成后单击“保存”按钮，保存文件。

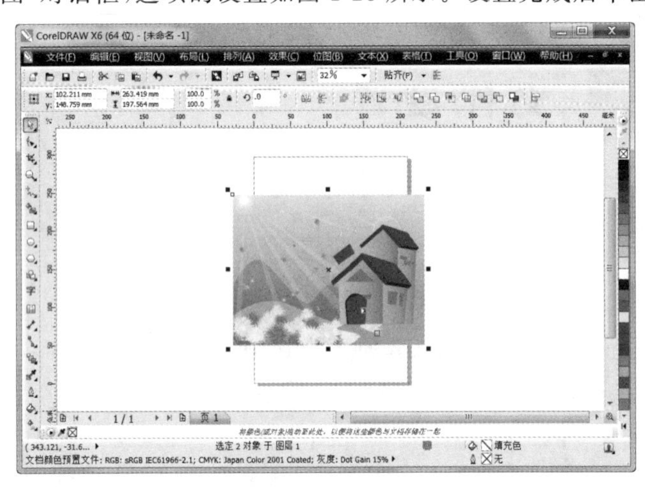

图 1-21

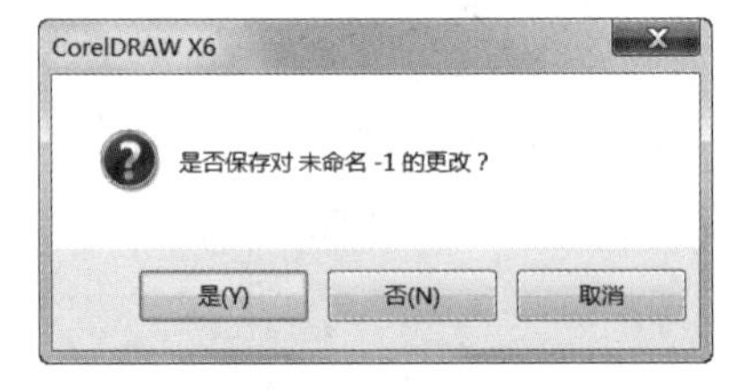

图 1-22

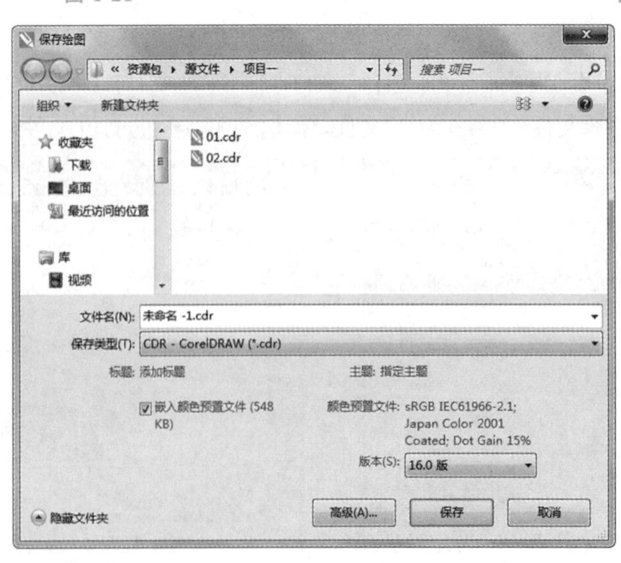

图 1-23

STEP 4 再次单击绘图窗口右上角的■按钮，关闭打开的“02”文件。单击标题栏右侧的“关闭”按钮 × 可关闭软件。

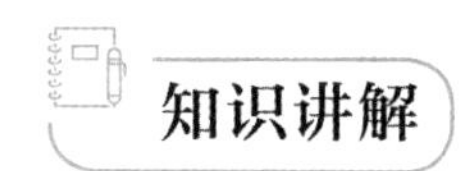

知识讲解

1. 新建和打开文件

新建和打开一个文件是使用 CorelDRAW X6 进行设计的第一步。下面介绍新建和打开文件的几种方法。

(1)使用 CorelDRAW X6 启动时的欢迎窗口新建和打开文件。启动时的欢迎窗口如图 1-24 所示。单击右侧的“新建空白文档”，可以建立一个新文档；单击“打开最近用过的文档”下方的文件名，可以打开之前编辑过的图形文件；单击“打开其他文档...”，弹出如图 1-25 所示的“打开绘图”对话框，从中可以选择要打开的图形文件。

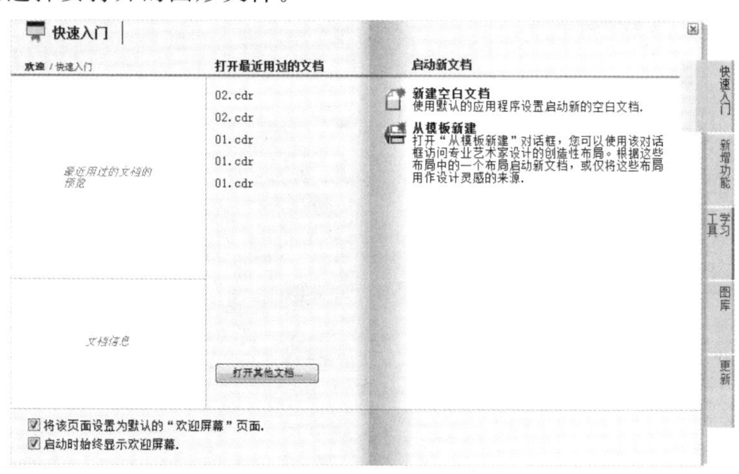

图 1-24

图 1-25

(2)使用菜单命令或快捷键新建和打开文件。选择“文件>新建”命令，或按 Ctrl+N 组合键，可以新建文件。选择“文件>打开”命令，或按 Ctrl+O 组合键，可以打开文件。

(3)使用“标准”工具栏新建和打开文件。单击“标准”工具栏中的“新建”按钮或“打开”按钮，可以新建或打开文件。

2. 保存和关闭文件

当完成某一作品后，要对其进行保存并关闭操作。下面介绍保存和关闭文件的几种方法。

(1)使用菜单命令或快捷键保存文件。选择“文件>保存”命令，或按 Ctrl＋S 组合键，可以保存文件。选择“文件>另存为”命令，或按 Ctrl＋Shift＋S 组合键，可以更名保存文件。

(2)如果是第一次保存文件，将弹出如图 1-26 所示的“保存绘图”对话框。在该对话框中，可以设置“文件名”“保存类型”“版本”等保存选项。

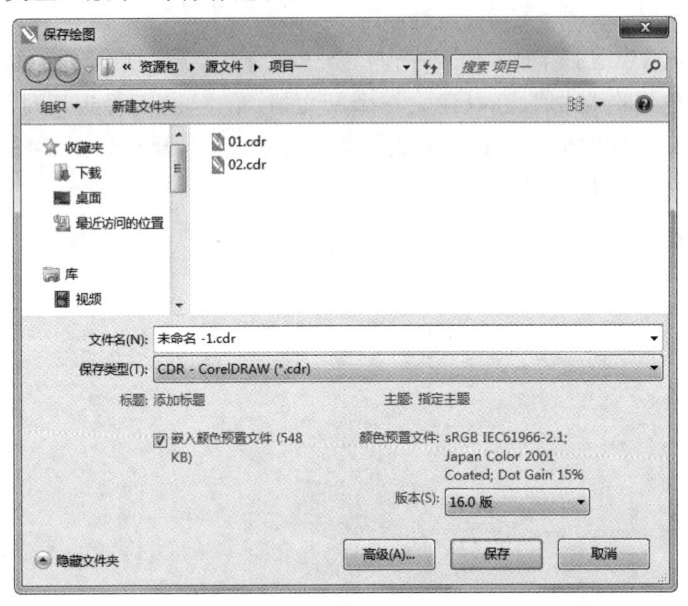

图 1-26

(3)使用“标准”工具栏保存文件。单击“标准”工具栏中的“保存”按钮保存文件。

(4)使用菜单命令或快捷按钮关闭文件。选择“文件>关闭”命令，或单击绘图窗口右上方的“关闭”按钮，可以关闭文件。此时，如果文件没有保存，将弹出如图 1-27 所示的提示框，询问用户是否保存文件。如果单击“是”按钮，则保存文件；如果单击“否”按钮，则不保存文件；如果单击“取消”按钮，则取消关闭文件的操作。

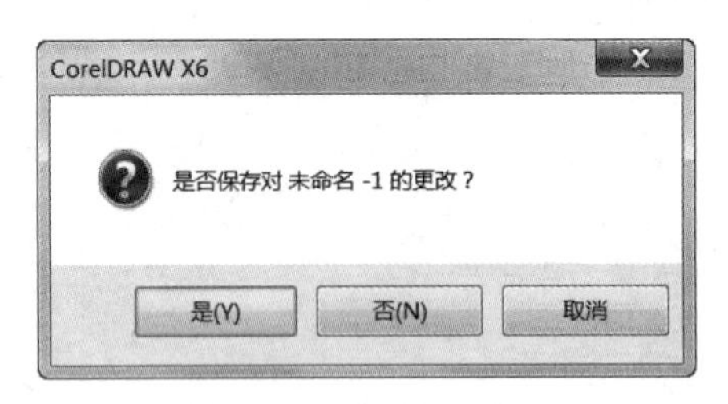

图 1-27

3. 导出文件

使用“导出”命令，可将 CorelDRAW X6 中的文件以各种不同的文件格式导出，供其他应用程序使用。导出文件有下面两种方法。

(1)使用菜单命令或快捷键导出文件。选择“文件>导出”命令，或按 Ctrl＋E 组合键，弹出“导出”对话框，如图 1-28 所示。在该对话框中可以设置“文件名”“保存类型”等选项。设置完成后单击“导出”按钮，即可导出文件。

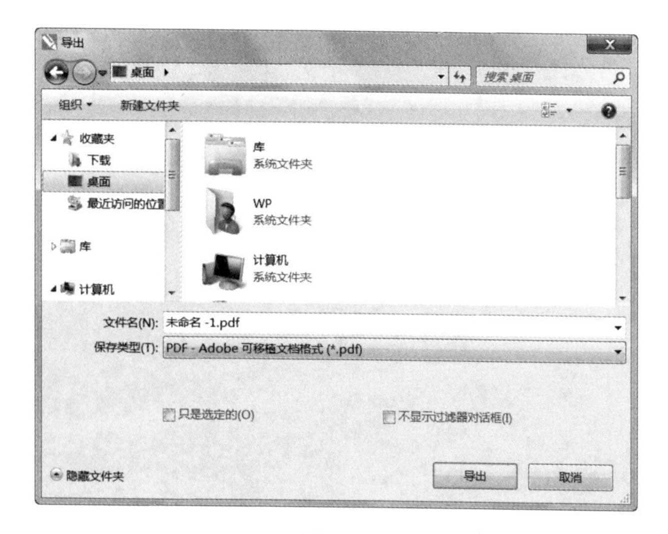

图 1-28

(2)使用“标准”工具栏导出文件。单击标准工具栏中的“导出”按钮，也可以将文件导出。

项目二

实物绘制

绘制效果逼真并经过艺术化处理的实物可以应用到书籍装帧设计、杂志设计、海报设计、宣传单设计、广告设计、包装设计、网页设计等多个领域。本项目以多个实物对象为例，讲解绘制实物的思路、过程、方法和技巧。

项目目标

- 掌握实物的绘制思路和过程
- 掌握实物的绘制方法和技巧

任务一 绘制卡通闹钟

任务分析

卡通闹钟具有小巧的钟身，操作方便简捷，能为人们的日常生活带来诸多便利，已成为日常生活中的必需品。本任务是为某钟表厂商设计制作卡通闹钟模型，要求简洁大方，能体现出外观的时尚和性能的便捷。

设计理念

在设计过程中，使用简洁的背景衬托闹钟，易使人产生美观精致的感觉。卡通闹钟图形在展示产品的同时，给人简洁大方、时尚便捷的印象。整体设计醒目直观，让人印象深刻。（最终效果参看资源包中的“源文件\项目二\任务一 绘制卡通闹钟.cdr”，见图 2-1。）

图 2-1

任务实施

1.绘制背景

STEP 1 按 Ctrl+N 组合键,新建一个 A4 页面。在属性栏中单击"横向"按钮,页面显示为横向页面。选择"矩形"工具,绘制一个矩形,在属性栏中进行设置,如图 2-2 所示。按 Enter 键,效果如图 2-3 所示。(本书视频操作仅为示意。)

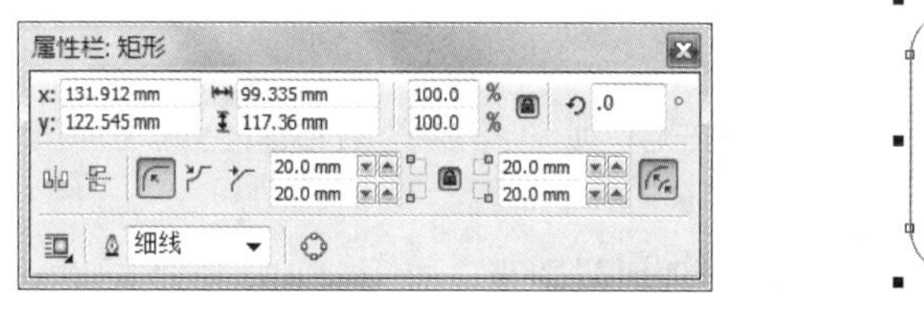

图 2-2

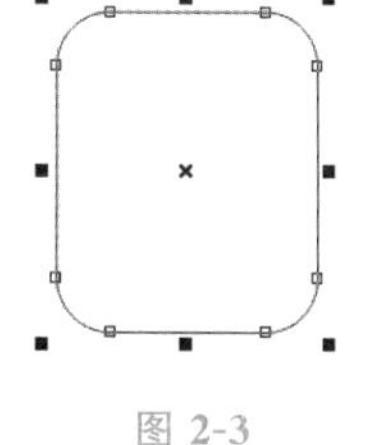

图 2-3

STEP 2 在"CMYK 调色板"中的"白"色块上单击,填充图形,在"60%黑"色块上右击,填充图形的轮廓线,效果如图 2-4 所示。在"曲线"属性栏中的"旋转角度"框中设置数值为 31°,其他选项的设置如图 2-5 所示。按 Enter 键,效果如图 2-6 所示。

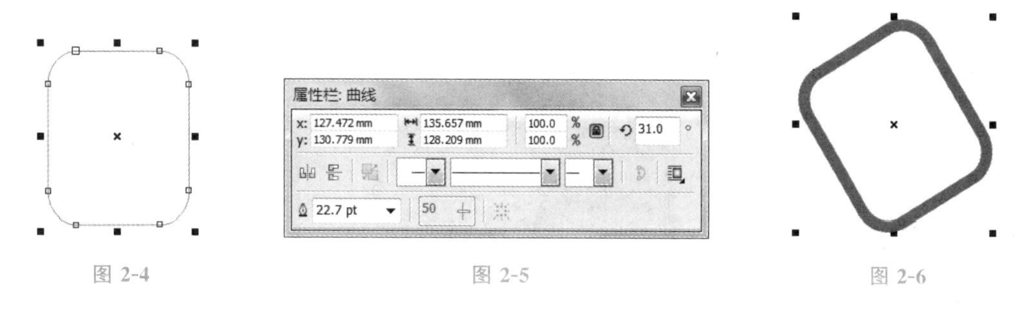

图 2-4　　图 2-5　　图 2-6

STEP 3 选择"矩形"工具,绘制一个矩形。在"矩形"属性栏中进行设置,如图 2-7 所示。按 Enter 键,效果如图 2-8 所示。

STEP 4 在"CMYK 调色板"中的"浅粉红"色块上单击,填充图形,在"60%黑"色块上右击,填充图形的轮廓线,效果如图 2-9 所示。

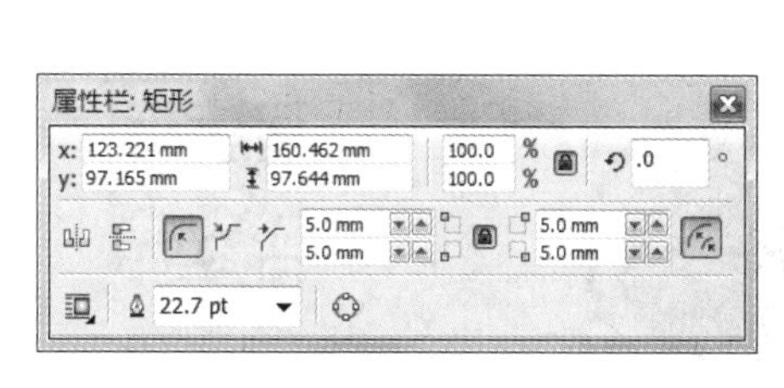

图 2-7

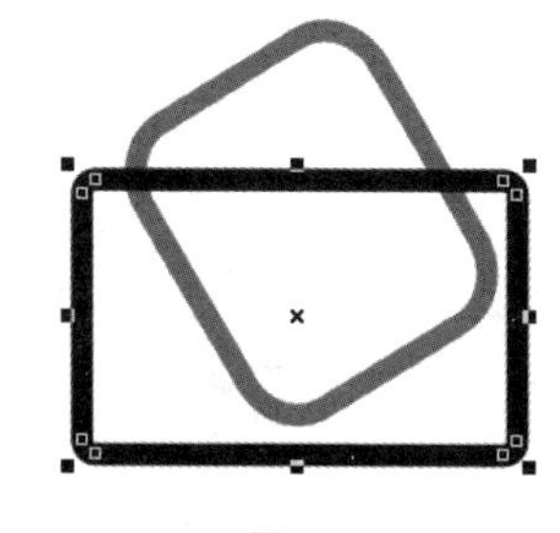

图 2-8

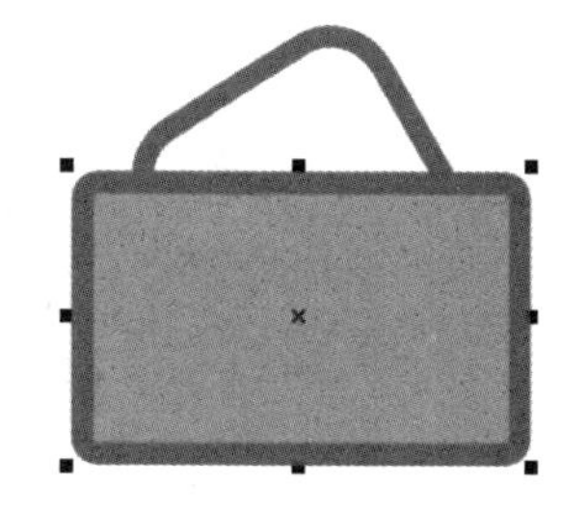

图 2-9

STEP 5 选择"矩形"工具,绘制一个矩形。在"矩形"属性栏中进行设置,如图 2-10 所示,按 Enter 键。设置图形颜色的 CMYK 值为 0、0、0、10,填充图形,并去除图形的轮廓线,效果如图 2-11 所示。

STEP 6 选择"3 点椭圆形"工具,绘制一个椭圆形。设置图形颜色的 CMYK 值为 0、40、0、0,填充图形,并去除图形的轮廓线,效果如图 2-12 所示。

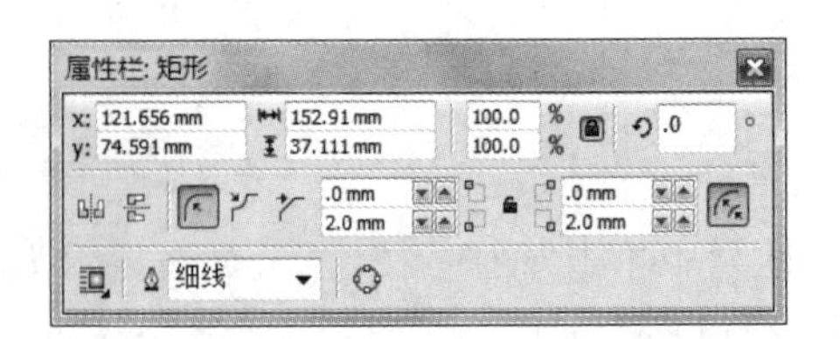

图 2-10

图 2-11

图 2-12

2. 绘制闹钟

STEP 1 选择"椭圆形"工具，按住 Ctrl 键绘制一个圆形。设置图形颜色的 CMYK 值为 0、0、0、60，填充图形，效果如图 2-13 所示。

STEP 2 选择"选择"工具，按数字键盘上的＋键复制图形。按住 Shift 键的同时，向内拖曳图形右上角的控制手柄到适当的位置，等比例缩小图形。设置图形颜色的 CMYK 值为 0、0、0、10，填充图形，效果如图 2-14 所示。

STEP 3 按数字键盘上的＋键，复制图形。按住 Shift 键的同时，向内拖曳图形右上角的控制手柄到适当的位置，等比例缩小图形。设置图形颜色的 CMYK 值为 84、57、0、0，填充图形，效果如图 2-15 所示。

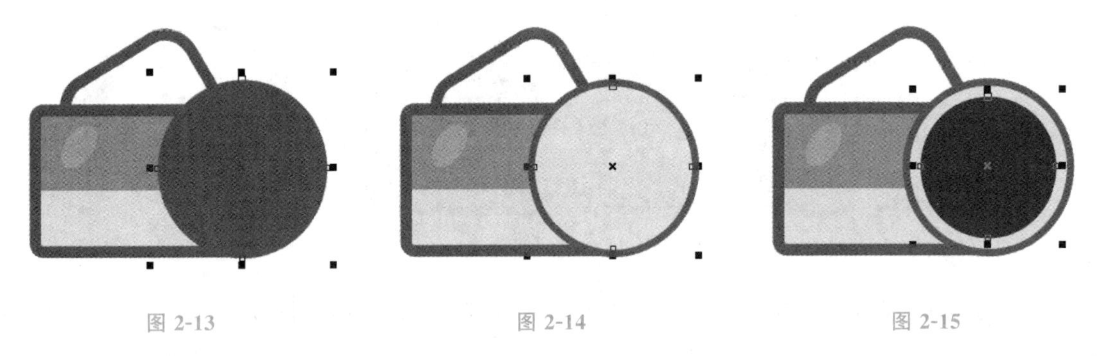

图 2-13　　图 2-14　　图 2-15

STEP 4 选择"椭圆形"工具，按住 Ctrl 键绘制一个圆形。设置图形颜色的 CMYK 值为 0、60、100、0，填充图形，效果如图 2-16 所示。在属性栏中的"轮廓宽度"框中设置数值为 16，在"CMYK 调色板"中的"60％黑"色块上右击，填充图形的轮廓线，效果如图 2-17 所示。

图 2-16　　图 2-17

STEP 5 按数字键盘上的＋键，复制图形。选择"选择"工具，选取需要的图形，按住 Ctrl 键的同时，水平向右拖曳到适当的位置，效果如图 2-18 所示。选择"选择"工具，按住 Shift 键的同时，选取需要的图形。多次按 Ctrl＋Page Down 组合键，将图形向后移动到适当的位置，效果如图 2-19 所示。

图 2-18

图 2-19

STEP 6 选择“矩形”工具，绘制一个矩形。设置图形颜色的 CMYK 值为 0、0、0、10，填充图形。在“矩形”属性栏中进行设置，如图 2-20 所示。按 Enter 键，效果如图 2-21 所示。

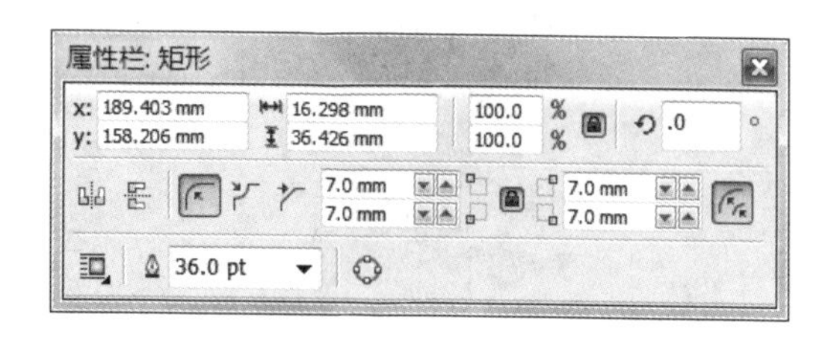

图 2-20

图 2-21

STEP 7 在“CMYK 调色板”中的“60%黑”色块上右击，填充图形的轮廓线，效果如图 2-22 所示。多次按 Ctrl+Page Down 组合键，将图形向后移动到适当的位置，效果如图 2-23 所示。

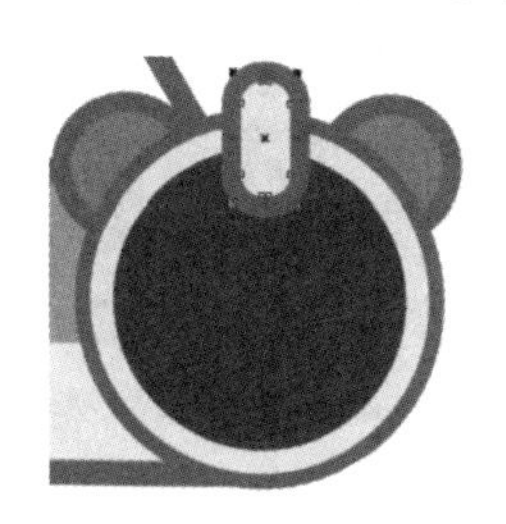

图 2-22

图 2-23

STEP 8 选择“矩形”工具，绘制一个矩形。设置图形颜色的 CMYK 值为 58、0、100、0，填充图形。在“矩形”属性栏中进行设置，如图 2-24 所示。按 Enter 键，效果如图 2-25 所示。在“CMYK 调色板”中的“60%黑”色块上右击，填充图形的轮廓线，效果如图 2-26 所示。多次按 Ctrl+Page Down 组合键，将图形向后移动到适当的位置，效果如图 2-27 所示。

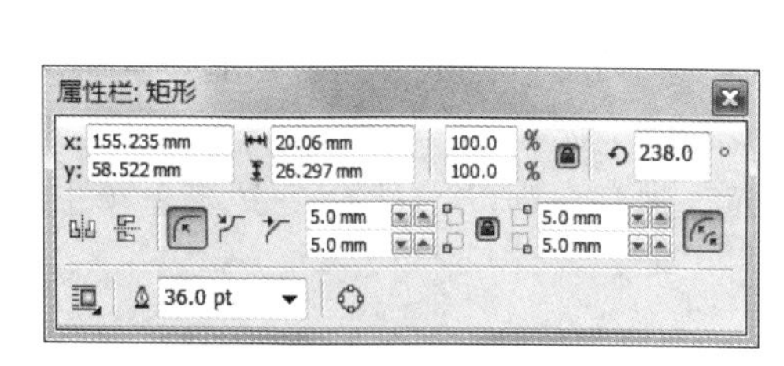

图 2-24

图 2-25

图 2-26

图 2-27

STEP 9 按数字键盘上的+键，复制图形。选择“选择”工具，选取需要的图形，按住 Ctrl 键的同时，水平向右拖曳到适当的位置，效果如图 2-28 所示。在“矩形”属性栏的“旋转角度”框中设置数值为 302°，按 Enter 键，效果如图 2-29 所示。

图 2-28

图 2-29

STEP 10 选择“矩形”工具，绘制一个矩形。填充图形为白色，并去除图形的轮廓线，效果如图 2-30 所示。用相同的方法再绘制一个矩形，并填充相同的颜色，效果如图 2-31 所示。

图 2-30

图 2-31

STEP 11 选择“椭圆形”工具，按住 Ctrl 键的同时绘制一个圆形。填充图形为白色，并去除图形的轮廓线，效果如图 2-32 所示。卡通闹钟绘制完成，最终效果如图 2-33 所示。

图 2-32

图 2-33

知识讲解

1. “矩形”工具

1)绘制矩形

单击工具箱中的“矩形”工具，在绘图页面中按住鼠标左键不放，拖曳鼠标到需要的位置，释放鼠标左键完成矩形绘制，如图 2-34 所示。“矩形”属性栏如图 2-35 所示。

按 Esc 键，取消矩形的编辑状态，矩形效果如图 2-36 所示。选择“选择”工具，在矩形上单击可以选中刚绘制好的矩形。

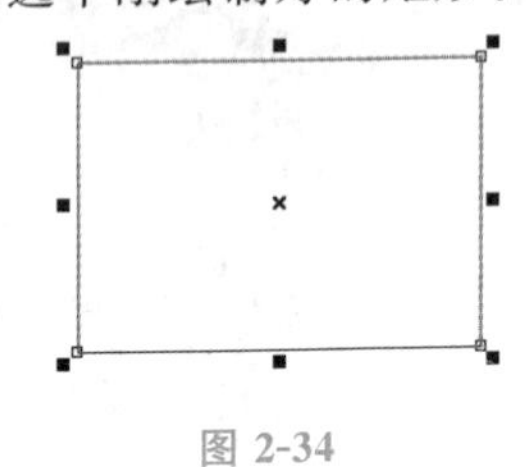
图 2-34

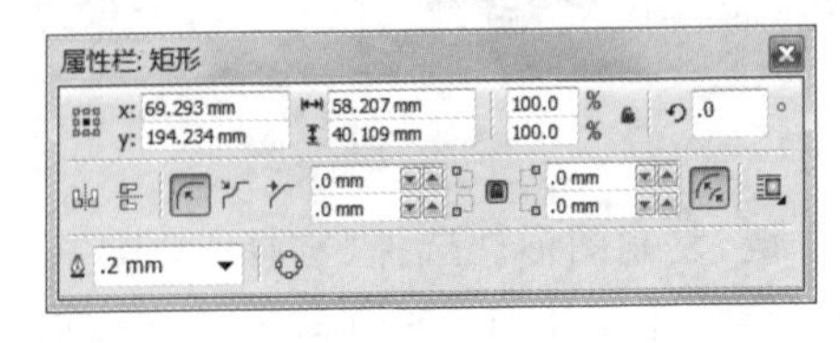

图 2-35

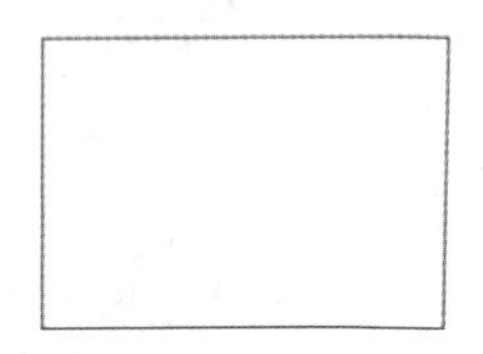
图 2-36

按 F6 键，快速选择“矩形”工具，在绘图页面中适当的位置绘制矩形。按住 Ctrl 键的同时，可以在绘图页面中绘制正方形。按住 Shift 键的同时，在绘图页面中以当前点为中心绘制矩形。按住 Shift+Ctrl 组合键，在绘图页面中以当前点为中心绘制正方形。

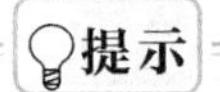

提示

双击工具箱中的“矩形”工具，可以绘制出一个和绘图页面大小一样的矩形。

2)绘制圆角矩形

在绘图页面中绘制一个矩形，如图 2-37 所示。在绘制矩形的属性栏中，如果将“圆角半径”后的小锁图标选定，则改变“圆角半径”时，4 个角的边角圆滑度数值将相同。在“矩形”属性栏的“圆角半径”选项中进行设置，如图 2-38 所示。按 Enter 键，圆角矩形效果如图 2-39 所示。

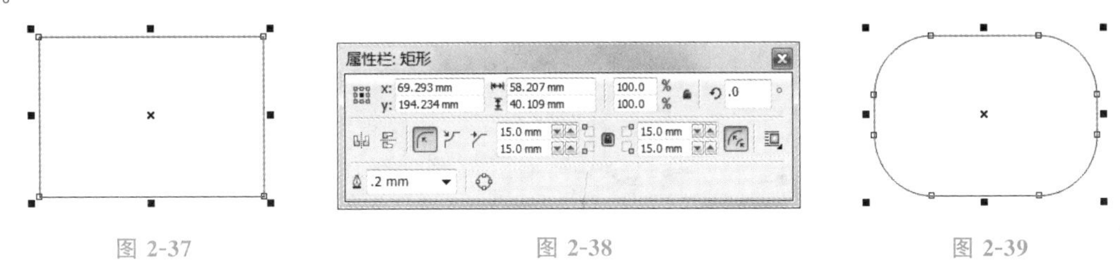

图 2-37　　图 2-38　　图 2-39

如果不选定小锁图标，则可以单独改变任一个角的圆滑度数值。在“矩形”属性栏的“圆角半径”选项中进行设置，如图 2-40 所示。按 Enter 键，效果如图 2-41 所示。如果要将圆角矩形还原为直角矩形，可以将边角圆滑度设定为 0。

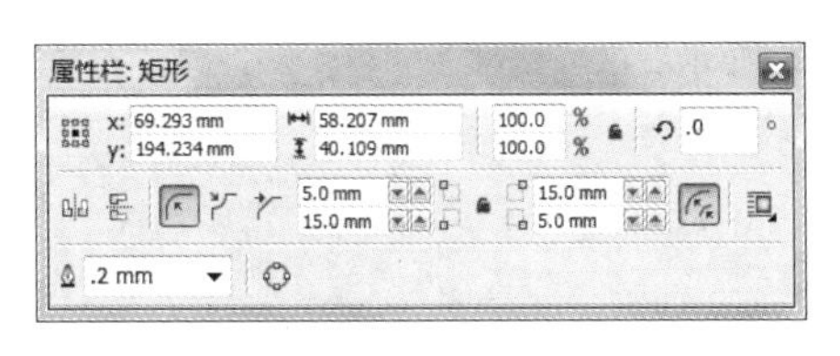

图 2-40

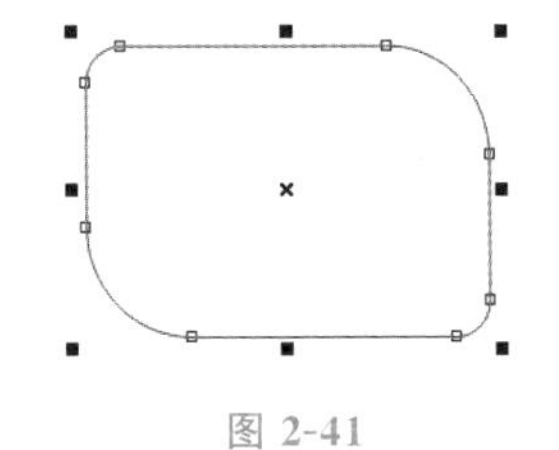

图 2-41

3)使用“矩形”工具绘制扇形角图形

在绘图页面中绘制一个矩形，如图 2-42 所示。在“矩形”属性栏中，单击“扇形角”按钮，在“圆角半径”框中设置值为 20mm，如图 2-43 所示。按 Enter 键，效果如图 2-44 所示。

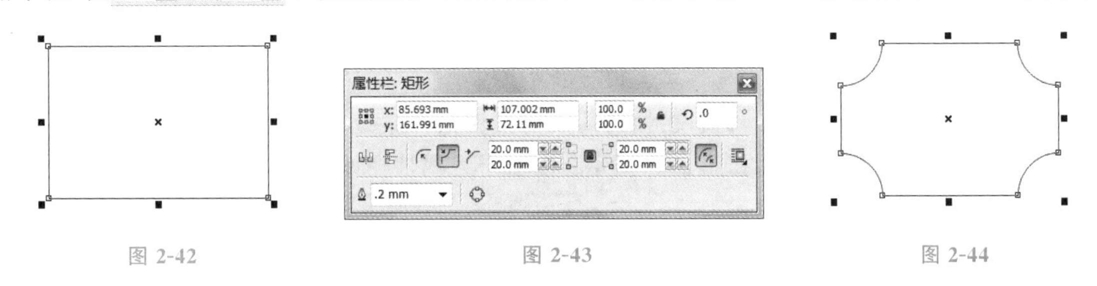

图 2-42　　图 2-43　　图 2-44

扇形角图形“圆角半径”的设置与圆角矩形相同，这里不再赘述。

4)使用“矩形”工具绘制倒棱角图形

在绘图页面中绘制一个矩形，如图 2-45 所示。在“矩形”属性栏中，单击“倒棱角”按钮，在“圆角半径”框中设置值为 20mm，如图 2-46 所示。按 Enter 键，效果如图 2-47 所示。

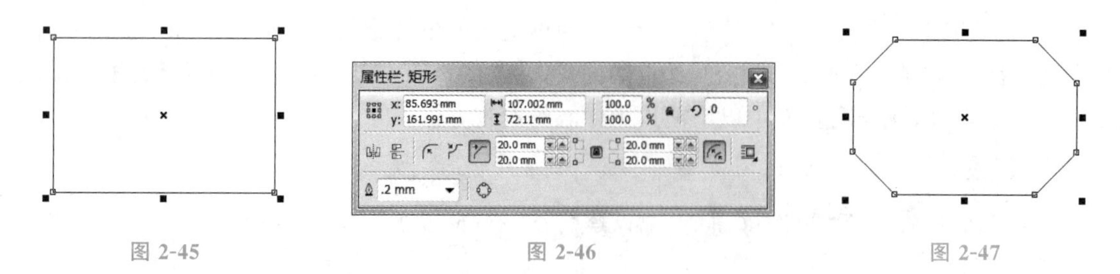

图 2-45　　图 2-46　　图 2-47

倒棱角图形“圆角半径”的设置与圆角矩形相同，这里不再赘述。

5）拖曳矩形的节点来绘制圆角矩形

绘制一个矩形。选择“形状”工具，单击矩形左上角的节点，如图 2-48 所示。按住鼠标左键拖曳节点，可以改变边角的圆角程度，如图 2-49 所示。释放鼠标左键，效果如图 2-50 所示。按 Esc 键，取消矩形的编辑状态，圆角矩形的效果如图 2-51 所示。

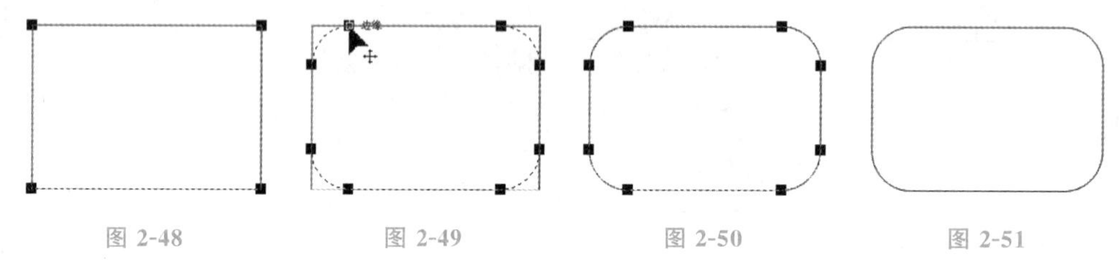

图 2-48　　图 2-49　　图 2-50　　图 2-51

6）绘制任何角度的矩形

选择“3 点矩形”工具，在绘图页面中按住鼠标左键不放，拖曳鼠标到需要的位置，可以拖出一条任意方向的线段作为矩形的一条边，如图 2-52 所示。

释放鼠标左键，再拖曳鼠标到需要的位置，即可确定矩形的另一条边，如图 2-53 所示。单击鼠标左键，有角度的矩形绘制完成，效果如图 2-54 所示。

图 2-52　　图 2-53　　图 2-54

2. “椭圆形”工具

1）绘制椭圆形

单击工具箱中的“椭圆形”工具，在绘图页面中按住鼠标左键不放，拖曳鼠标到需要的位置，释放鼠标左键，椭圆形绘制完成，如图 2-55 所示。“椭圆形”属性栏如图 2-56 所示。

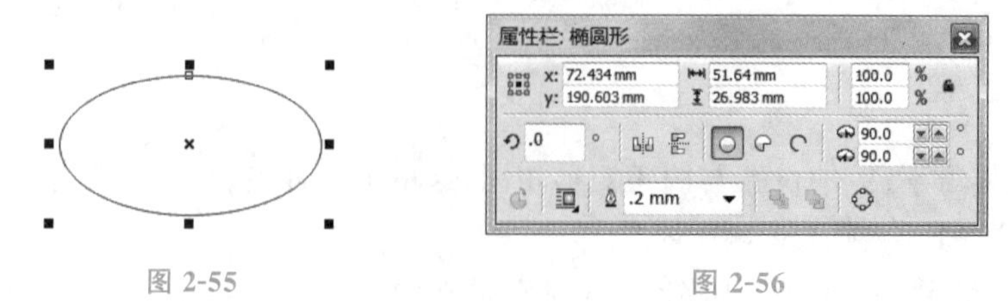

图 2-55　　图 2-56

按 F7 键快速选择“椭圆形”工具，在绘图页面中适当的位置绘制椭圆形。按住 Ctrl 键，可以在绘图页面中绘制圆形。按住 Shift 键，在绘图页面中以当前点为中心绘制椭圆形。按住 Shift+Ctrl 组合键，在绘图页面中以当前点为中心绘制圆形。

2)使用“椭圆形”工具绘制饼形和弧形

先绘制一个椭圆形,如图 2-57 所示。单击椭圆形属性栏中的“饼图”按钮(见图 2-58),将椭圆形转换为饼图,效果如图 2-59 所示。

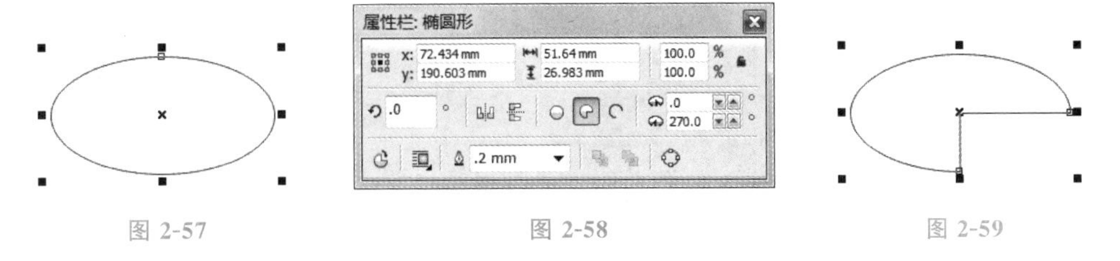

图 2-57　　图 2-58　　图 2-59

单击“椭圆形”属性栏中的“弧”按钮(见图 2-60),将椭圆形转换为弧,效果如图 2-61 所示。

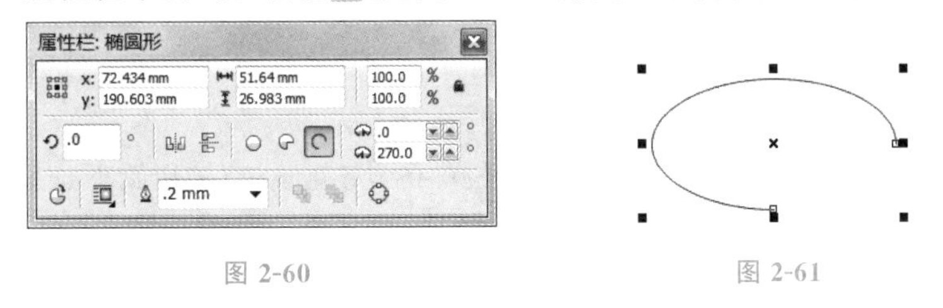

图 2-60　　图 2-61

在“起始和结束角度”框中设置饼图和弧的起始角度和终止角度,按 Enter 键,可以得到饼图和弧的其他角度值,效果如图 2-62 所示。

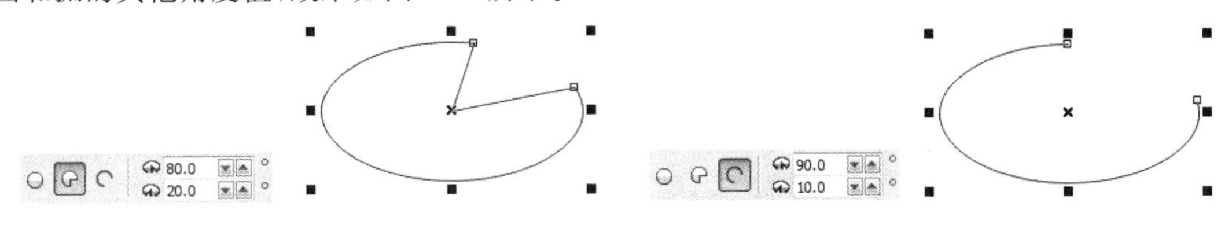

图 2-62

椭圆形在选取状态下,在“椭圆形”属性栏中单击“饼图”按钮或“弧”按钮,可以使图形在饼图和弧之间转换。单击“椭圆形”属性栏中的“更改方向”按钮,可以在顺时针和逆时针之间切换饼图或弧的方向。

3)拖曳椭圆形的节点来绘制饼图和弧

绘制一个椭圆形。选择“形状”工具,单击轮廓线上的节点,如图 2-63 所示。按住鼠标左键不放并向椭圆内拖曳节点,如图 2-64 所示。释放鼠标左键,效果如图 2-65 所示。按 Esc 键,取消椭圆形的编辑状态,椭圆形变成饼图,效果如图 2-66 所示。向椭圆形外拖曳轮廓线上的节点,可将椭圆形变为弧。

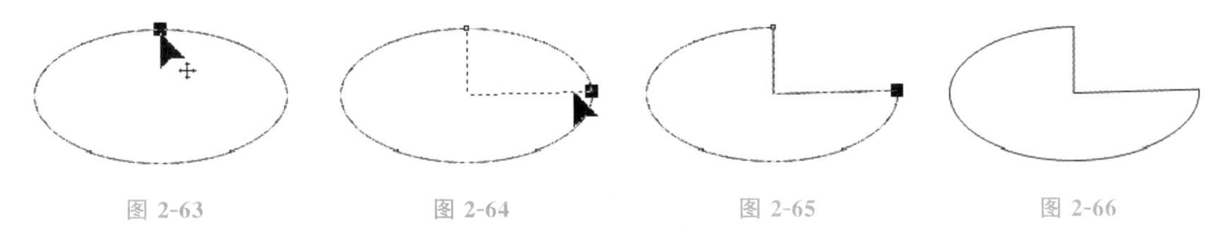

图 2-63　　图 2-64　　图 2-65　　图 2-66

4)绘制任何角度的椭圆形

选择“3 点椭圆形”工具,在绘图页面中按住鼠标左键不放,拖曳鼠标到需要的位置,可以拖出一条任意方向的线段作为椭圆形的一个轴,如图 2-67 所示。

释放鼠标左键,再拖曳鼠标到需要的位置,即可确定椭圆形的形状,如图 2-68 所示。单击鼠标左键,有角度的椭圆形绘制完成,如图 2-69 所示。

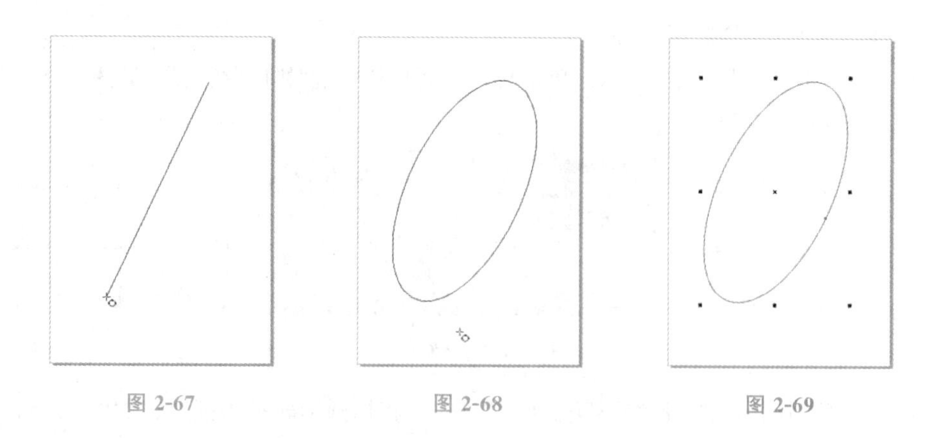

图 2-67　　图 2-68　　图 2-69

3. “基本形状”工具

1)绘制基本形状

选择“基本形状”工具，在“完美形状”属性栏中的“完美形状”按钮下选择需要的基本图形，如图 2-70 所示。在绘图页面中按住鼠标左键不放，从左上角向右下角拖曳鼠标到需要的位置，释放鼠标左键，基本图形绘制完成，效果如图 2-71 所示。

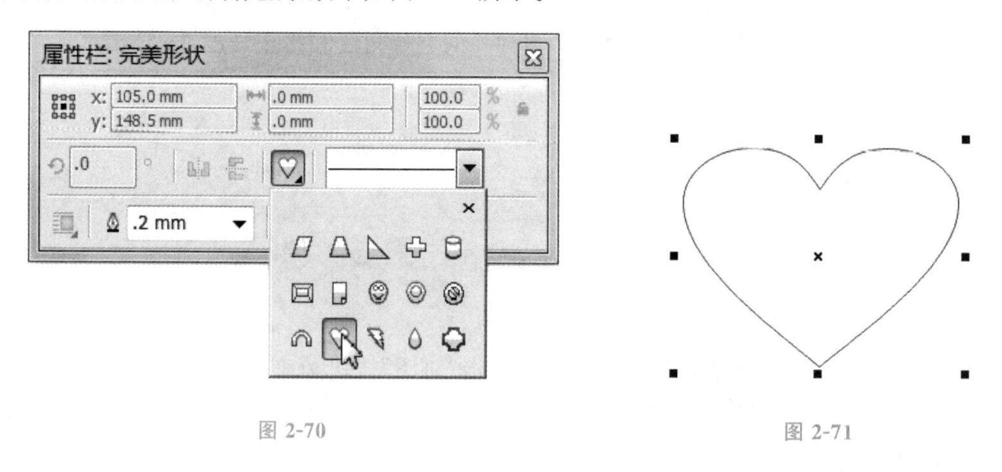

图 2-70　　图 2-71

2)绘制其他形状

除了基本形状，CorelDRAW X6 还提供了“箭头形状”工具、“流程图形状”工具、“标题形状”工具和“标注形状”工具，在其相应的属性栏中的“完美形状”按钮下可选择需要的基本图形(见图 2-72)，绘制方法与绘制基本形状的方法相同。

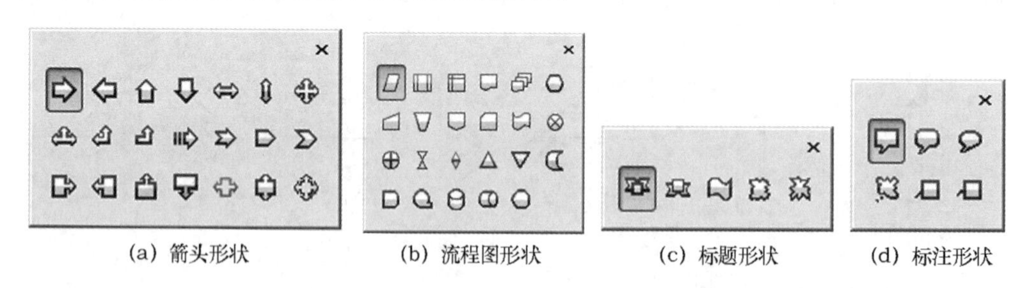

(a) 箭头形状　(b) 流程图形状　(c) 标题形状　(d) 标注形状

图 2-72

3)调整基本形状

绘制一个基本形状，如图 2-73 所示。单击要调整的基本形状的红色菱形符号并按住鼠标左键，拖曳到适当的位置，如图 2-74 所示。得到需要的形状后，释放鼠标左键，效果如图 2-75 所示。

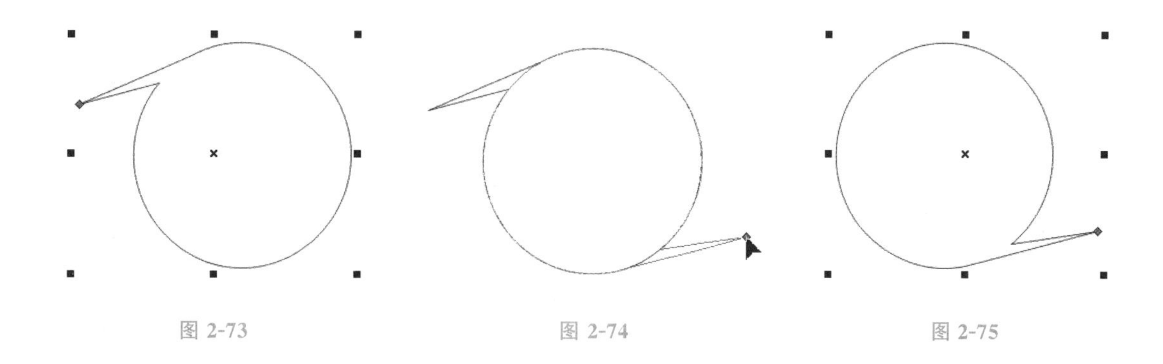

图 2-73　　图 2-74　　图 2-75

提示

某些形状中没有红色菱形符号，所以不能对它进行调整。

4. 标准填充

1)使用“调色板”

在 CorelDRAW X6 中提供了多种调色板，选择“窗口>调色板”命令，弹出可供选择的多种颜色板，如图 2-76 所示。CorelDRAW X6 在默认状态下使用 CMYK 调色板。CorelDRAW X6 中的调色板一般在屏幕的右侧，使用“选择”工具选取屏幕右侧的竖条调色板，如图 2-77 所示。用鼠标左键拖动竖条调色板到屏幕的中间，调色板效果如图 2-78 所示。

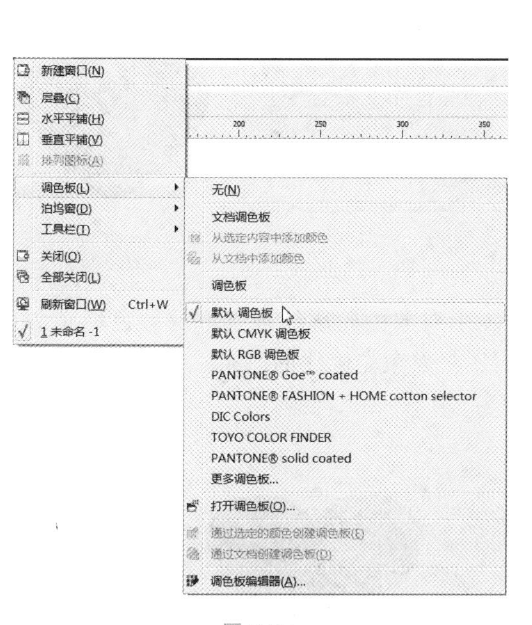

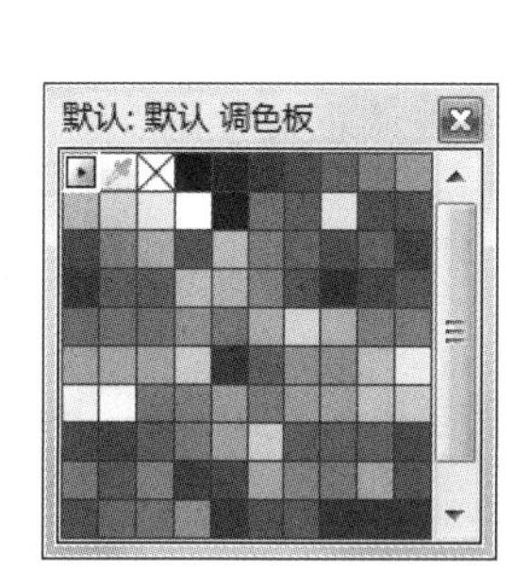

图 2-76　　图 2-77　　图 2-78

此外，还可以使用快捷菜单调整调色板的显示方式。右击调色板，在弹出的快捷菜单中选择“自定义”命令，如图 2-79 所示。弹出“选项”对话框，在“调色板”设置区中将“停放后的调色板最大行数”设置为 3，如图 2-80 所示。单击“确定”按钮，调色板色盘将以新方式显示，效果如图 2-81 所示。

图 2-79　　图 2-80　　图 2-81

绘制一个要填充的图形对象,如图 2-82 所示。使用"选择"工具选取图形对象,如图 2-83 所示。

单击调色板中需要的颜色,如图 2-84 所示,图形对象的内部被选取的颜色填充,如图 2-85 所示。单击调色板中的"无填充"按钮☒,可取消对图形对象内部的颜色填充。

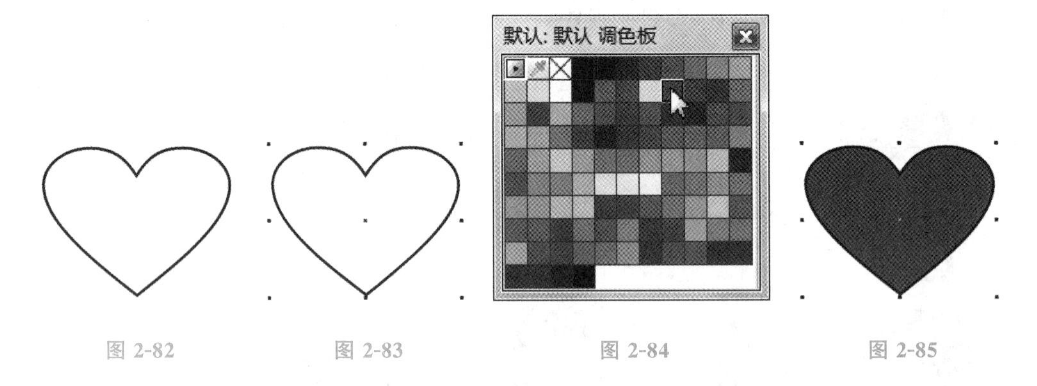

图 2-82　　图 2-83　　图 2-84　　图 2-85

右击调色板中需要的颜色,如图 2-86 所示。图形对象的轮廓线被选取的颜色填充,如图 2-87 所示。右击调色板中的"无填充"按钮☒,可取消对图形对象轮廓线的填充。

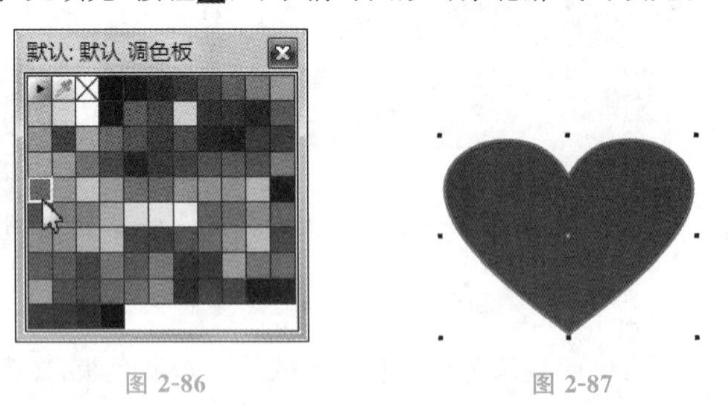

图 2-86　　图 2-87

2)使用"均匀填充"对话框

选择"填充"工具展开式工具栏中的"均匀填充"工具■,弹出"均匀填充"对话框,可以在该对话框中设置需要的颜色。

在"均匀填充"对话框中提供了 3 种设置颜色的方式,分别是模型、混和器和调色板。选择其中的任何一种方式都可以设置需要的颜色。

(1)模型。

模型设置框如图 2-88 所示,在设置框中提供了完整的色谱。通过操作颜色关联控件可以更改颜色,也可以通过在颜色模式下的各参数框中输入数值来设定需要的颜色。在设置框中还可以选择不同的颜色模式,“模型”设置框默认 CMYK 模式,如图 2-89 所示。

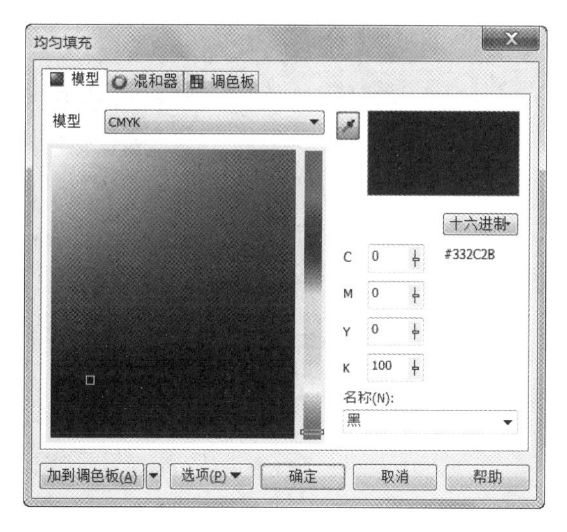

图 2-88

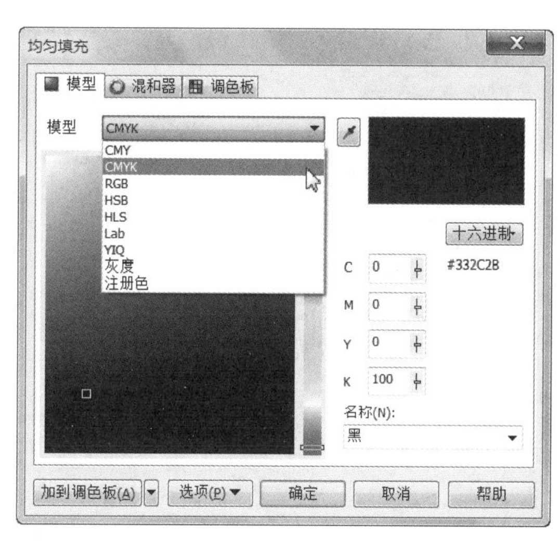

图 2-89

调配好需要的颜色后,单击“确定”按钮,可以将需要的颜色填充到图形对象中。

提示

如果有经常需要使用的颜色,调配好需要的颜色后,单击“均匀填充”对话框中的“加到调色板”按钮,可以将颜色添加到调色板中。在下一次使用这种颜色时就不需要再调配了,直接在调色板中调用即可。

(2)混和器。

混和器设置框如图 2-90 所示,它是通过组合其他颜色的方式来生成新颜色的。通过转动色环或从“色度”选项的下拉列表中选择各种形状,可以设置需要的颜色。从“变化”选项的下拉列表中选择各种选项,可以调整颜色的明度。调整“大小”选项旁的滑块可以使选择的颜色更丰富。

可以通过在颜色模式的各参数框中设置数值来设定需要的颜色。在设置框中还可以选择不同的颜色模式,混和器设置框默认为 CMYK 模式,如图 2-91 所示。

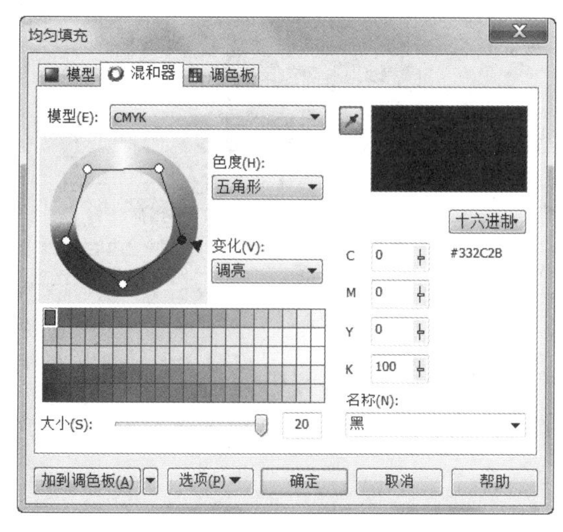

图 2-90

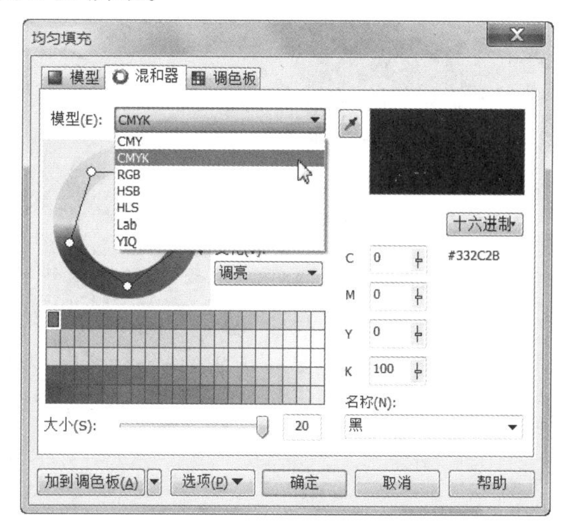

图 2-91

(3)调色板。

调色板设置框如图 2-92 所示,它是使用 CorelDRAW X6 中已有颜色库中的颜色来填充图形对象的。在“调色板”选项的下拉列表中可以选择需要的颜色库,如图 2-93 所示。

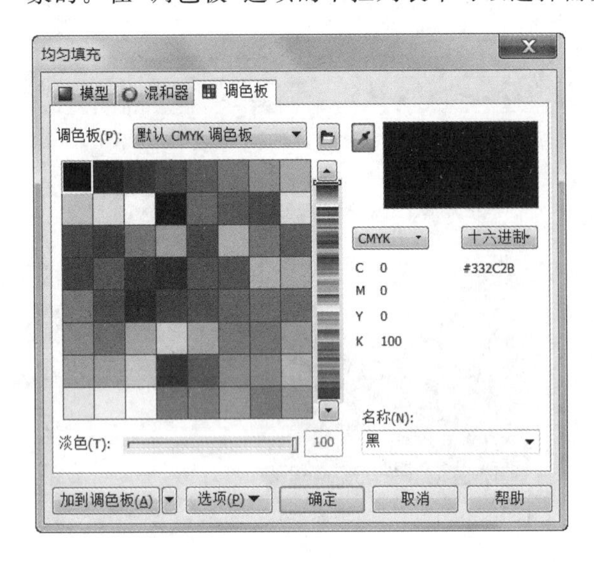

图 2-92

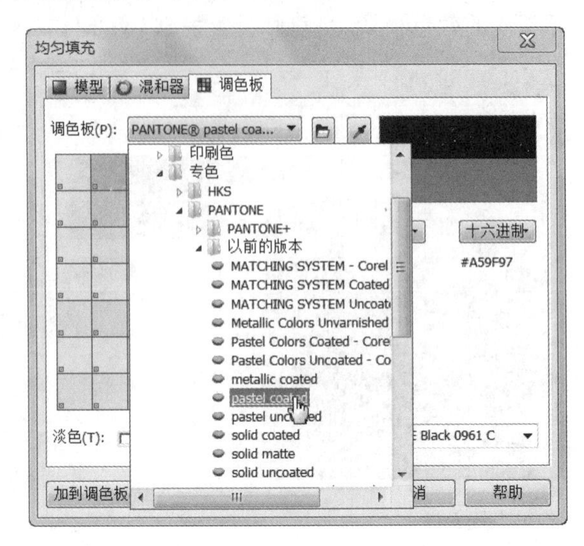

图 2-93

在调色板中的颜色上单击即可选中需要的颜色,调整“淡色”选项旁的滑块可以使选择的颜色变淡。调配好需要的颜色后,单击“确定”按钮,可以将需要的颜色填充到图形对象中。

3)使用“颜色泊坞窗”

“颜色泊坞窗”是为图形对象填充颜色的辅助工具,特别适合在实际工作中应用。

选择“填充”工具展开式工具栏下的“彩色”按钮,弹出“颜色泊坞窗”,如图 2-94 所示。

使用“基本形状”工具,绘制一个图形,如图 2-95 所示。在“颜色泊坞窗”中调配颜色,如图 2-96 所示。

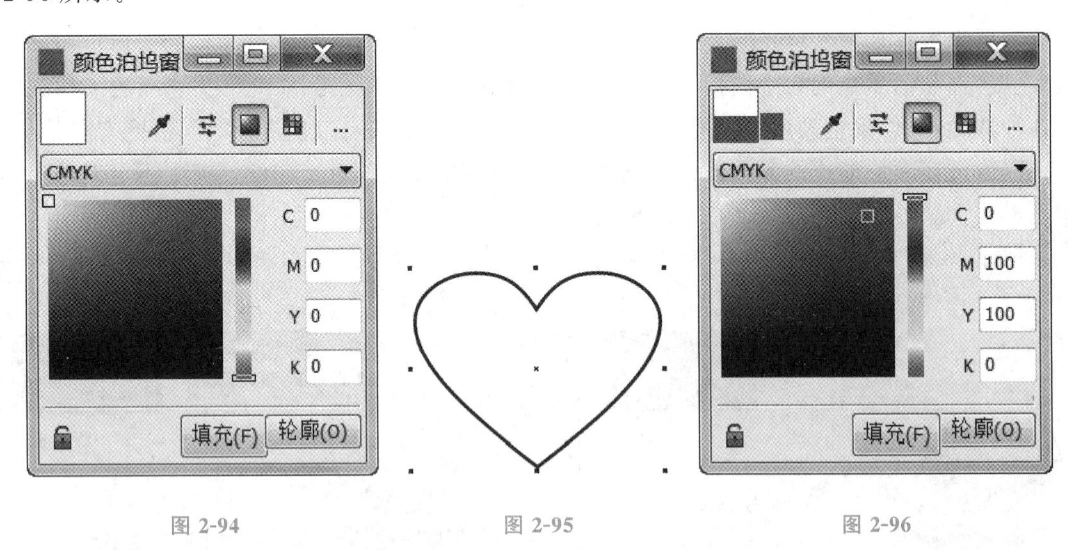

图 2-94　　图 2-95　　图 2-96

调配好颜色后,单击“填充”按钮,如图 2-97 所示。颜色填充到心形的内部,效果如图 2-98 所示。调配好新的颜色后,单击“轮廓”按钮,如图 2-99 所示。填充颜色到心形的轮廓线,效果如图 2-100 所示。

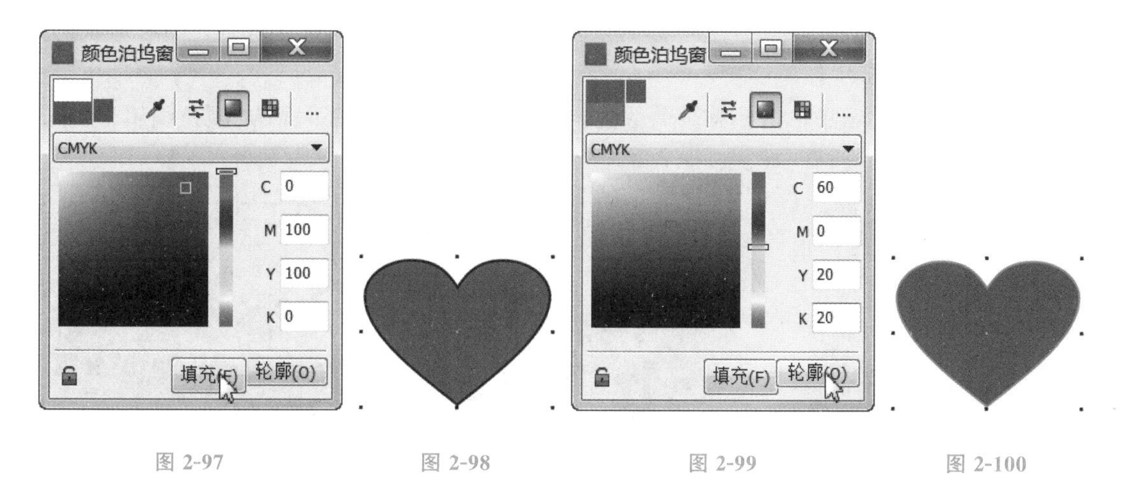

图 2-97　　图 2-98　　图 2-99　　图 2-100

在“颜色泊坞窗”的右上方有 3 个按钮，分别为显示颜色滑块、显示颜色查看器和显示调色板。分别单击这 3 个按钮可以选择不同的调配颜色的方式，如图 2-101 所示。

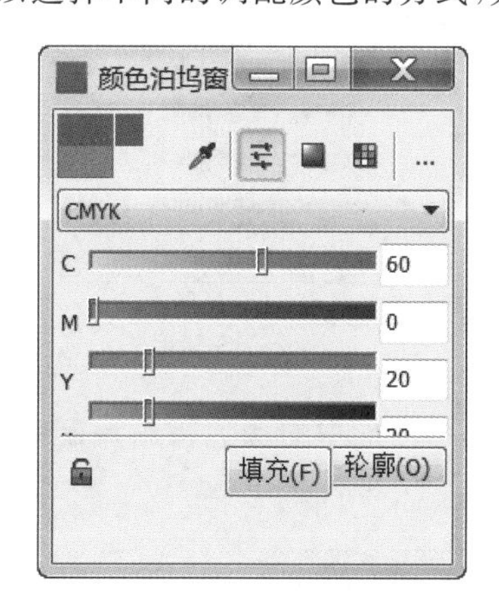

图 2-101

4)使用“颜色样式”泊坞窗

“颜色样式”泊坞窗可以编辑图形对象的颜色，下面介绍编辑对象颜色的具体方法和技巧。

打开一个绘制好的图形对象，如图 2-102 所示。选择“窗口>泊坞窗>颜色样式”命令，弹出“颜色样式”泊坞窗。在“颜色样式”泊坞窗中，单击“新建颜色样式”按钮，在弹出的下拉列表中选择“从选定项新建...”选项，如图 2-103 所示。弹出“创建颜色样式”对话框，显示出选定对象的颜色，如图 2-104 所示。设置完成后，单击“确定”按钮。

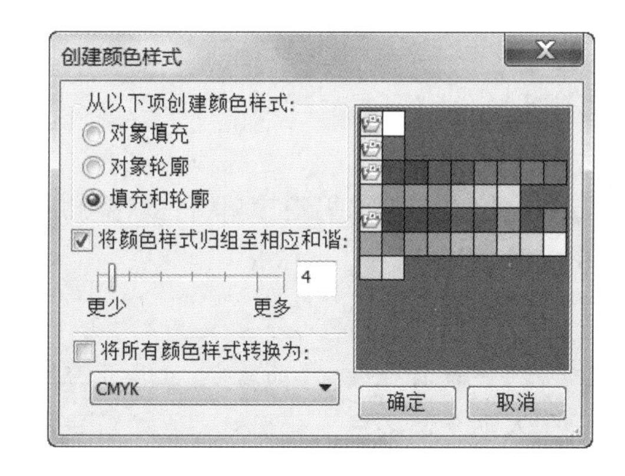

图 2-102　　图 2-103　　图 2-104

选择图片，按住鼠标左键不放，拖曳到“拖动至此处以添加颜色样式”中，展开图形对象的所有颜色样式，如图 2-105 所示。

在“颜色样式”泊坞窗中单击要编辑的颜色，如图 2-106 所示。在下面的“颜色编辑器”中调配好颜色，如图 2-107 所示。

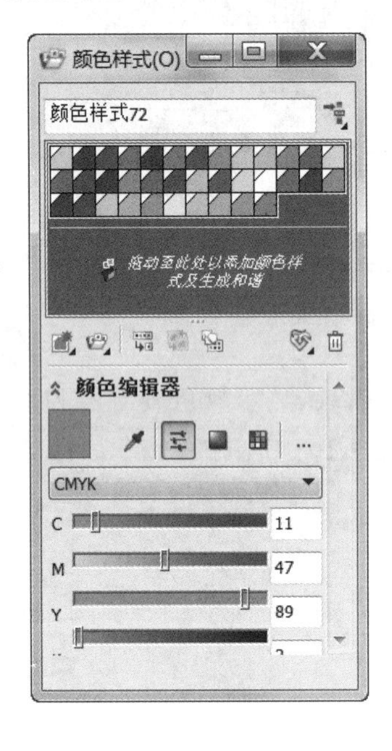

图 2-105

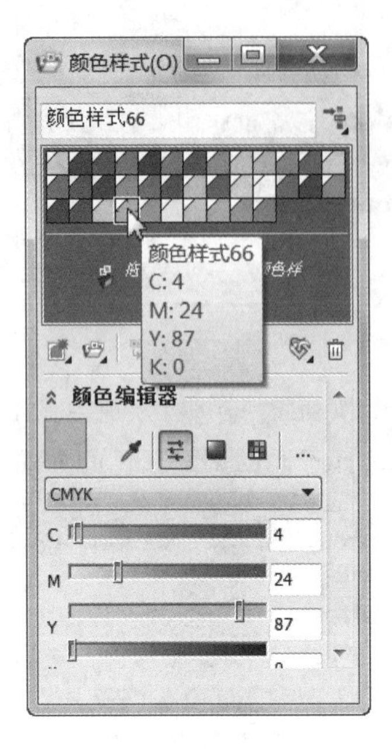

图 2-106

图 2-107

在“颜色编辑器”中调配好颜色后，图形中的颜色被新调配的颜色替换，如图 2-108 所示。最终图形效果如图 2-109 所示。

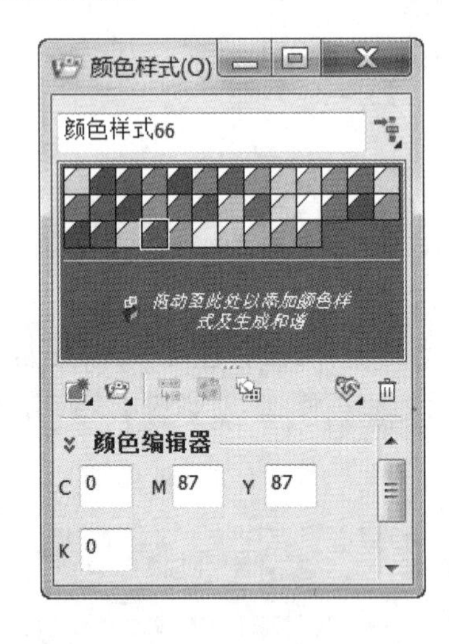

图 2-108

图 2-109

在“颜色样式”泊坞窗中单击选取要删除的颜色，单击右下角的“删除”按钮，可以删除图形对象中的颜色样式。

提示

经过特殊效果（如渐变、立体化、透明和滤镜等）处理后，图形对象产生的颜色不能被纳入颜色样式中。位图对象也不能进行编辑颜色样式的操作。

课堂演练——绘制火箭图标

使用“椭圆形”工具、“形状”工具、“渐变”工具和“图框精确剪裁”命令制作火箭；使用“矩形”工具、“形状”工具、“多边形”工具、“渐变”工具和“变换”命令制作火箭两翼；使用“贝塞尔”工具、“渐变”工具和“调整图层顺序”命令绘制火箭火焰。（最终效果参看资源包中的“源文件\项目二\课堂演练 绘制火箭图标.cdr”，见图 2-110。）

微视频

绘制火箭图标

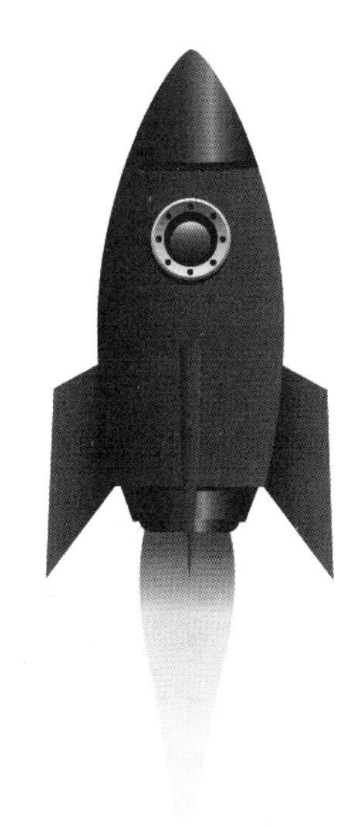

图 2-110

任务二　绘制卡通火车

任务分析

装饰图是一种并不强调很高的艺术性，但非常讲究协调和美化效果的特殊艺术类型作品。本任务是为某儿童读物绘制的一幅卡通装饰图，要求设计简洁大方、精致形象。

设计理念

在设计制作过程中，使用常见的图形形状拼凑出一辆比较简单的卡通火车，大胆采用亮丽的颜色，使图形极具特色，散发出童真、活泼的气息。整体造型设计形象生动，富有创新，符合儿童的抽象思维及审美特征，达到装饰的效果。（最终效果参看资源包中的“源文件\项目二\任务二 绘制卡通火车.cdr”，见图 2-111。）

图 2-111

任务实施

STEP 1 按 Ctrl＋N 组合键，新建一个 A4 页面。在属性栏中单击“横向”按钮，页面显示为横向页面。选择“贝塞尔”工具，在适当的位置绘制一个不规则图形，如图 2-112 所示。设置图形颜色的 CMYK 值为 0、100、20、0，填充图形，效果如图 2-113 所示。

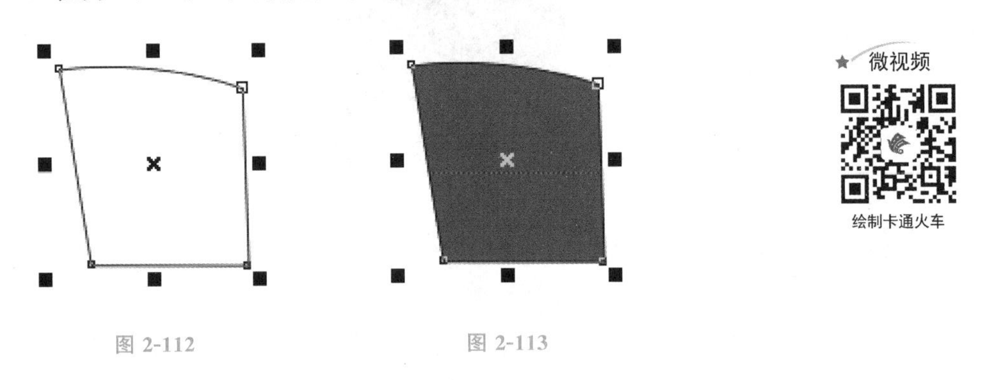

图 2-112　　图 2-113

STEP 2 选择“矩形”工具，在适当的位置绘制一个矩形，填充与图 2-113 相同的颜色，效果如图 2-114 所示。选择“贝塞尔”工具，在适当的位置绘制一个不规则图形，如图 2-115 所示。设置图形颜色的 CMYK 值为 0、50、10、0，填充图形，并设置轮廓线颜色的 CMYK 值为 44、96、85、51，填充图形轮廓线，效果如图 2-116 所示。按 Shift＋Page Down 组合键，后移图形，效果如图 2-117 所示。

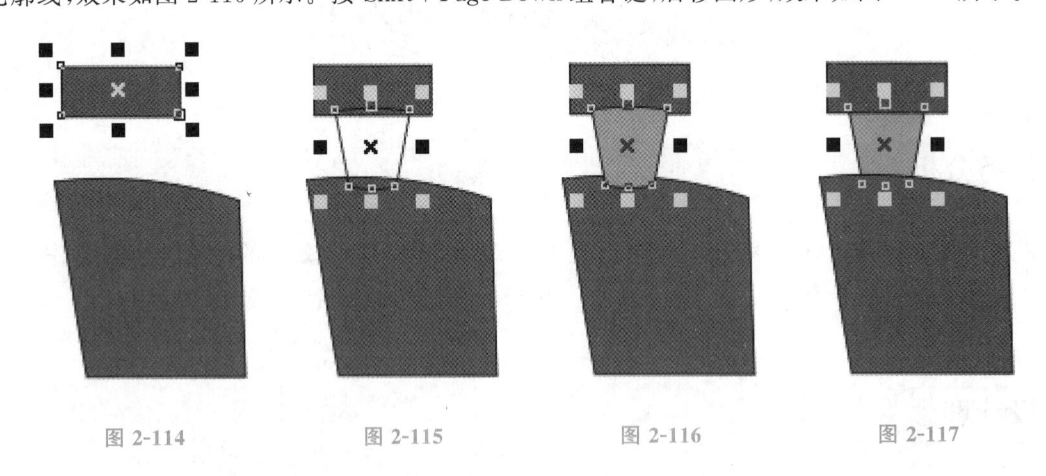

图 2-114　　图 2-115　　图 2-116　　图 2-117

STEP 3 选择“贝塞尔”工具，在适当的位置绘制一个不规则图形，设置图形颜色的 CMYK 值为 0、50、10、0，填充图形，并设置轮廓线颜色的 CMYK 值为 44、96、85、51，填充图形轮廓线，效果如图 2-118 所示。用相同的方法绘制另一图形，并填充适当的颜色并去除图形的轮廓线，效果如图 2-119 所示。

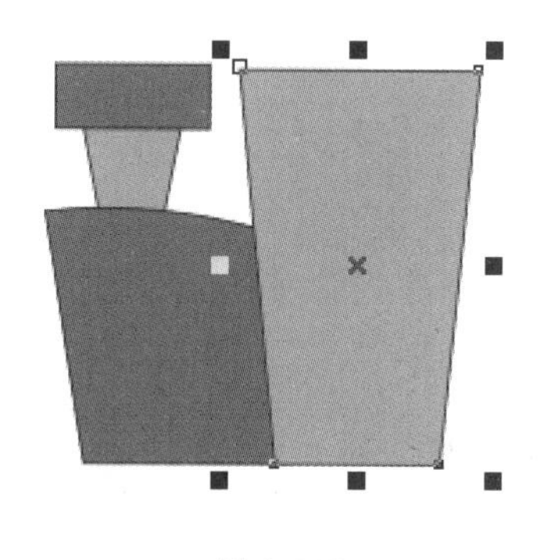

图 2-118

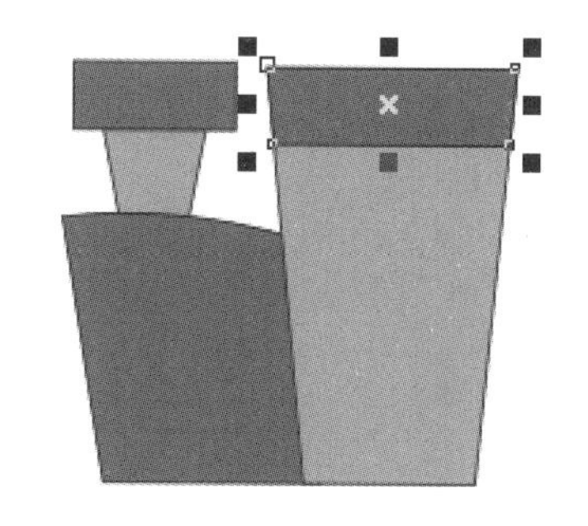

图 2-119

STEP 4 选择“贝塞尔”工具，在适当的位置绘制多个图形，如图 2-120 所示。选择“选择”工具，将其同时选取，设置图形颜色的 CMYK 值为 0、100、20、20，填充图形，并去除图形的轮廓线，效果如图 2-121 所示。用相同的方法绘制另外两个图形，并填充适当的颜色，效果如图 2-122 所示。

图 2-120

图 2-121

图 2-122

STEP 5 选择“矩形”工具，在“矩形”属性栏中将“圆角半径”选项设置为 2mm，在适当的位置绘制圆角矩形，填充图形为白色，效果如图 2-123 所示。选择“选择”工具，按数字键盘上的＋键，复制图形，并将其拖曳到适当的位置，效果如图 2-124 所示。

STEP 6 选择“贝塞尔”工具，绘制两个不规则图形，设置图形颜色的 CMYK 值为 0、0、0、10，填充图形，并去除图形的轮廓线，效果如图 2-125 所示。

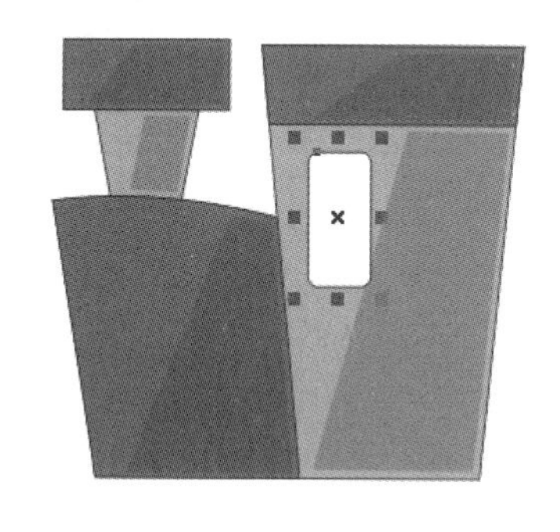

图 2-123

图 2-124

图 2-125

STEP 7 选择“椭圆形”工具，在适当的位置绘制椭圆形，如图 2-126 所示。按 F11 键，弹出“渐变填充”对话框，选项的设置如图 2-127 所示。单击“确定”按钮，效果如图 2-128 所示。

STEP 8 选择“选择”工具，选取椭圆形，按 Shift＋Page Down 组合键，后移图形，效果如图 2-129 所示。选择“矩形”工具，在“矩形”属性栏中将“圆角半径”选项均设置为 5mm，在适当的位置绘制圆角矩形，如图 2-130 所示。设置图形颜色的 CMYK 值为 100、0、0、0，填充图形，效果如图 2-131 所示。

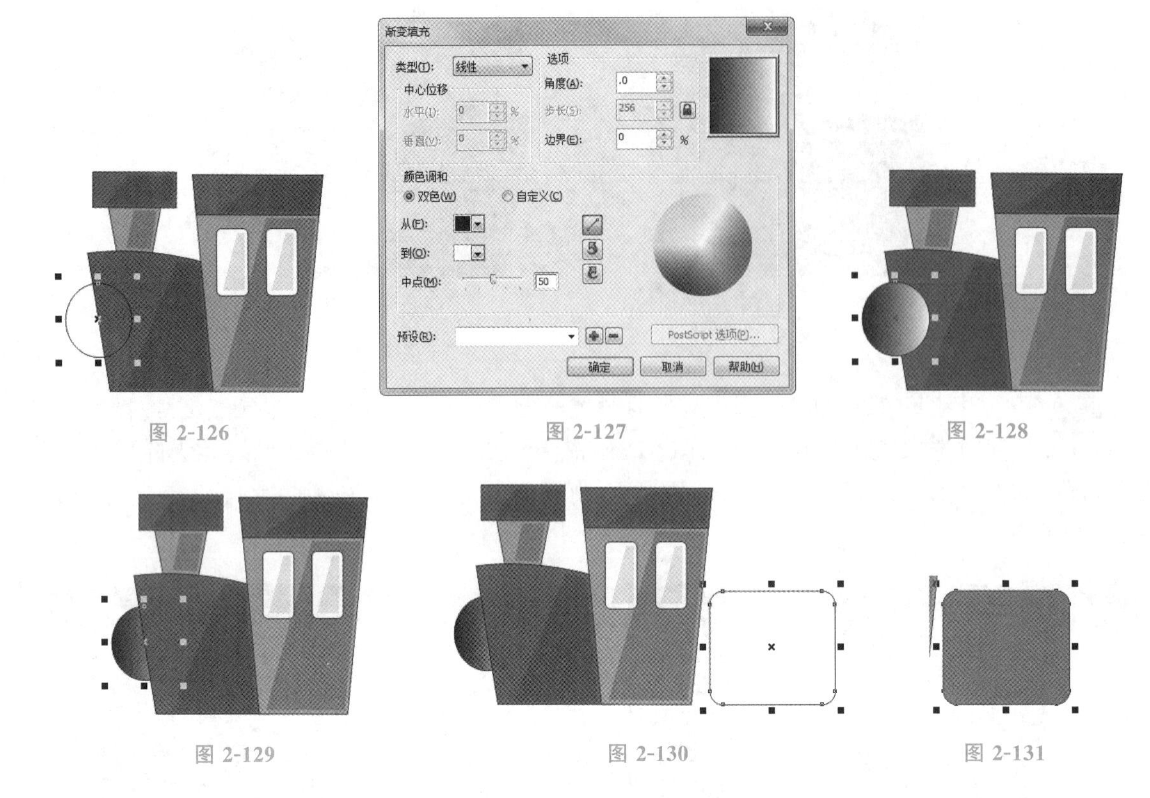

图 2-126　　图 2-127　　图 2-128

图 2-129　　图 2-130　　图 2-131

STEP 9 选择“贝塞尔”工具，绘制一个不规则图形，设置图形颜色的 CMYK 值为 100、30、0、0，填充图形，并去除图形的轮廓线，效果如图 2-132 所示。

STEP 10 选择“星形”工具，在“星形”属性栏中将“锐度”选项设置为 40，在适当的位置绘制星形，填充图形为白色，并去除图形的轮廓线，效果如图 2-133 所示。用相同的方法绘制出右侧的两组图形，并填充适当的颜色，效果如图 2-134 所示。

图 2-132　　图 2-133　　图 2-134

STEP 11 选择“矩形”工具，在适当的位置绘制矩形，设置图形颜色的 CMYK 值为 44、96、85、51，填充图形，并去除图形的轮廓线，效果如图 2-135 所示。选择“选择”工具，选取图形，按 Shift+Page Down 组合键，后移图形，效果如图 2-136 所示。

图 2-135　　图 2-136

STEP 12 按数字键盘上的＋键，复制图形，并将其拖曳到适当的位置，效果如图 2-137 所示。选择"椭圆形"工具，在适当的位置绘制多个椭圆形，颜色全部填充为白色，并去除图形的轮廓线，效果如图 2-138 所示。

图 2-137　　图 2-138

STEP 13 选择"椭圆形"工具，按住 Ctrl 键的同时，在页面中绘制圆形，设置图形颜色的 CMYK 值为 0、20、100、0，填充图形，效果如图 2-139 所示。再绘制两个椭圆形，如图 2-140 所示。选择"选择"工具，将其同时选取，如图 2-141 所示。单击"椭圆形"属性栏中的"移除前面对象"按钮，效果如图 2-142 所示。

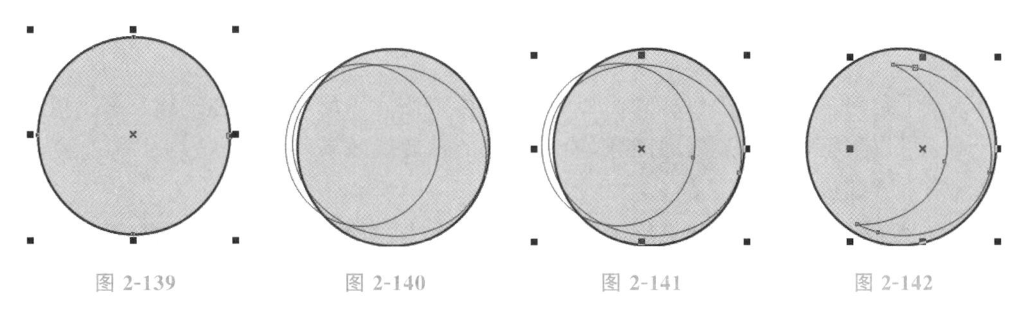

图 2-139　　图 2-140　　图 2-141　　图 2-142

STEP 14 保持图形的选取状态，设置图形颜色的 CMYK 值为 0、40、100、0，填充图形，并去除图形的轮廓线，效果如图 2-143 所示。选择"椭圆形"工具，按住 Ctrl 键的同时，在适当的位置绘制圆形，填充为白色，并去除图形的轮廓线，效果如图 2-144 所示。用相同的方法绘制多个圆形，并填充适当的颜色，效果如图 2-145 所示。

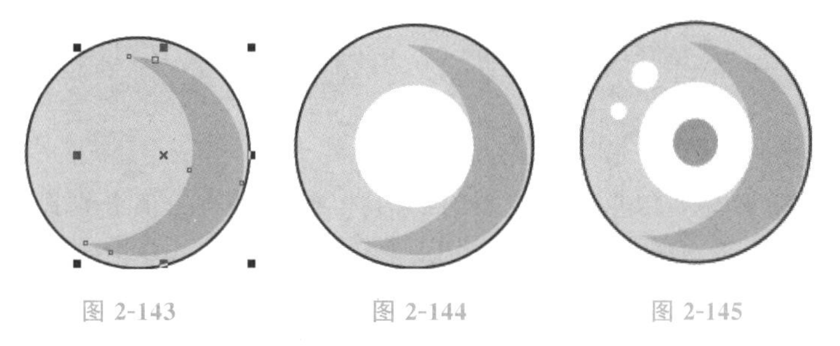

图 2-143　　图 2-144　　图 2-145

STEP 15 选择"选择"工具，将绘制的图形同时选取，拖曳到适当的位置，如图 2-146 所示。复制多个图形，并调整其位置和大小，效果如图 2-147 所示。至此，卡通火车绘制完成。

图 2-146　　图 2-147

知识讲解

1. “螺纹”工具

1)绘制对称式螺旋线

选择“多边形”工具展开式工具栏中的“螺纹”工具，在绘图页面中按住鼠标左键不放，从左上角向右下角拖曳鼠标到需要的位置，释放鼠标左键，对称式螺旋线绘制完成，如图 2-148 所示。“图纸和螺旋工具”属性栏如图 2-149 所示。

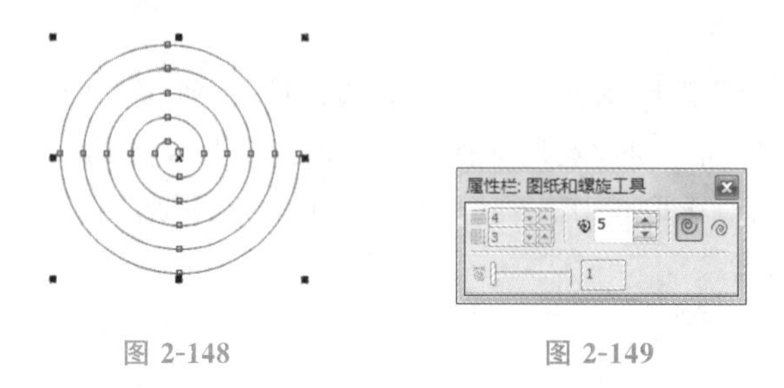

图 2-148　　图 2-149

如果从右下角向左上角拖曳鼠标到需要的位置，可以绘制出反向的对称式螺旋线。在“螺纹回圈”框中可以重新设定螺旋线的圈数，绘制需要的螺旋线效果。

2)绘制对数式螺旋线

选择“螺纹”工具，在“图纸和螺旋工具”属性栏中单击“对数螺纹”按钮，在绘图页面中按住鼠标左键不放，从左上角向右下角拖曳鼠标到需要的位置，释放鼠标左键，对数式螺旋线绘制完成，如图 2-150 所示。“图纸和螺旋工具”属性栏如图 2-151 所示。

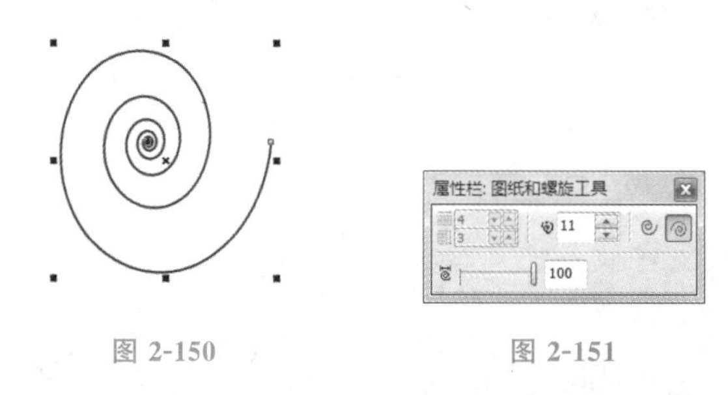

图 2-150　　图 2-151

在“螺纹扩展参数”框中可以重新设定螺旋线的扩展参数，将数值分别设置为 80 和 20 时，“螺旋线”向外扩展的幅度会逐渐变小，如图 2-152 所示。当数值设置为 1 时，将绘制出对称式螺旋线。

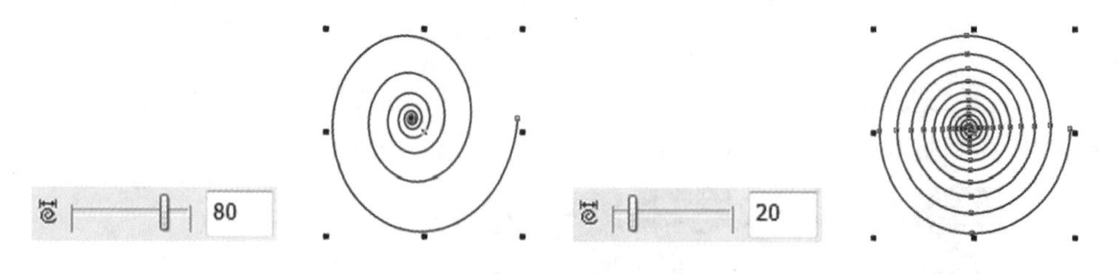

图 2-152

按住 A 键，选择“螺纹”工具，在绘图页面中适当的位置绘制螺旋线。

按住 Ctrl 键的同时，可以在绘图页面中绘制正圆螺旋线。

按住 Shift 键，在绘图页面中以当前点为中心绘制螺旋线。

按住 Shift+Ctrl 组合键，在绘图页面中以当前点为中心绘制正圆螺旋线。

2．“多边形”工具

1)绘制对称多边形

选择“多边形”工具，在绘图页面中按住鼠标左键不放，拖曳鼠标到需要的位置，释放鼠标左键，对称多边形绘制完成，如图 2-153 所示。“多边形”属性栏如图 2-154 所示。

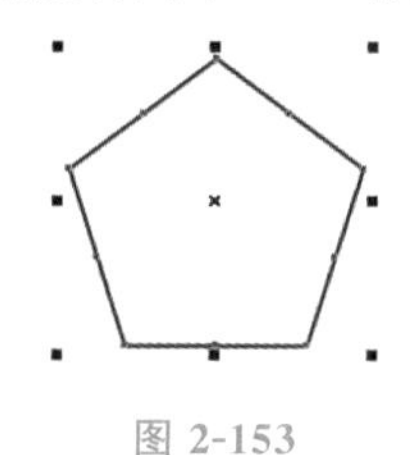

图 2-153

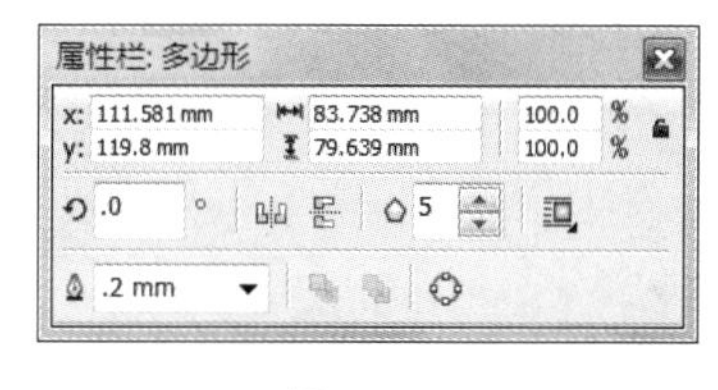

图 2-154

在“多边形”属性栏中将“点数或边数”选项设置为 9，如图 2-155 所示。按 Enter 键，多边形效果如图 2-156 所示。

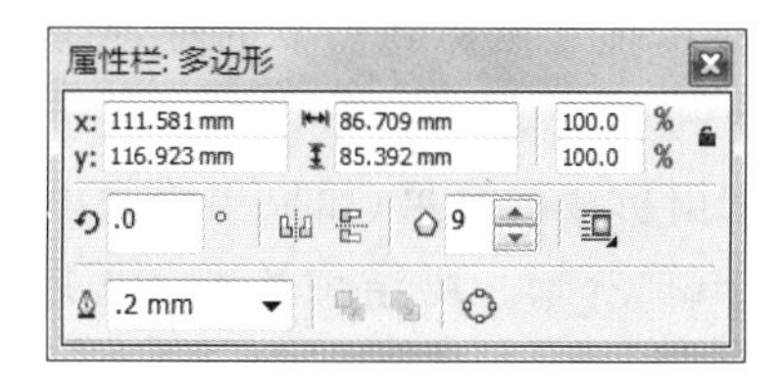

图 2-155

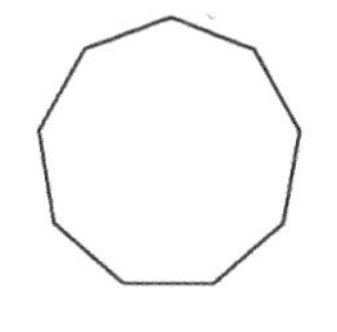

图 2-156

2)绘制星形

选择“多边形”工具展开式工具栏中的“星形”工具，在绘图页面中按住鼠标左键不放，拖曳鼠标到需要的位置，释放鼠标左键，星形绘制完成，如图 2-157 所示。“星形”属性栏如图 2-158 所示。

在“星形”属性栏中将“点数或边数”选项设置为 8，按 Enter 键，星形效果如图 2-159 所示。

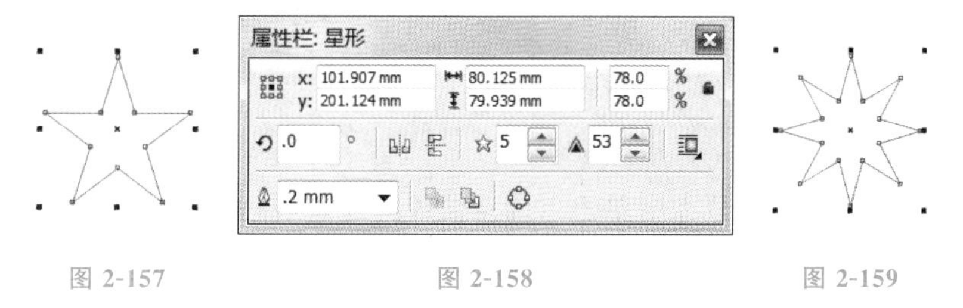

图 2-157　　图 2-158　　图 2-159

3)绘制复杂星形

选择“多边形”工具展开式工具栏中的“复杂星形”工具，在绘图页面中按住鼠标左键不放，拖曳鼠标到需要的位置，释放鼠标左键，复杂星形绘制完成，如图 2-160 所示。“复杂星形”属性栏如图 2-161 所示。

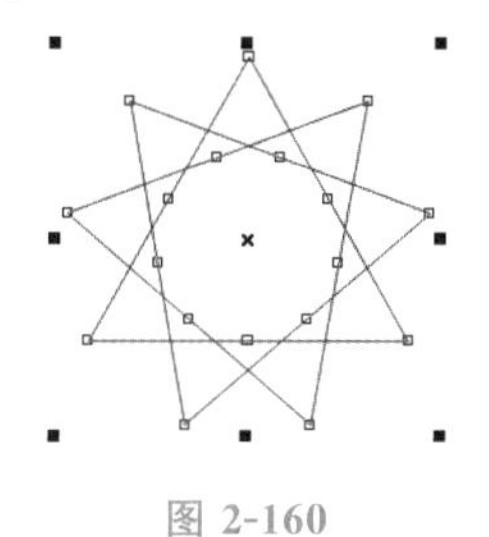

图 2-160

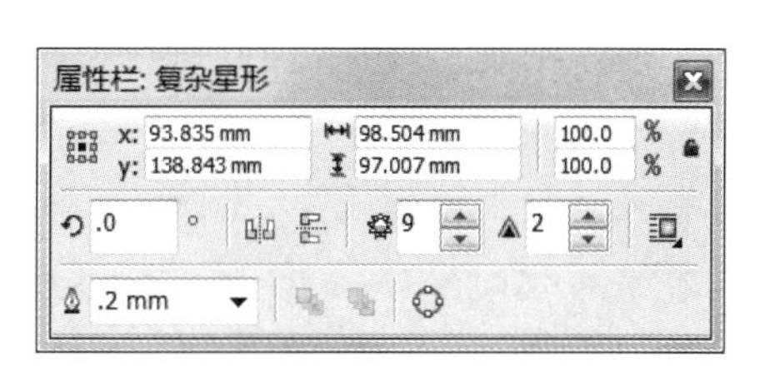

图 2-161

设置“复杂星形”属性栏中的“点数或边数” 12 值为 12，“锐度” 4 值为 4，如图 2-162 所示。按 Enter 键，复杂星形效果如图 2-163 所示。

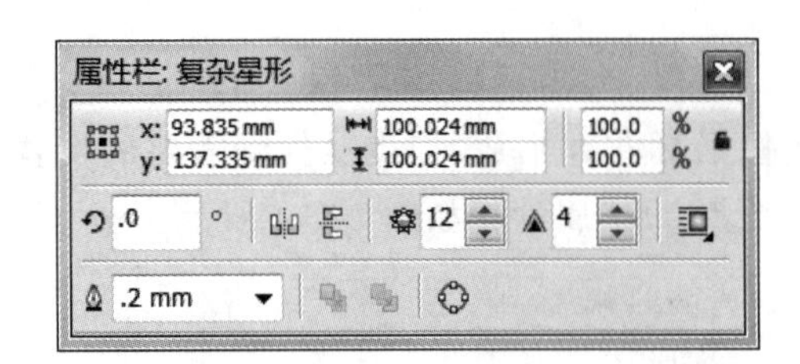

图 2-162

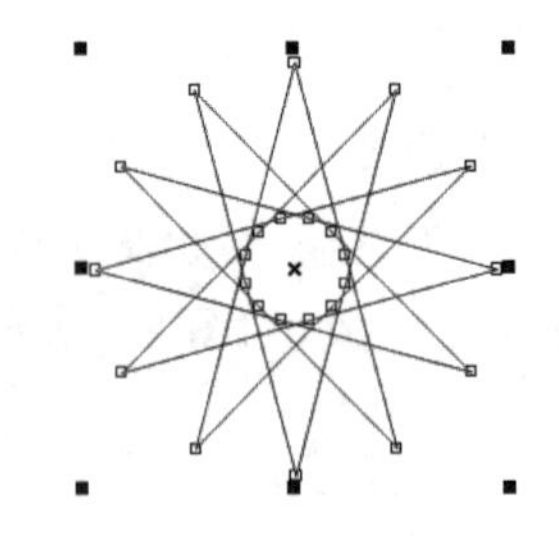

图 2-163

3. “钢笔”工具

“钢笔”工具可以绘制出多种精美的曲线和图形，还可以对已绘制的曲线和图形进行编辑和修改。在 CorelDRAW X6 中绘制的各种复杂图形都可以通过“钢笔”工具来完成。

1)绘制直线和折线

选择“钢笔”工具，单击以确定直线的起点，拖曳鼠标到需要的位置，再单击以确定直线的终点，绘制出一段直线，效果如图 2-164 所示。

只要再单击确定下一个节点，就可以绘制出折线的效果；如果想绘制出多个折角的折线，只要继续单击确定节点即可，折线的效果如图 2-165 所示。要结束绘制，按 Esc 键或双击鼠标左键即可。

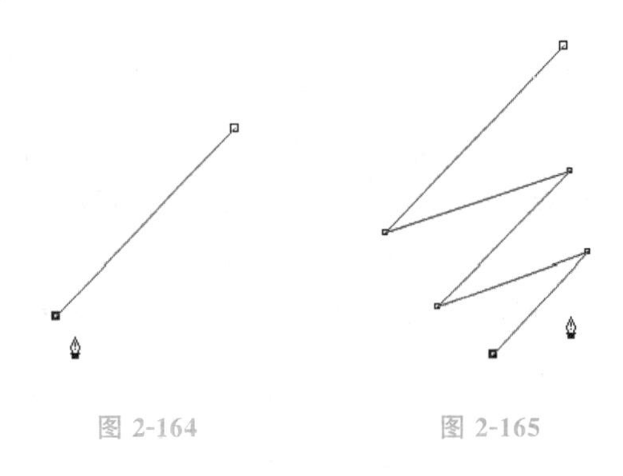

图 2-164　　图 2-165

2)绘制曲线

选择“钢笔”工具，在绘图页面中单击以确定曲线的起点，释放鼠标左键，将鼠标指针移动到需要的位置再单击并按住鼠标左键不动，在两个节点间出现一条直线段，如图 2-166 所示。

拖曳鼠标，第 2 个节点的两边出现控制线和控制点，控制线和控制点会随着鼠标的移动而发生变化，直线段变为曲线的形状，如图 2-167 所示。调整到需要的效果后释放鼠标左键，曲线的效果如图 2-168 所示。

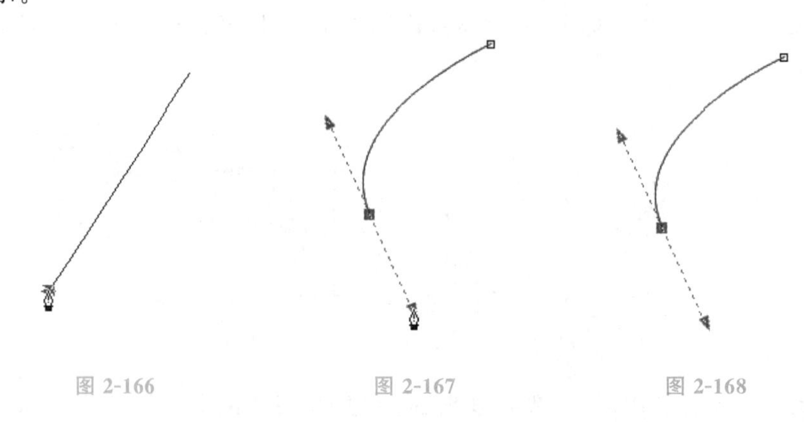

图 2-166　　图 2-167　　图 2-168

使用相同的方法继续绘制曲线，效果如图 2-169、图 2-170 所示。绘制完成的曲线效果如图 2-171 所示。

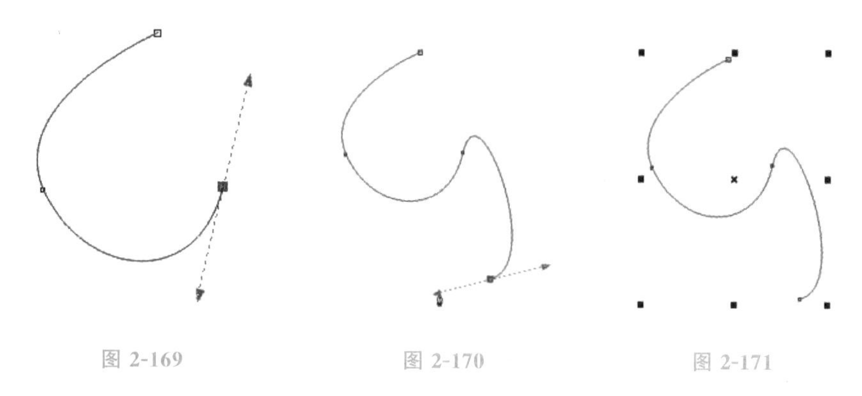

图 2-169　　图 2-170　　图 2-171

如果想在曲线后绘制出直线，按住 C 键，在要继续绘制出直线的节点上按下鼠标左键并拖曳鼠标，这时出现节点的控制点。释放 C 键，将控制点拖动到下一个节点的位置，如图 2-172 所示。释放鼠标左键并单击，可以绘制出一段直线，效果如图 2-173 所示。

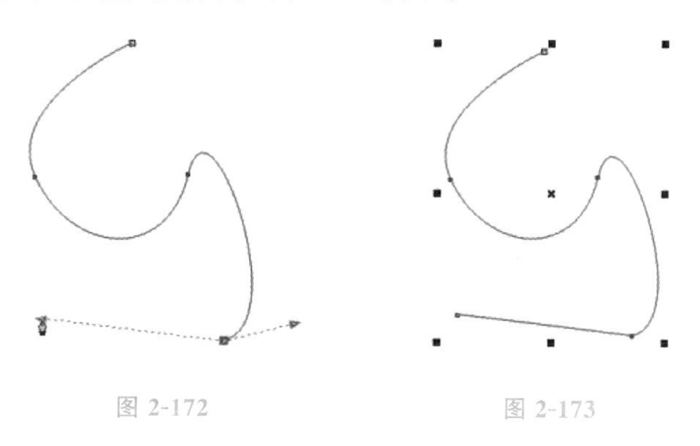

图 2-172　　图 2-173

3)编辑曲线

在“钢笔”工具属性栏中单击“自动添加或删除节点”按钮，曲线绘制的过程变为自动添加/删除节点模式。

将“钢笔”工具的鼠标移动到节点上，鼠标变为删除节点图标，如图 2-174 所示。单击可以删除节点，效果如图 2-175 所示。

将“钢笔”工具的鼠标移动到曲线上，鼠标变为添加节点图标，如图 2-176 所示。单击可以添加节点，效果如图 2-177 所示。

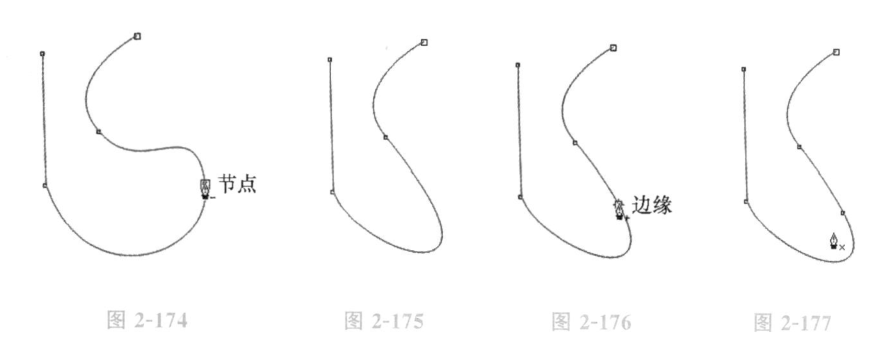

图 2-174　　图 2-175　　图 2-176　　图 2-177

将“钢笔”工具的鼠标移动到曲线的起始点，鼠标指针变为闭合曲线图标，如图 2-178 所示。单击可以闭合曲线，效果如图 2-179 所示。

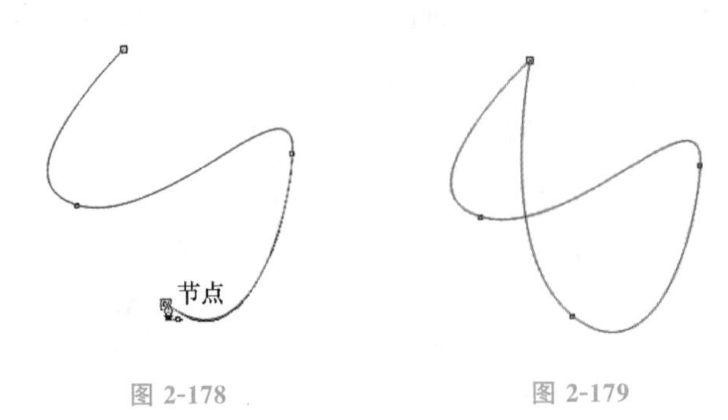

图 2-178　　图 2-179

提示

绘制曲线的过程中，按住 Alt 键可编辑曲线段，可以进行节点的转换、移动和调整等操作，释放 Alt 键可继续进行绘制。

课堂演练——绘制卡通风车

使用“矩形”工具、“螺旋形”工具和“图框精确裁剪”命令绘制背景；使用“多边形”工具、“椭圆”工具、“形状”工具和“移除前对象”命令绘制风车；使用“基本形状”工具和“旋转角度”命令绘制其他风车；使用“钢笔”工具制作线段。（最终效果参看资源包中的“源文件\项目二\课堂演练 绘制卡通风车. cdr”，见图 2-180。）

图 2-180

任务三 绘制扇子

任务分析

折扇以竹木做扇骨，韧纸做扇面，扇面上还要题诗作画。本任务制作折扇扇面，要求形式简洁形象、古朴典雅。

设计理念

在设计制作过程中，扇面使用纯白色做底，配以中国传统的水墨画形式，使扇面看起来古色古香，具有中国传统文化的特色，让人印象深刻。(最终效果参看资源包中的"源文件\项目二\任务三 绘制扇子.cdr"，见图 2-181。)

图 2-181

任务实施

1. 制作扇面图形

STEP 1 选择"文件>打开"命令，弹出"打开绘图"对话框。选择资源包中的"素材文件\项目二\任务三 绘制扇子\01"文件，单击"打开"按钮，效果如图 2-182 所示。

STEP 2 选择"椭圆形"工具，按住 Ctrl 键的同时，绘制一个圆形，如图 2-183 所示。选择"贝塞尔"工具，绘制一个不规则图形，如图 2-184 所示。

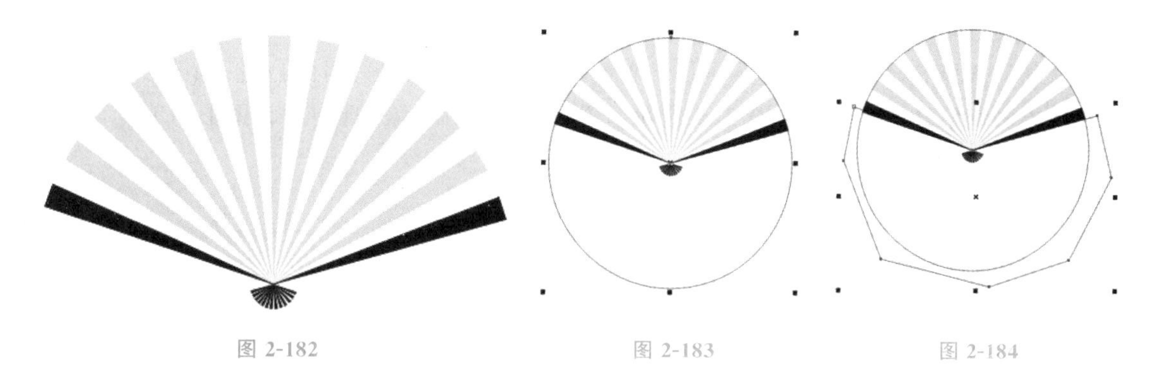

图 2-182　　图 2-183　　图 2-184

STEP 3 选择"选择"工具，用圈选的方法同时选中圆形和不规则图形，单击工具栏中的"移除前面对象"按钮，将图形剪切为扇形，效果如图 2-185 所示。

STEP 4 选择"椭圆形"工具，按住 Ctrl 键的同时，绘制一个圆形，如图 2-186 所示。选择"选择"工具，按住 Shift 键的同时，将圆形和扇形同时选取，单击工具栏中的"移除前面对象"按钮，将两个图形剪切为一个图形，效果如图 2-187 所示。

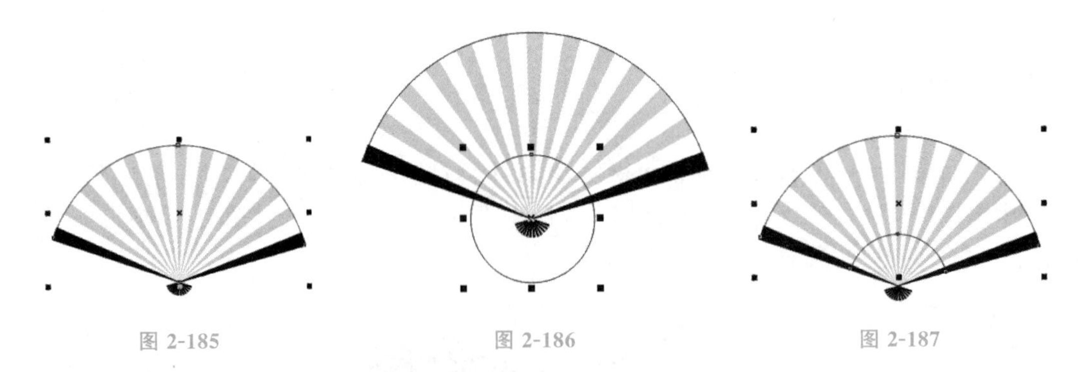

图 2-185　　图 2-186　　图 2-187

STEP 5 选择"选择"工具，设置图形填充颜色的 CMYK 值为 10、10、30、0，填充图形。在"CMYK 调色板"中的"60%黑"色块上右击，填充图形的轮廓线，效果如图 2-188 所示。选择"排列>顺序>到页面后面"命令，将扇形图形放置在其他图形的后面，如图 2-189 所示。

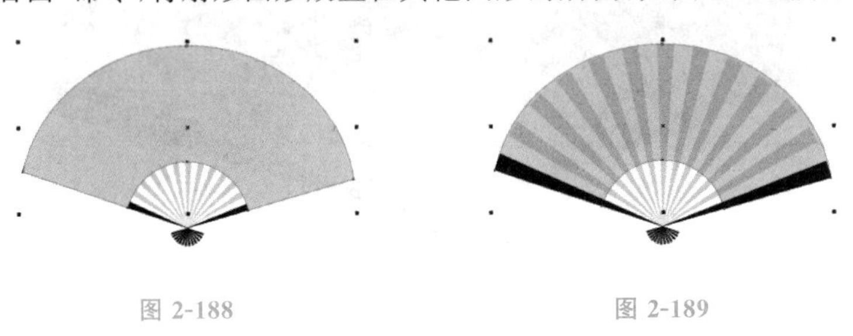

图 2-188　　图 2-189

STEP 6 选择"形状"工具，在扇面转折处双击，添加新的节点，效果如图 2-190 所示。用相同的方法，在扇面其他转折处添加节点，如图 2-191 所示。用圈选的方法同时选中所有添加的节点，单击工具栏中的"转换为线条"按钮，将曲线节点转换为直线节点，效果如图 2-192 所示。

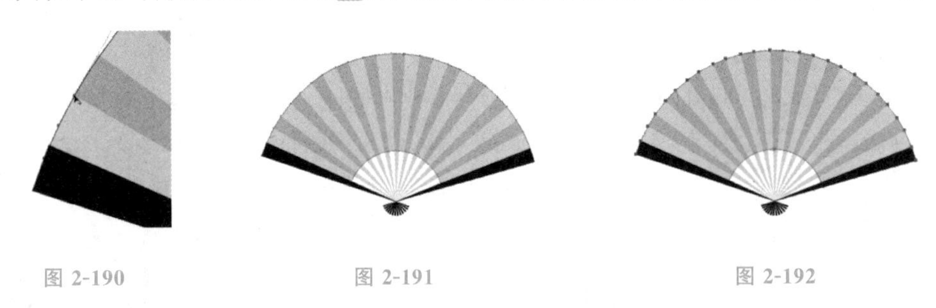

图 2-190　　图 2-191　　图 2-192

STEP 7 选择"形状"工具，选中一个节点，将其向外拖曳到适当的位置，如图 2-193 所示。用相同的方法调整其他节点，如图 2-194 所示。选择"形状"工具，选中扇骨图形的节点，使之与扇面形状相符合，效果如图 2-195 所示。

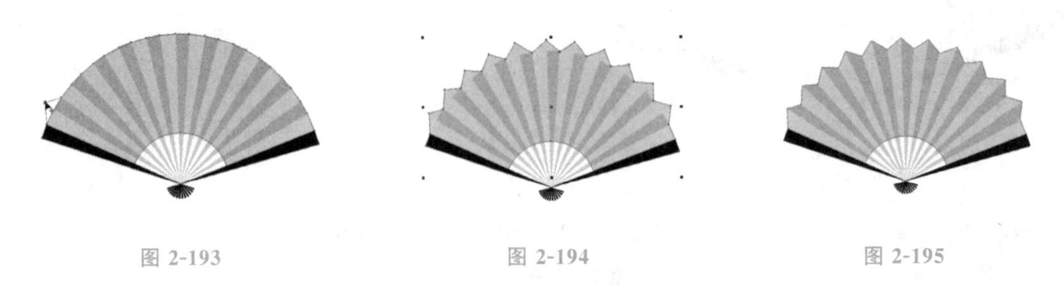

图 2-193　　图 2-194　　图 2-195

2. 导入图片并编辑

STEP 1 选择"文件>导入"命令，弹出"导入"对话框。选择资源包中的"素材文件\项目二\任务三 绘制扇子\02"文件，单击"导入"按钮，在页面中单击导入图片，效果如图 2-196 所示。按 Shift+Page Down 组合键，将图片向后移动到最底层，效果如图 2-197 所示。

图 2-196

图 2-197

STEP 2 选择"效果>图框精确剪裁>置于图文框内部"命令，鼠标指针变为黑色箭头形状，在图形上单击，如图 2-198 所示。将图片置入背景中，效果如图 2-199 所示。扇子绘制完成，最终效果如图 2-200 所示。

图 2-198

图 2-199

图 2-200

知识讲解

1. 焊接

焊接是将几个图形结合成一个图形，新的图形轮廓由被焊接的图形边界组成，被焊接图形的交叉线都将消失。

使用"选择"工具选中要焊接的图形，如图 2-201 所示。选择"窗口>泊坞窗>造形"命令，弹出如图 2-202 所示的"造形"泊坞窗。在"造形"泊坞窗中选择"焊接"选项，再单击"焊接到"按钮，将鼠标放到目标对象上单击，如图 2-203 所示。焊接后的效果如图 2-204 所示。新生成图形对象的边框和颜色填充与目标对象完全相同。

图 2-201

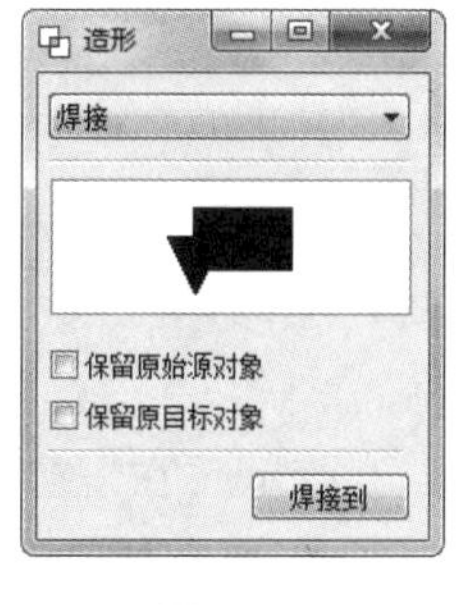

图 2-202

图 2-203

图 2-204

在进行焊接操作之前，可以在“造形”泊坞窗中设置“保留原始源对象”和“保留原目标对象”。勾选“保留原始源对象”和“保留原目标对象”复选框后，如图 2-205 所示，再焊接图形对象时，来源对象(原始源对象)和目标对象(原目标对象)都被保留，效果如图 2-206 所示。“保留原始源对象”和“保留原目标对象”对“修剪”和“相交”功能也适用。

图 2-205　　图 2-206

选择几个要焊接的图形后，选择“排列>造形>合并”命令，或单击工具栏中的“合并”按钮，可以完成多个对象的焊接。

2. 修剪

修剪是将目标对象与来源对象的相交部分裁掉，使目标对象的形状被更改。修剪后的目标对象保留其填充和轮廓属性。

使用“选择”工具选择其中的来源对象，如图 2-207 所示。在“造形”泊坞窗中选择“修剪”选项，如图 2-208 所示。单击“修剪”按钮，将鼠标放到目标对象上单击，如图 2-209 所示。修剪后的效果如图 2-210 所示，修剪后的目标对象保留其填充和轮廓属性。

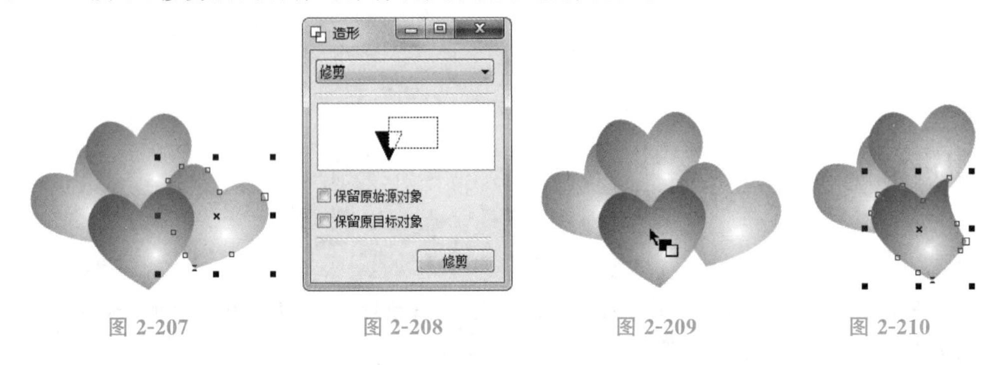

图 2-207　　图 2-208　　图 2-209　　图 2-210

选择“排列>造形>修剪”命令，或单击工具栏中的“修剪”按钮，也可以完成修剪，来源对象和被修剪的目标对象会同时存在于绘图页面中。

提示

圈选多个图形时，在最底层的图形对象就是“目标对象”。按住 Shift 键选择多个图形时，最后选中的图形就是“目标对象”。

3. 相交

相交是将两个或两个以上对象的相交部分保留，使相交的部分成为一个新的图形对象。新创建图形对象的填充和轮廓属性将与目标对象相同。

使用“选择”工具选择其中的来源对象，如图 2-211 所示。在“造形”泊坞窗中选择“相交”选项，如图 2-212 所示。单击“相交对象”按钮，将鼠标放到目标对象上单击，如图 2-213 所示。相交后的效果如图 2-214 所示。相交后的图形对象将保留目标对象的填充和轮廓属性。

图 2-211

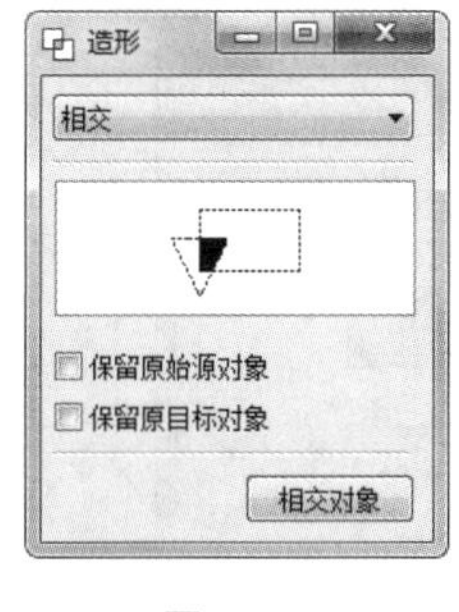

图 2-212

图 2-213

图 2-214

选择“排列>造形>相交”命令，或单击属性栏中的“相交”按钮，也可以完成相交裁切。来源对象和目标对象以及相交后的新图形对象同时存在于绘图页面中。

4. 简化

简化是减去后面图形中和前面图形的重叠部分，并保留前面图形和后面图形的状态。

使用“选择”工具选中两个相交的图形对象，如图 2-215 所示。在“造形”泊坞窗中选择“简化”选项，如图 2-216 所示。单击“应用”按钮，图形的简化效果如图 2-217 所示。

图 2-215

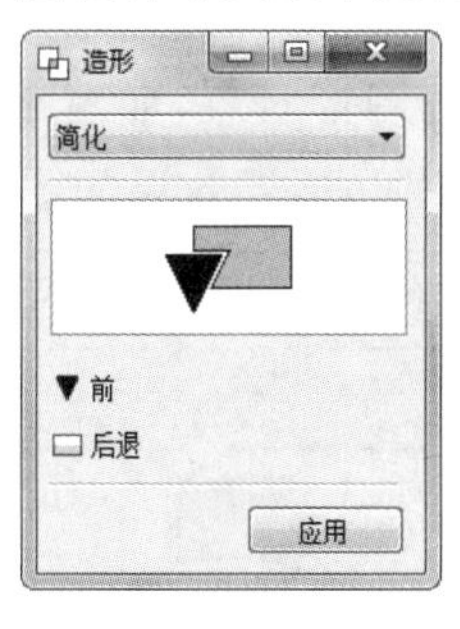

图 2-216

图 2-217

选择“排列>造形>简化”命令，或单击工具栏中的“简化”按钮，也可以完成图形的简化。

5. 移除后面对象

移除后面对象是减去后面图形，并减去前后图形的重叠部分，保留前面图形的剩余部分。

使用“选择”工具选中两个相交的图形对象，如图 2-218 所示。在“造形”泊坞窗中选择“移除后面对象”选项，如图 2-219 所示。单击“应用”按钮，移除后面对象，效果如图 2-220 所示。

图 2-218

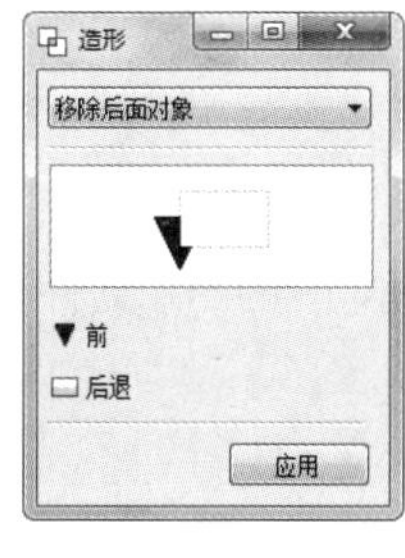

图 2-219

图 2-220

选择“排列>造形>移除后面对象”命令，或单击工具栏中的“移除后面对象”按钮，也可以实现上述裁切效果。

6. 移除前面对象

移除前面对象是减去前面图形，并减去前后图形的重叠部分，保留后面图形的剩余部分。

使用“选择”工具选中两个相交的图形对象，如图 2-221 所示。在“造形”泊坞窗中选择“移除前面对象”选项，如图 2-222 所示。单击“应用”按钮，移除前面对象，效果如图 2-223 所示。

图 2-221

图 2-222

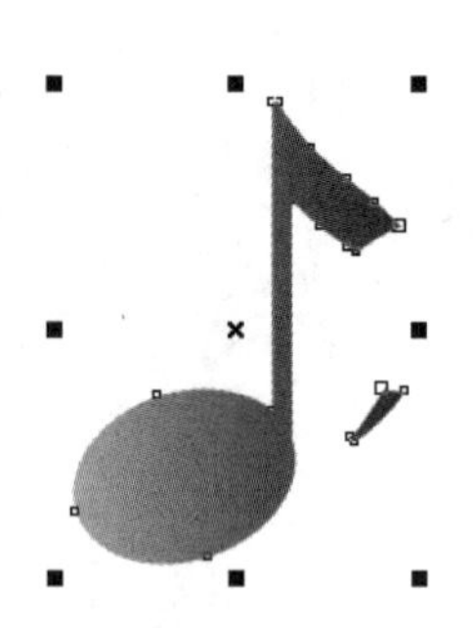

图 2-223

选择“排列>造形>移除前面对象”命令，或单击工具栏中的“移除前面对象”按钮，也可以实现上述裁切效果。

7. 边界

边界是可以快速创建一个所选图形的共同边界。

使用“选择”工具选中要创建边界的图形对象，如图 2-224 所示。在“造形”泊坞窗中选择“边界”选项，如图 2-225 所示。单击“应用”按钮，边界效果如图 2-226 所示。

图 2-224

图 2-225

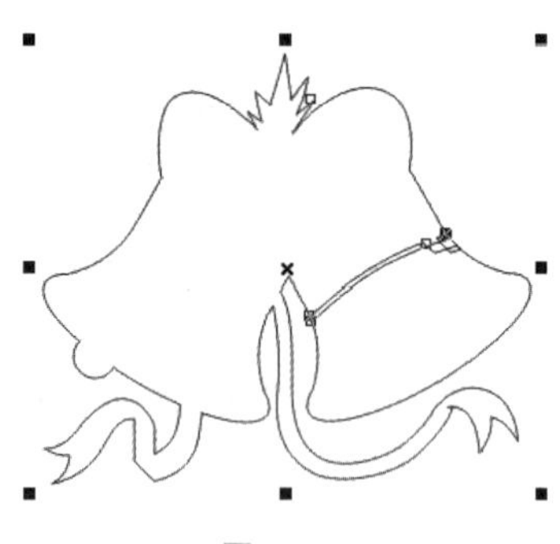

图 2-226

选择“排列>造形>边界”命令，或单击工具栏中的“创建边界”按钮，也可以创建图形边界。

课堂演练——绘制茶壶

使用“贝塞尔”工具、“钢笔”工具和“形状”工具绘制茶壶轮廓图；使用“艺术笔”工具添加花纹图形。(最终效果参看资源包中的“源文件\项目二\课堂演练 绘制茶壶.cdr”，见图 2-227。)

图 2-227

任务四　绘制南瓜

任务分析

本任务是为万圣节插画制作一个南瓜卡通形象插图，在设计中要求绘制的南瓜图形形象生动，体现出万圣节的节日气息。

设计理念

在设计制作过程中，运用简单的几何图形制作出南瓜形象，使用拟人化的手法让南瓜变得呆萌可爱，给人可爱的印象。色彩运用成熟鲜艳的橙黄色，增添节日气氛。（最终效果参看资源包中的“源文件\项目二\任务四 绘制南瓜.cdr”，见图 2-228。）

图 2-228

任务实施

STEP 1 按 Ctrl+N 组合键，新建一个 A4 页面。选择“贝塞尔”工具，在适当的位置绘制一个图形，如图 2-229 所示。

STEP 2 选择“钢笔”工具，在图形适当的位置添加锚点，如图 2-230 所示。用相同的方法添加其他锚点，共添加 5 个锚点，效果如图 2-231 所示。

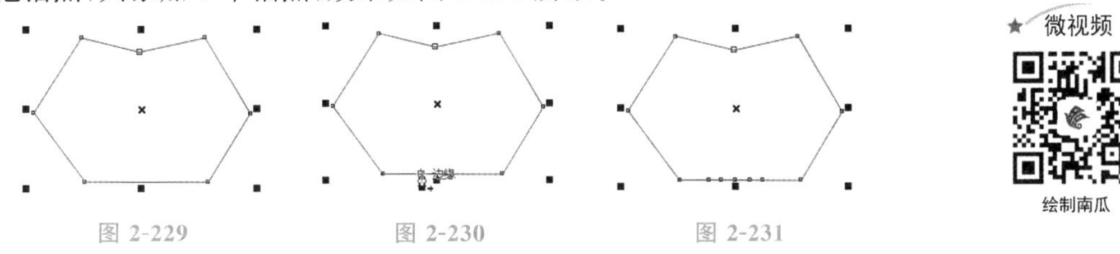

图 2-229　图 2-230　图 2-231

微视频

绘制南瓜

STEP 3 选择“形状”工具，调节图形上的锚点到适当位置，效果如图 2-232 所示。圈选需要的锚点，效果如图 2-233 所示。单击工具栏中的“转换为曲线”按钮，调节锚点手柄，效果如图 2-234 所示。再次调节其他锚点手柄，效果如图 2-235 所示。

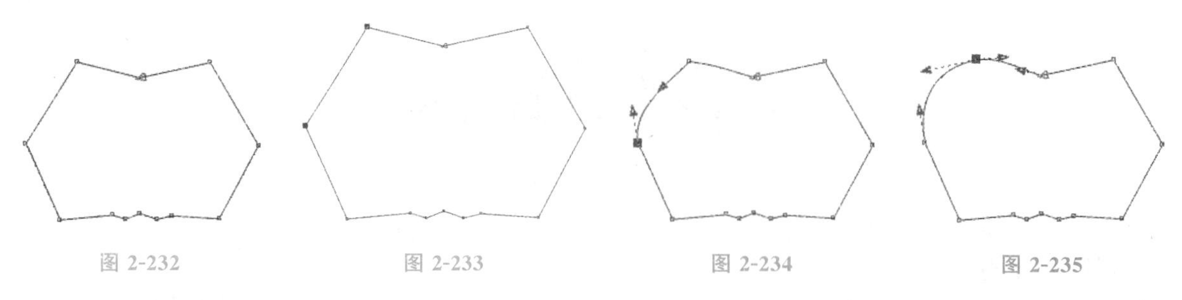

图 2-232　　图 2-233　　图 2-234　　图 2-235

STEP 4 用相同的方法调节锚点手柄，效果如图 2-236 所示。用上述方法调整其他锚点和锚点手柄，如图 2-237 所示。设置图形颜色的 CMYK 值为 0、60、100、0，填充图形，按 F12 键，弹出“轮廓笔”对话框，在“颜色”选项中设置轮廓线颜色的 CMYK 值为 0、80、100、0，其他选项的设置如图 2-238 所示。单击“确定”按钮，效果如图 2-239 所示。

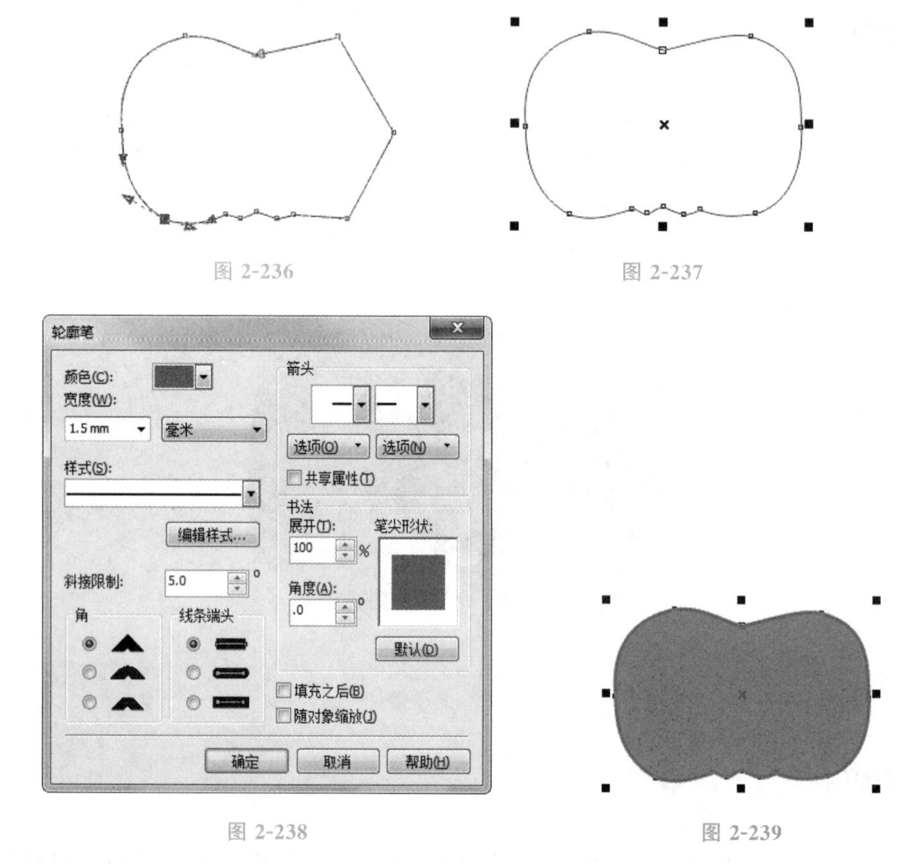

图 2-236　　图 2-237

图 2-238　　图 2-239

STEP 5 选择“贝塞尔”工具，在适当的位置绘制一个图形，设置图形颜色的 CMYK 值为 100、0、100、0，填充图形，并去除图形的轮廓线，效果如图 2-240 所示。按 Ctrl+Page Down 组合键，向后移动该图形，效果如图 2-241 所示。

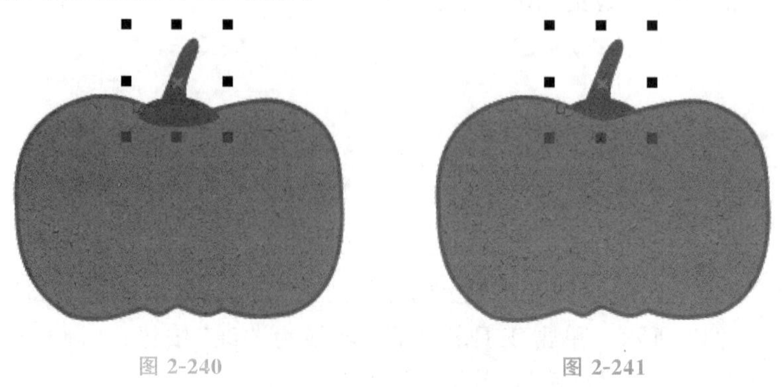

图 2-240　　图 2-241

STEP 6 选择“2 点线”工具，绘制一条直线，如图 2-242 所示。按 F12 键，弹出“轮廓笔”对话框，在“颜色”选项中设置轮廓线颜色的 CMYK 值为 0、80、100、0，其他选项的设置如图 2-243 所示。单击“确定”按钮，效果如图 2-244 所示。

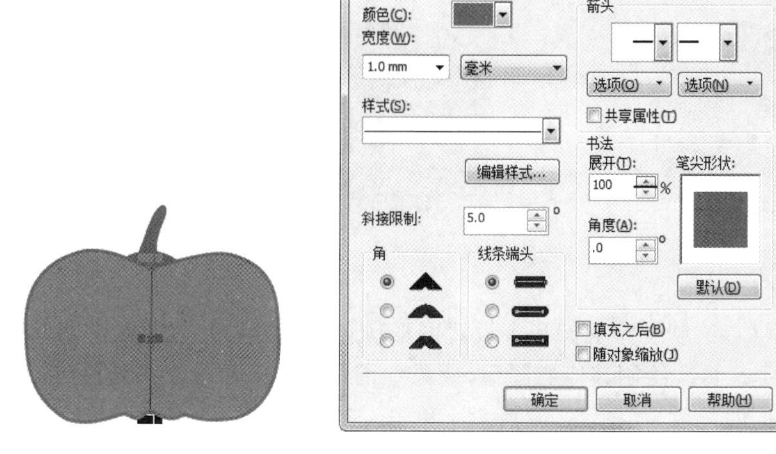

图 2-242　　图 2-243　　图 2-244

STEP 7 选择“3 点曲线”工具，在适当的位置绘制一条曲线，如图 2-245 所示。按 F12 键，弹出“轮廓笔”对话框，在“颜色”选项中设置轮廓线颜色的 CMYK 值为 0、80、100、0，其他选项的设置如图 2-246 所示。单击“确定”按钮，效果如图 2-247 所示。按数字键盘上的＋键，复制曲线。单击工具栏中的“水平镜像”按钮，水平翻转复制的曲线，将其拖曳到适当的位置，效果如图 2-248 所示。

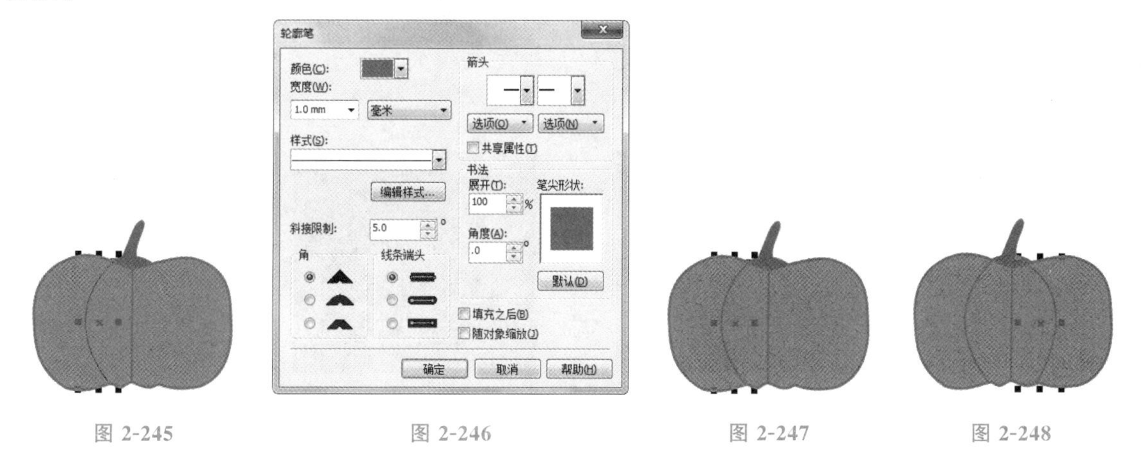

图 2-245　　图 2-246　　图 2-247　　图 2-248

STEP 8 选择“椭圆形”工具，按住 Ctrl 键的同时，绘制一个圆形。填充图形为黑色，并去除图形的轮廓线，效果如图 2-249 所示。用相同方法绘制其他圆形，并设置图形颜色的 CMYK 值为 0、20、100、0，填充图形，并去除图形的轮廓线，效果如图 2-250 所示。按 Ctrl＋Page Down 组合键，向后移动图形，效果如图 2-251 所示。

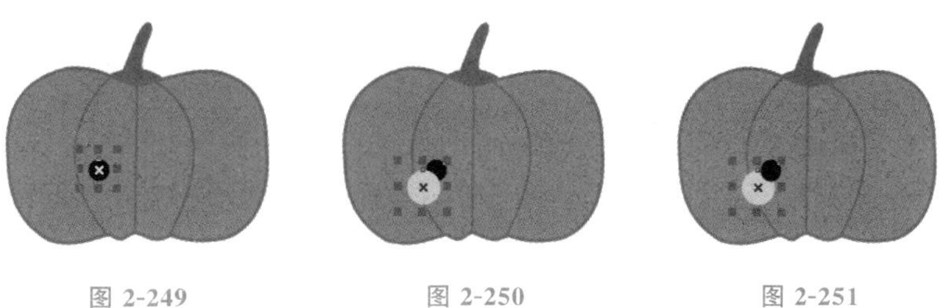

图 2-249　　图 2-250　　图 2-251

STEP 9 选择“选择”工具，用圈选的方法选取需要的图形，如图 2-252 所示。按 Ctrl+G 组合键，将其群组。按数字键盘上的+键，复制图形。单击工具栏中的“水平镜像”按钮，水平翻转复制的图形，将其拖曳到适当的位置，效果如图 2-253 所示。

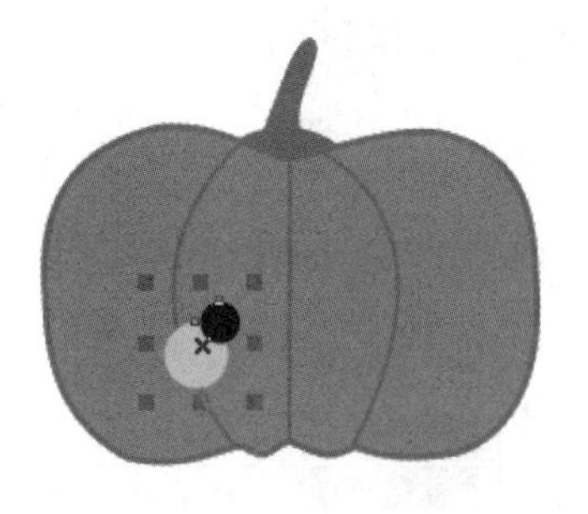
图 2-252

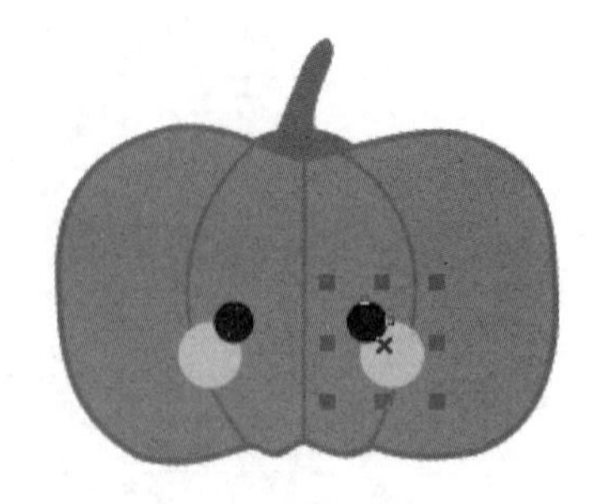
图 2-253

STEP 10 选择“椭圆形”工具，绘制一个椭圆形。设置图形颜色为黑色，填充图形，并去除图形的轮廓线，效果如图 2-254 所示。再次绘制其他椭圆形，效果如图 2-255 所示。选择“选择”工具，用圈选的方法将两个椭圆形同时选取，如图 2-256 所示。单击工具栏中的“移除前面对象”按钮，将图形修剪为一个图形，效果如图 2-257 所示。

图 2-254

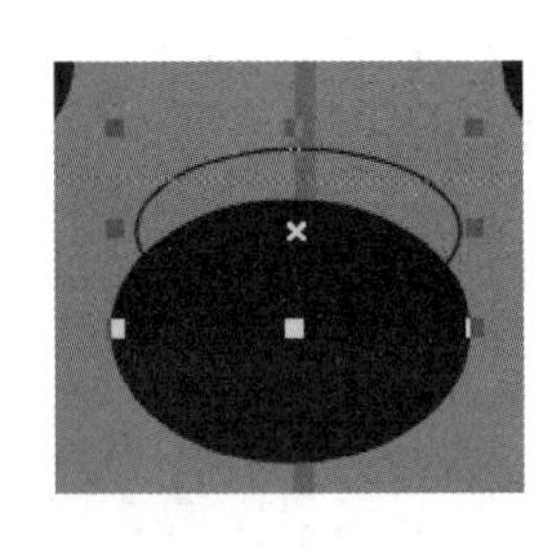
图 2-255

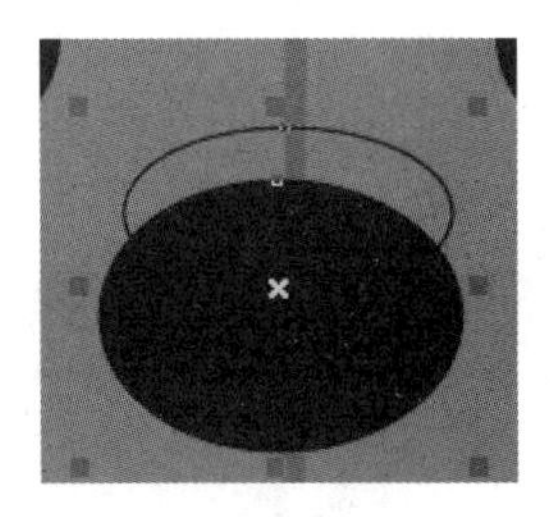
图 2-256

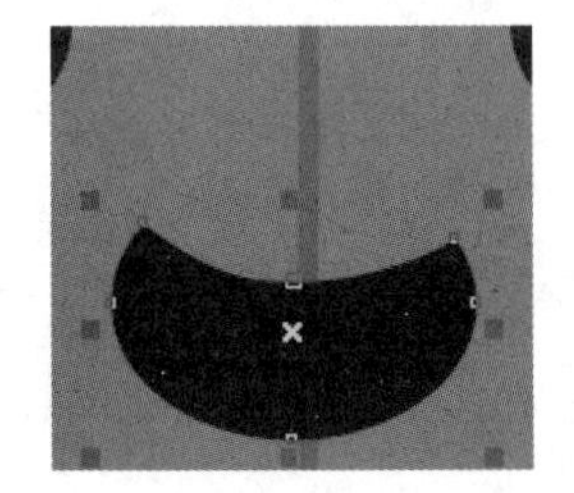
图 2-257

STEP 11 选择“椭圆形”工具，绘制一个椭圆形。设置图形颜色为白色，填充图形，并去除图形的轮廓线，效果如图 2-258 所示。南瓜绘制完成，最终效果如图 2-259 所示。

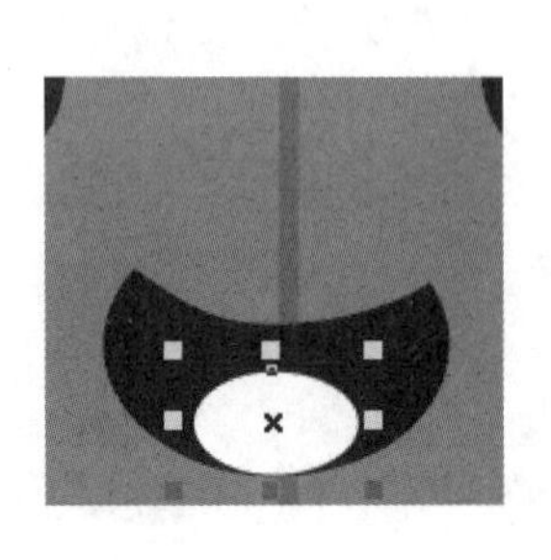
图 2-258

图 2-259

知识讲解

1. “图纸”工具

选择“图纸”工具，在绘图页面中按住鼠标左键不放，从左上角向右下角拖曳鼠标到需要的位置，释放鼠标左键，网格状的图形绘制完成，如图 2-260 所示。“图纸和螺旋工具”属性栏如图 2-261 所示。在“行数和列数”框中可以重新设定图纸的行和列，绘制出需要的网格状图形效果。

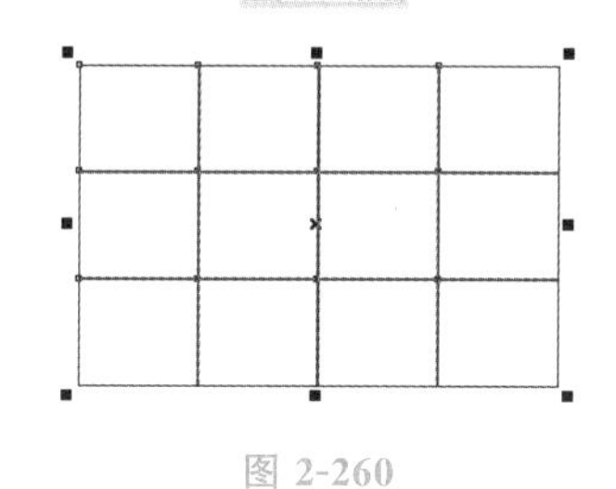
图 2-260

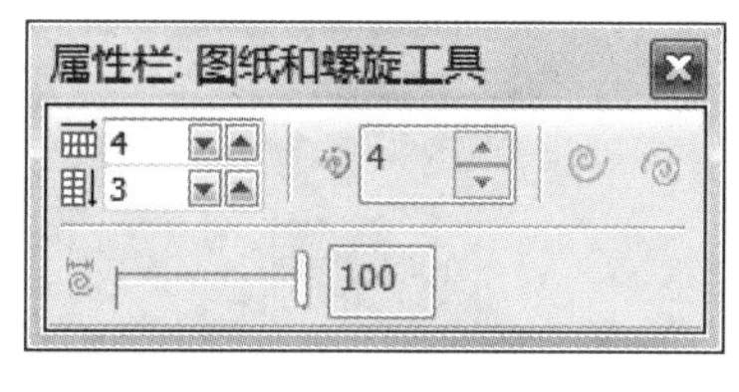

图 2-261

按住 Ctrl 键，在绘图页面中可以绘制正网格状的图形。

按住 Shift 键，在绘图页面中以当前点为中心绘制网格状的图形。

同时按住 Shift＋Ctrl 组合键，在绘图页面中以当前点为中心绘制正网格状的图形。

使用“选择”工具选中网格状图形，如图 2-262 所示。选择“排列>取消群组”命令或按 Ctrl＋U 组合键，可将绘制出的网格状图形取消群组。取消网格图形的选取状态，再使用“选择”工具可以单选其中的各个图形，如图 2-263 所示。

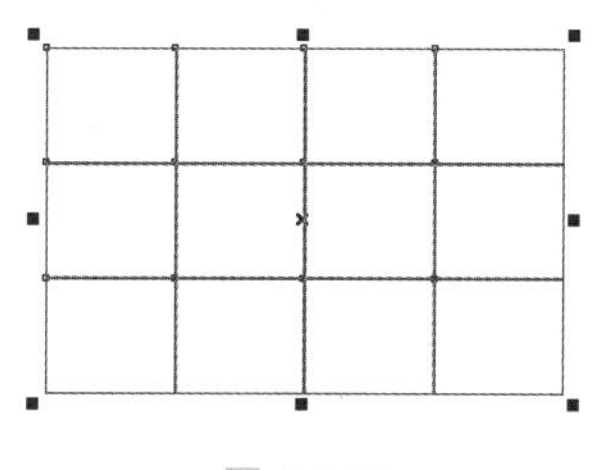
图 2-262

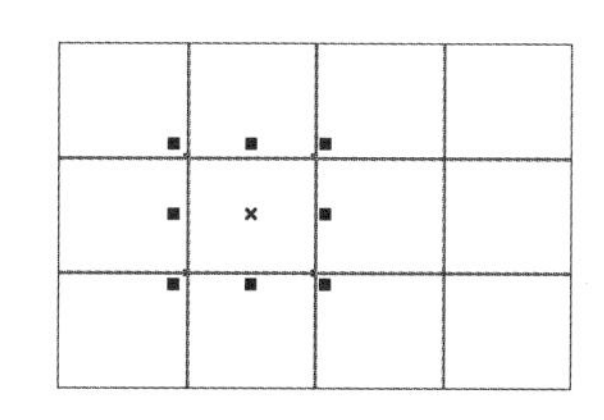
图 2-263

2. 编辑命令

在 CorelDRAW X6 中可以使用强大的编辑功能对图形对象进行编辑，其中包括对象的多种选取方式，对象的缩放、移动、镜像、旋转、复制、删除，以及对象的倾斜变换。下面将讲解几种常用的编辑图形对象的方法和技巧。

1）对象的选取

在 CorelDRAW X6 中新建一个图形对象时，一般图形对象呈选取状态，在对象的周围出现圈选框，圈选框是由 8 个控制手柄组成的。对象的中心有一个“X”形的中心标记，对象的选取状态如图 2-264 所示。

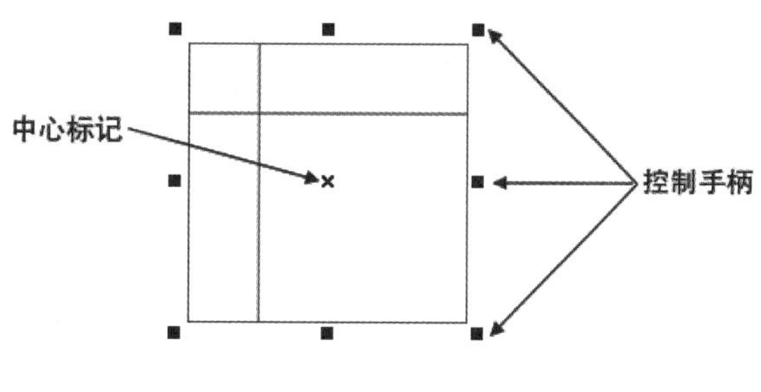

图 2-264

提示

在 CorelDRAW X6 中，如果要编辑一个对象，首先要选取这个对象。当选取多个图形对象时，多个图形对象共有一个圈选框。要取消对象的选取状态，只要在绘图页面中的其他位置单击或按 Esc 键即可。

选择“选择”工具，在要选取的图形对象上单击，即可选取该对象。

选取多个图形对象时，按住 Shift 键，依次单击选取的对象即可。同时选取多个对象的效果如图 2-265 所示。

图 2-265

选择“选择”工具，在绘图页面中要选取的图形对象外围单击并拖曳鼠标，拖曳后会出现一个蓝色的虚线圈选框，如图 2-266 所示。在圈选框完全圈选住对象后释放鼠标左键，被圈选的对象即处于选取状态，如图 2-267 所示。用圈选的方法可以同时选取一个或多个对象。

图 2-266

图 2-267

在圈选的同时按住 Alt 键，蓝色的虚线圈选框接触到的对象都将被选取，如图 2-268 所示。

图 2-268

也可以选择“编辑>全选”子菜单下的各个命令来选取对象，按 Ctrl＋A 组合键可以选取绘图页面中的全部对象。

> **提示**
>
> 当绘图页面中有多个对象时，连续按 Tab 键，可以依次选择下一个对象。按住 Shift 键，再连续按 Tab 键，可以依次选择上一个对象。按住 Ctrl 键的同时，用鼠标单击可以选取群组中的单个对象。

2)对象的缩放

使用“选择”工具选取要缩放的对象，对象的周围出现控制手柄。

用鼠标拖曳控制手柄可以缩放对象。拖曳对角线上的控制手柄可以按比例缩放对象，如图 2-269 所示。拖曳中间的控制手柄可以不按比例缩放对象，如图 2-270 所示。

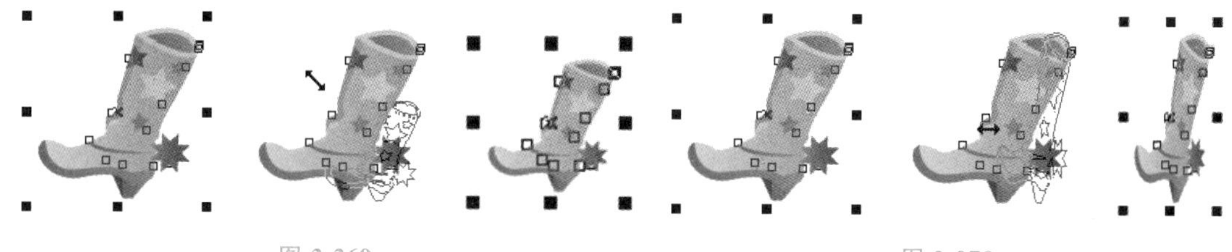

图 2-269　　　　图 2-270

拖曳对角线上的控制手柄时，按住 Ctrl 键，对象会以 100%的比例缩放；同时按住 Shift+Ctrl 组合键，对象会以 100%的比例从中心缩放。

选择“选择”工具并选取要缩放的对象，对象的周围出现控制手柄。选择“形状”工具展开式工具栏中的“自由变换”工具，“自由变换工具”属性栏如图 2-271 所示。

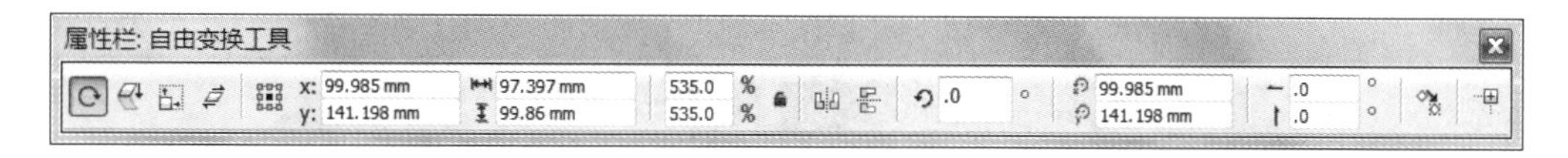

图 2-271

在“自由变换工具”属性栏中的“对象大小”框中，可以输入对象的宽度和高度。如果选择“缩放因子”框旁的锁按钮，则宽度和高度将按比例缩放，只要改变宽度或高度中的一个值，另一个值就会自动按比例调整。

在“自由变换工具”属性栏中调整好宽度和高度后，按 Enter 键完成对象的缩放，缩放的效果如图 2-272 所示。

图 2-272

使用“选择”工具选取要缩放的对象，如图 2-273 所示。选择“窗口>泊坞窗>变换>大小”命令，或按 Alt+F10 组合键，弹出“变换”泊坞窗，如图 2-274 所示。其中，“x”表示宽度，“y”表示高度。如不勾选“按比例”复选框，就可以不按比例缩放对象。

在“变换”泊坞窗中，图 2-275 所示为可供选择的圈选框控制手柄 8 个点的位置，单击一个按钮以定义一个在缩放对象时保持固定不动的点，缩放的对象将基于这个点进行缩放。这个点可以决定缩放后的图形与原图形的相对位置。

设置好需要的数值，如图 2-276 所示。单击“应用”按钮，对象的缩放完成，效果如图 2-277 所示。在“副本”选项中输入数值，可以复制生成多个缩放好的对象。

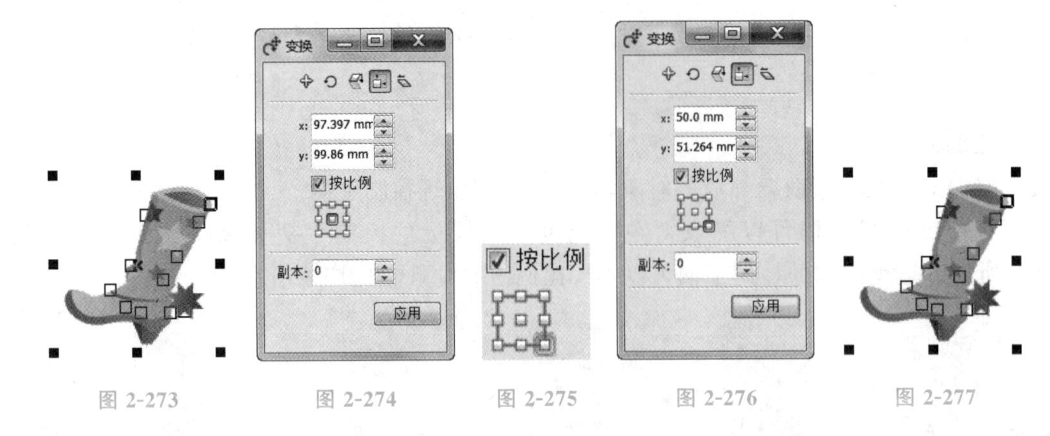

图 2-273　图 2-274　图 2-275　图 2-276　图 2-277

选择“窗口>泊坞窗>变换>缩放和镜像”命令，或按 Alt+F9 组合键，在弹出的“变换”泊坞窗中也可以对对象进行缩放。

3)对象的移动

使用“选择”工具选取要移动的对象，如图 2-278 所示。使用“选择”工具或其他的绘图工具，将鼠标指针移到对象的中心控制点，鼠标指针将变为十字箭头形状，如图 2-279 所示。按住鼠标左键不放，拖曳对象到需要的位置，释放鼠标左键，完成对象的移动，效果如图 2-280 所示。

图 2-278　图 2-279　图 2-280

选取要移动的对象，用键盘上的方向键可以微调对象的位置，系统使用默认值时，对象将以 0.1 mm 的增量移动。选择“选择”工具后不选取任何对象，在属性栏中的 .1 mm 框中可以重新设定每次微调移动的距离。

选取要移动的对象，在属性栏的“对象位置”框 x: 105.454 mm y: 170.512 mm 中输入对象要移动到的新位置的横坐标和纵坐标，可移动对象。

选取要移动的对象，选择“窗口>泊坞窗>变换>位置”命令，或按 Alt+F7 组合键，将弹出“变换”泊坞窗，“x”表示对象所在位置的横坐标，“y”表示对象所在位置的纵坐标。如果勾选“相对位置”复选框，对象将相对于原位置的中心进行移动。设置好后，单击“应用”按钮或按 Enter 键，完成对象的移动。移动前后的位置如图 2-281 所示。

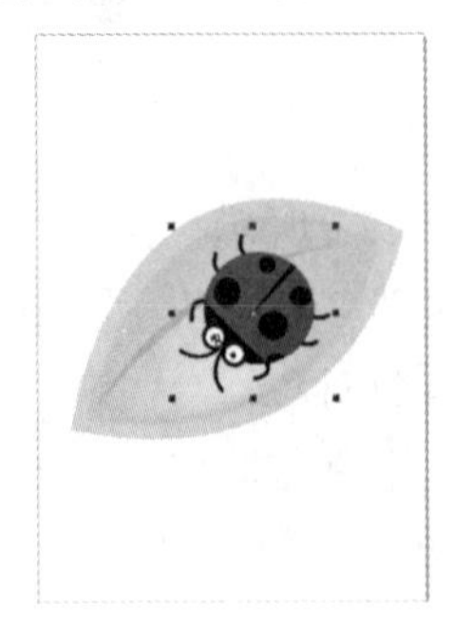

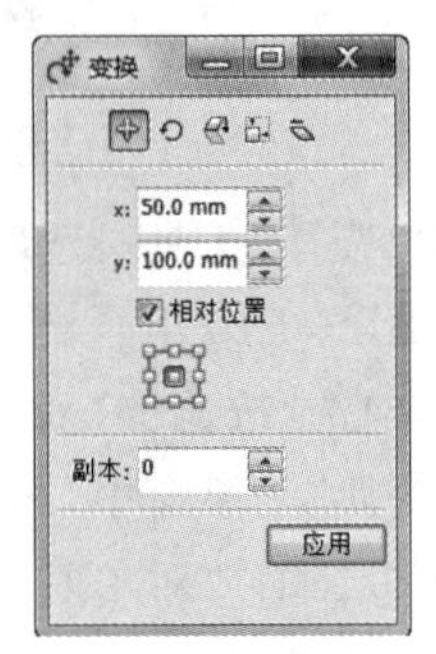

图 2-281

设置好数值后，在“副本”选项中输入数值，可以在移动的新位置复制生成新的对象。

4）对象的镜像

镜像效果经常被应用到设计作品中。在 CorelDRAW X6 中，可以使用多种方法使对象沿水平、垂直或对角线的方向做镜像翻转。

选取镜像对象，如图 2-282 所示。按住鼠标左键直接拖曳控制手柄到相对的边，直到显示对象的蓝色虚线框，如图 2-283 所示。释放鼠标左键就可以得到不规则的镜像对象，如图 2-284 所示。

图 2-282

图 2-283

图 2-284

按住 Ctrl 键，直接拖曳左边或右边中间的控制手柄到相对的边，可以完成保持原对象比例的水平镜像，如图 2-285 所示。按住 Ctrl 键，直接拖曳上边或下边中间的控制手柄到相对的边，可以完成保持原对象比例的垂直镜像，如图 2-286 所示。按住 Ctrl 键，直接拖曳边角上的控制手柄到相对的边，可以完成保持原对象比例的沿对角线方向的镜像，如图 2-287 所示。

图 2-285

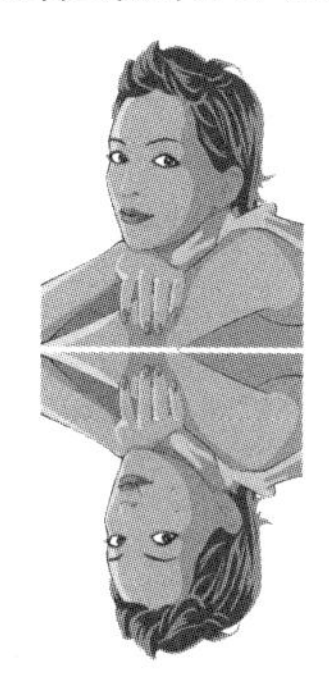

图 2-286

图 2-287

提示

在镜像的过程中，只能使对象本身产生镜像。如果想产生如图 2-285～图 2-287 所示的效果，就要在镜像的位置生成一个复制对象。方法很简单，在释放鼠标左键之前按下鼠标右键，就可以在镜像的位置生成一个复制对象。

使用“选择”工具选取要镜像的对象，如图 2-288 所示。“组合”属性栏如图 2-289 所示。

图 2-288

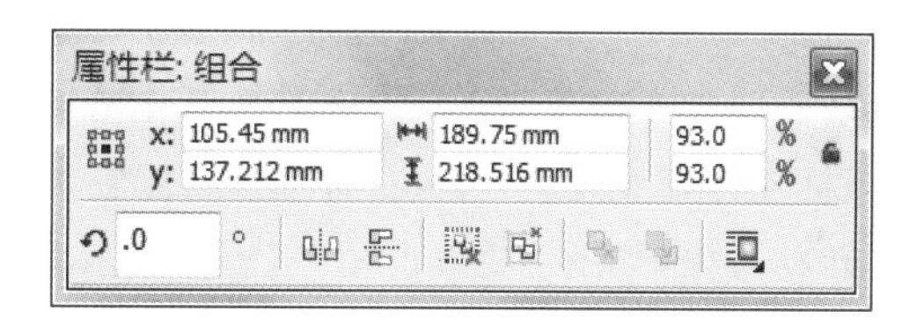

图 2-289

单击“组合”属性栏中的“水平镜像”按钮，可以使对象沿水平方向做镜像翻转；单击“垂直镜像”按钮，可以使对象沿垂直方向做镜像翻转。

选取要镜像的对象，选择“窗口>泊坞窗>变换>缩放和镜像”命令，或按 Alt+F9 组合键，弹出“变换”泊坞窗，单击“水平镜像”按钮，可以使对象沿水平方向做镜像翻转；单击“垂直镜像”按钮，可以使对象沿垂直方向做镜像翻转。设置需要的数值，单击“应用”按钮即可看到镜像效果。

还可以设置产生一个变形的镜像对象。“变换”泊坞窗按图 2-290 所示进行参数设定，设置好后，单击“应用”按钮，生成一个变形的镜像对象，效果如图 2-291 所示。

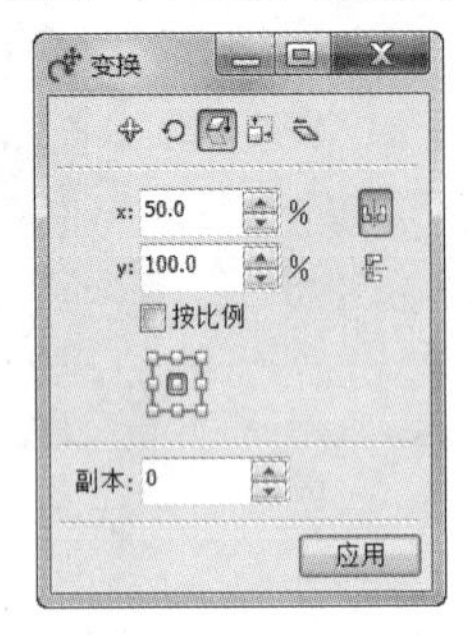

图 2-290　　图 2-291

5)对象的旋转

使用“选择”工具选取要旋转的对象，对象的周围出现控制手柄。再次单击对象，这时对象的周围出现旋转和倾斜控制手柄，如图 2-292 所示。

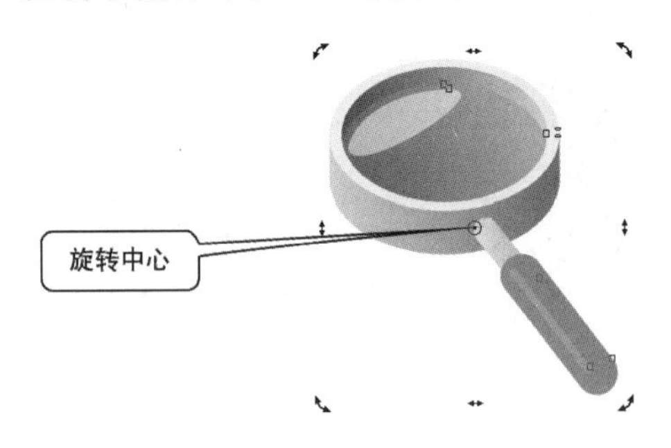

图 2-292

将鼠标指针移动到旋转控制手柄上，这时鼠标指针变为旋转符号，如图 2-293 所示。按住鼠标左键，拖曳鼠标旋转对象，旋转时对象会出现蓝色的虚线框指示旋转方向和角度，如图 2-294 所示。旋转到需要的角度后，释放鼠标左键，完成对象的旋转，效果如图 2-295 所示。

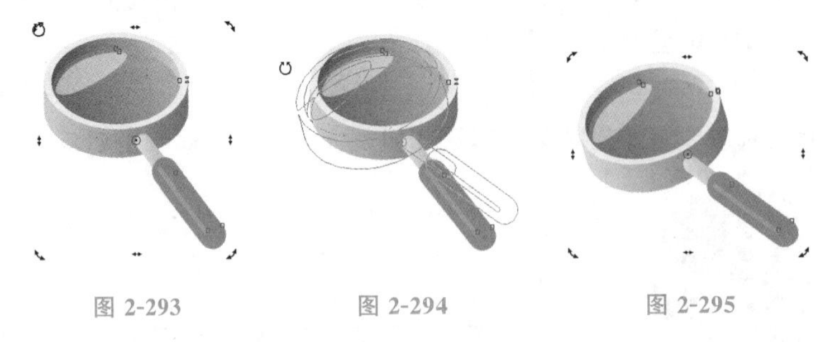

图 2-293　　图 2-294　　图 2-295

对象是围绕旋转中心⊙旋转的，默认的旋转中心⊙是对象的中心点。将鼠标指针移动到旋转中心上，按住鼠标左键拖曳旋转中心⊙到需要的位置，释放鼠标左键，完成对旋转中心的移动。

选取要旋转的对象，如图 2-296 所示。选择“选择”工具，在“组合”属性栏的“旋转角度”框中输入旋转的角度值 50°，如图 2-297 所示。按 Enter 键，效果如图 2-298 所示。

图 2-296

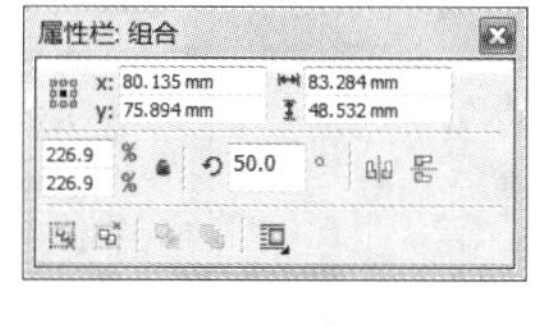

图 2-297

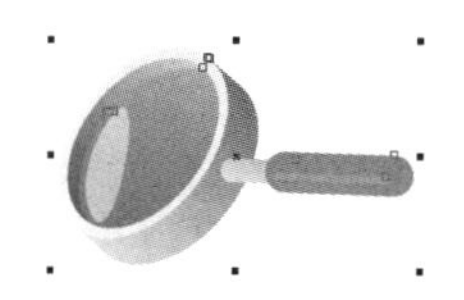

图 2-298

选取要旋转的对象，如图 2-299 所示。选择“窗口>泊坞窗>变换>旋转”命令，或按 Alt+F8 组合键，弹出“变换”泊坞窗，如图 2-300 所示。也可以在已打开的“变换”泊坞窗中单击“旋转”按钮。

在“变换”泊坞窗的“旋转”设置区的“角度”选项框中直接输入旋转的角度值，旋转角度值可以是正值，也可以是负值。在“中心”选项的设置区中输入旋转中心的坐标位置。勾选“相对中心”复选框，对象的旋转将以选中的旋转中心旋转。“变换”泊坞窗按图 2-301 所示进行设定。设置完成后，单击“应用”按钮，对象旋转的效果如图 2-302 所示。

图 2-299

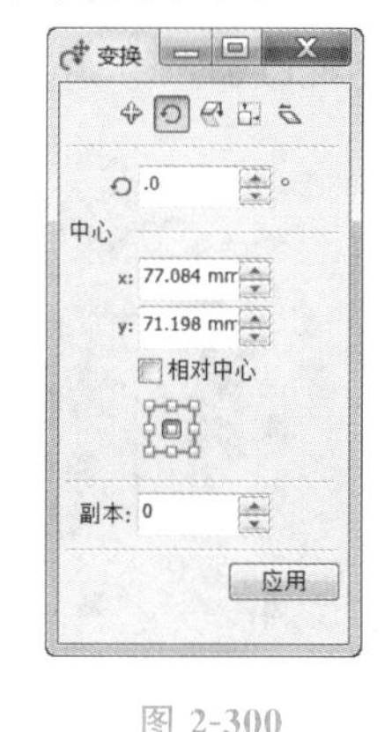

图 2-300

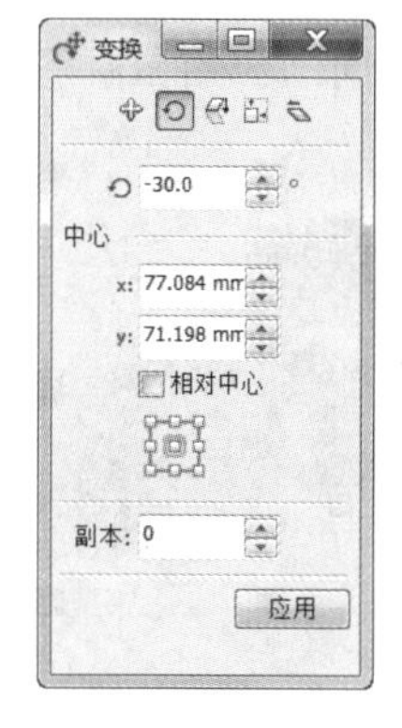

图 2-301

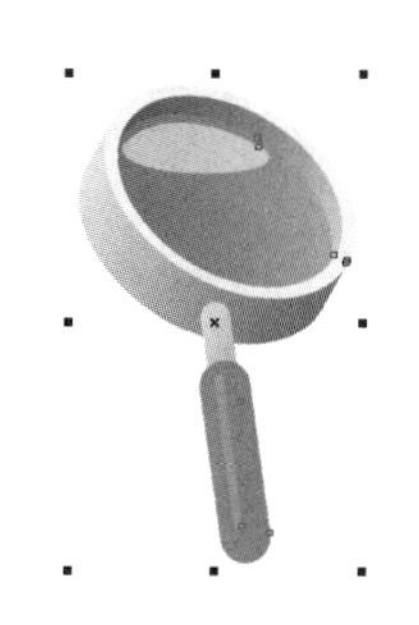

图 2-302

6)对象的倾斜变换

选取要倾斜变形的对象，对象的周围出现控制手柄。再次单击对象，这时对象的周围出现旋转和倾斜控制手柄，如图 2-303 所示。

将鼠标指针移动到倾斜控制手柄上，鼠标指针变为倾斜符号，如图 2-304 所示。按住鼠标左键，拖曳鼠标使对象变形，倾斜变形时对象会出现蓝色的虚线框指示倾斜变形的方向和角度，如图 2-305 所示。倾斜到需要的角度后，释放鼠标左键，对象倾斜变形的效果如图 2-306 所示。

图 2-303　　图 2-304　　图 2-305　　图 2-306

选取倾斜变形对象，如图 2-307 所示。选择“窗口>泊坞窗>变换>倾斜”命令，弹出“变换”泊坞窗，如图 2-308 所示。也可以在已打开的“变换”泊坞窗中单击“倾斜”按钮，在“变换”泊坞窗中设定倾斜变形对象的数值，如图 2-309 所示。单击“应用”按钮，对象产生倾斜变形，效果如图 2-310 所示。

图 2-307

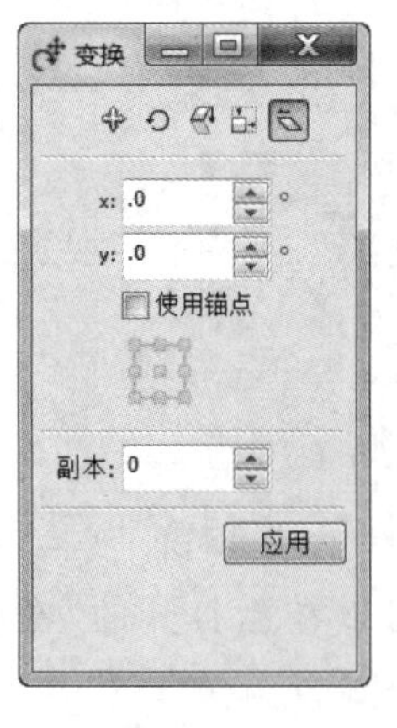

图 2-308

图 2-309

图 2-310

7)对象的复制

选取要复制的对象,如图 2-311 所示。选择“编辑>复制”命令,或按 Ctrl+C 组合键,对象的副本将被放置在剪贴板中。选择“编辑>粘贴”命令,或按 Ctrl+V 组合键,对象的副本被粘贴到原对象的下面,位置和原对象是相同的。用鼠标移动对象可以显示复制的对象,如图 2-312 所示。

图 2-311　　图 2-312

提示

选择“编辑>剪切”命令,或按 Ctrl+X 组合键,对象将从绘图页面中删除并被放置在剪贴板上。

选取要复制的对象,如图 2-313 所示。将鼠标指针移动到对象的中心点上,鼠标指针变为移动光标✣,如图 2-314 所示。按住鼠标左键拖曳对象到需要的位置,如图 2-315 所示。在合适位置右击,再释放鼠标左键,对象的复制完成,效果如图 2-316 所示。

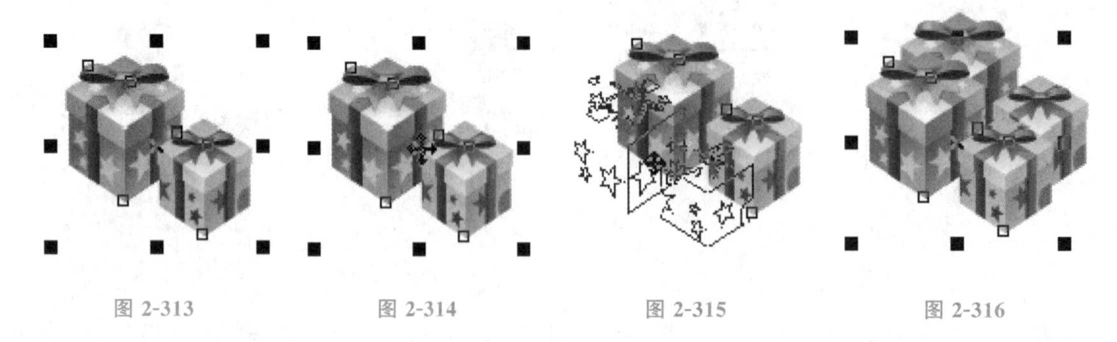

图 2-313　　图 2-314　　图 2-315　　图 2-316

选取要复制的对象,右击并拖曳对象到需要的位置,释放鼠标右键后,弹出如图 2-317 所示的快捷菜单,选择“复制”命令,对象的复制完成,如图 2-318 所示。

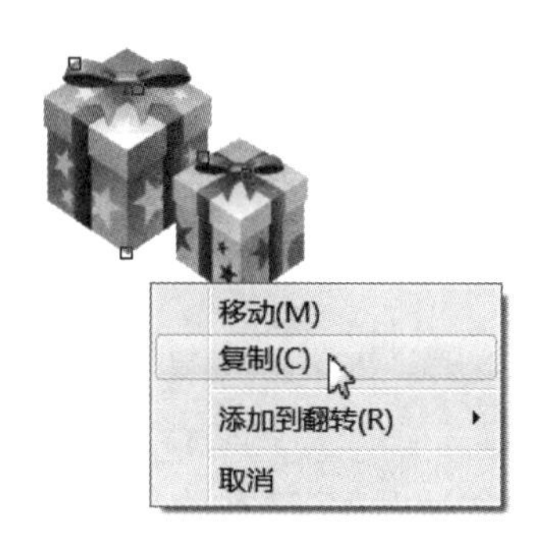

图 2-317

图 2-318

使用“选择”工具选取要复制的对象，在数字键盘上按＋键可以快速复制对象。

提示

可以在两个不同的绘图页面中复制对象，使用鼠标左键拖曳其中一个绘图页面中的对象到另一个绘图页面中，在松开鼠标左键前右击即可复制对象。

选取要复制属性的对象，如图 2-319 所示。选择“编辑>复制属性自”命令，弹出“复制属性”对话框，在该对话框中勾选“填充”复选框，如图 2-320 所示。单击“确定”按钮，鼠标指针显示为黑色箭头，在要复制其属性的对象上单击，如图 2-321 所示。对象的属性复制完成，效果如图 2-322 所示。

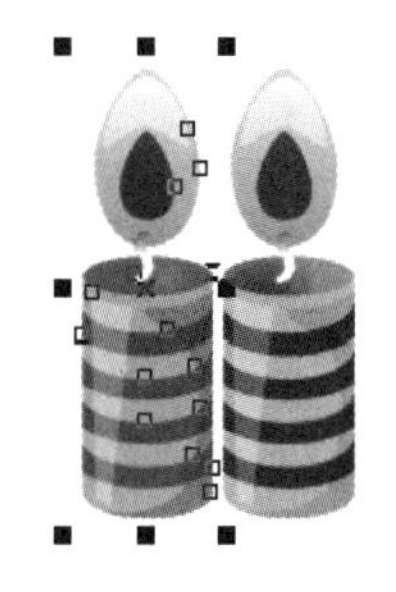

图 2-319

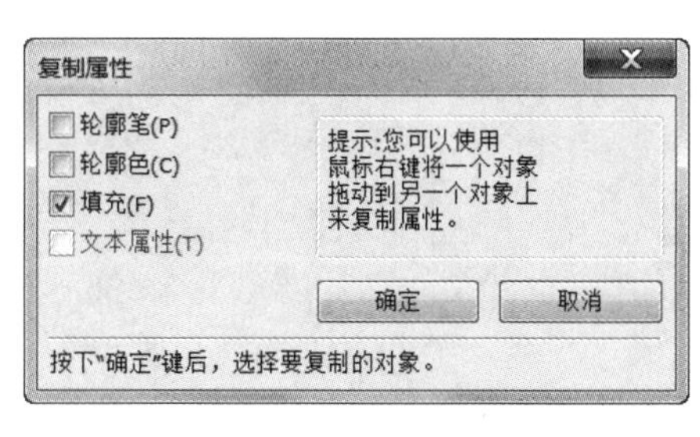

图 2-320

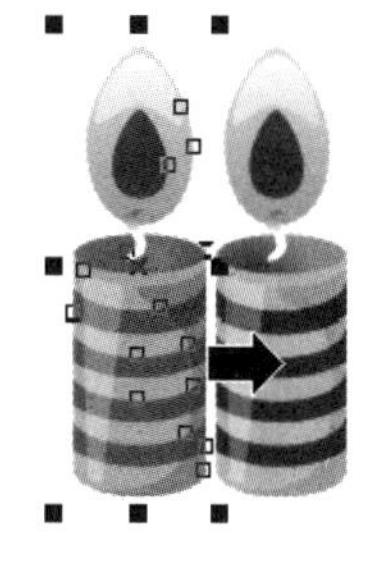

图 2-321

图 2-322

8)对象的删除

在 CorelDRAW X6 中，可以方便快捷地删除对象。

选取要删除的对象，如图 2-323 所示。选择“编辑>删除”命令，或按 Delete 键，如图 2-324 所示，可以将选取的对象删除，效果如图 2-325 所示。

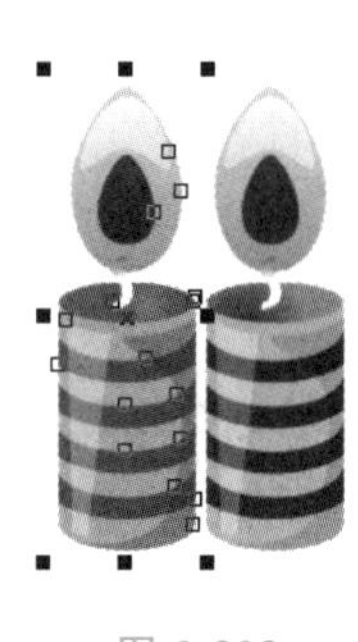

图 2-323

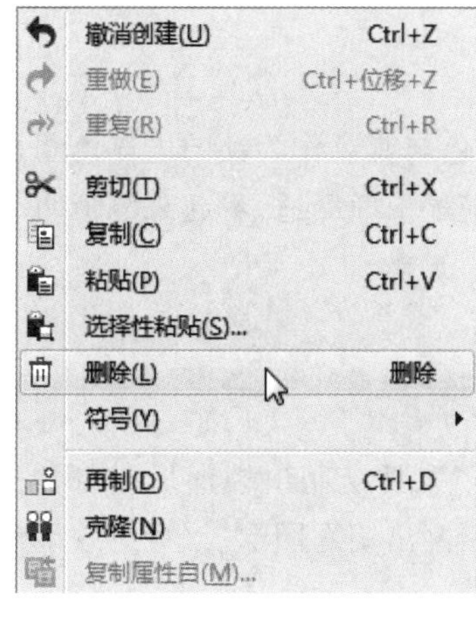

图 2-324

图 2-325

提示

如果想删除多个或全部的对象，首先要选取这些对象，再执行“删除”命令或按 Delete 键。

课堂演练——绘制小蛋糕

使用“矩形”工具、“形状”工具、“贝塞尔”工具和“透明度”工具绘制小蛋糕外形；使用“调和”命令、“调整图层顺序”命令和“图框精确剪裁”命令制作纸杯。（最终效果参看资源包中的“源文件\项目二\课堂演练 绘制小蛋糕. cdr”，见图 2-326。）

图 2-326

实战演练——绘制卡通锁

案例分析

本案例是为某公司设计一个卡通锁图形。卡通标志在人们的生活中随处可见，所以该作品的设计要具有特色，能够吸引人们的目光。

设计理念

在设计制作过程中，使用灰色与蓝色作为锁的主体色调，给人简洁、明快的印象；钥匙以黄色为主色调，横置在锁的前方，颜色搭配干净舒适，看起来清晰明了；造型可爱，符合现代的流行趋势。

制作要点

使用“矩形”工具和“椭圆形”工具绘制出锁图形；使用“透明度”工具制作锁图形的高光；使用“贝塞尔”工具和“椭圆形”工具绘制出钥匙图形。（最终效果参看资源包中的“源文件\项目二\实战演练 绘制卡通锁. cdr”，见图 2-327。）

图 2-327

实战演练——绘制 DVD 拟物图标

案例分析

图标是指具有指代意义的图形符号，具有高度浓缩并快捷传达信息、便于记忆的特性。其应用范围很广，在日常生活中随处可见。本案例是设计一个 DVD 拟物图标，要求具有便捷的信息传达功效。

设计理念

在设计制作过程中，图标以 DVD 的圆形为轮廓，用灰白渐变填充，并通过水平翻转打造出立体效果，增强了视觉冲击力；灰白圆环上的黑色箭头不仅醒目，而且体现了按钮的功能。整个图标简洁直观，视觉效果强烈，具有很高的识别性。

制作要点

使用“椭圆形”工具和“矩形”工具绘制按钮图形；使用“渐变填充”命令为按钮填充渐变色；使用“水平镜像”命令水平翻转按钮图形。（最终效果参看资源包中的“源文件\项目二\实战演练 绘制 DVD 拟物图标. cdr”，见图 2-328。）

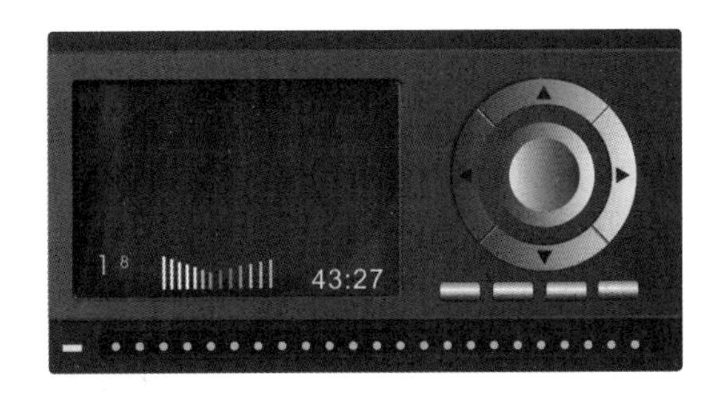

图 2-328

项目三

插画设计

现代插画艺术发展迅速，已经被广泛应用于报纸、广告、包装和纺织品等领域。使用 CorelDRAW 绘制的插画简洁明快、独特新颖、形式多样，已经成为流行的插画表现形式。本项目以多个主题插画为例，讲解插画的绘制思路、过程、方法和技巧。

项目目标

- 掌握插画的绘制思路和过程
- 掌握插画的绘制方法和技巧

任务一 绘制可爱棒冰插画

任务分析

本任务是为卡通书籍绘制可爱的棒冰插画。插画以可爱的棒冰图形为主体形象，通过简洁的绘画语言表现出棒冰可爱的造型。

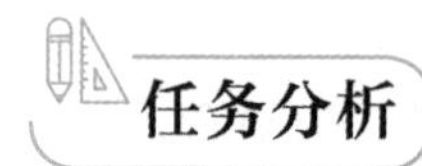

设计理念

在设计绘制过程中，用黄色的棒冰图形重复排列，构成插画的背景效果，营造出时尚而清新的感觉。拟人化的棒冰图形活泼可爱，突显出活力感。整个画面自然协调，生动且富于变化，让人印象深刻。（最终效果参看资源包中的“源文件\项目三\任务一 绘制可爱棒冰插画.cdr”，见图 3-1。）

图 3-1

任务实施

STEP 1 按 Ctrl＋N 组合键，新建一个页面。在页面属性的“页面尺寸”选项中设置宽度为 200mm、高度为 200mm，按 Enter 键，页面尺寸显示为设置的大小。

STEP 2 选择“文件>导入”命令，弹出“导入”对话框。选择资源包中的“素材文件\项目三\任务一 绘制可爱棒冰插画\01”文件，单击“导入”按钮。在页面中单击导入的图形，按 P 键，图片在页面中居中对齐，效果如图 3-2 所示。

STEP 3 选择“贝塞尔”工具，绘制一个不规则图形，如图 3-3 所示。设置图形颜色的 CMYK 值为 0、1、27、0，填充图形，并去除图形的轮廓线，效果如图 3-4 所示。

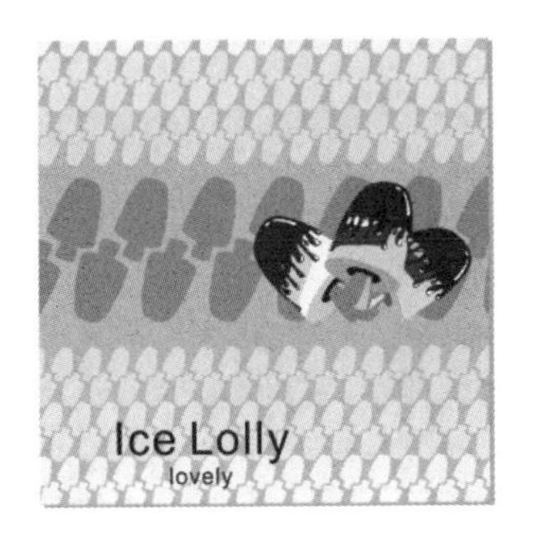

图 3-2

图 3-3

图 3-4

STEP 4 选择“贝塞尔”工具，绘制一个不规则图形。设置图形颜色的 CMYK 值为 6、11、73、0，填充图形，并去除图形的轮廓线，效果如图 3-5 所示。选择“贝塞尔”工具，绘制一个不规则图形，如图 3-6 所示。

图 3-5

图 3-6

微视频

绘制可爱棒冰插画

STEP 5 按 F11 键，弹出“渐变填充”对话框。选中“双色”单选按钮，将“从”选项颜色的 CMYK 值设置为 40、73、94、66，“到”选项颜色的 CMYK 值设置为 50、75、100、15，其他选项的设置如图 3-7 所示。单击“确定”按钮，填充图形，并去除图形的轮廓线，效果如图 3-8 所示。

STEP 6 选择“贝塞尔”工具，绘制多个不规则图形。填充图形为白色，并去除图形的轮廓线，效果如图 3-9 所示。

STEP 7 选择“贝塞尔”工具，在适当的位置绘制一个图形。设置图形颜色的 CMYK 值为 67、80、100、60，填充图形并去除图形的轮廓线，效果如图 3-10 所示。用相同的方法再绘制一个图形，并填充相同的颜色，效果如图 3-11 所示。

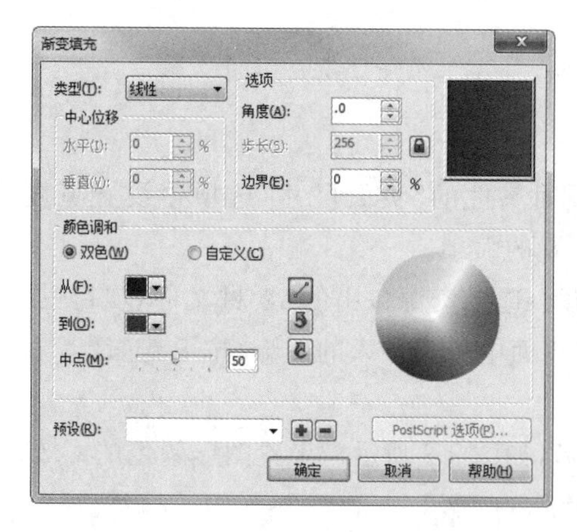

图 3-7

图 3-8

图 3-9

图 3-10

图 3-11

STEP 8 选择“贝塞尔”工具，在适当的位置绘制一个图形。设置图形颜色的 CMYK 值为 67、80、100、60，填充图形，并去除图形的轮廓线，效果如图 3-12 所示。

STEP 9 选择“贝塞尔”工具，在适当的位置绘制一个图形。设置图形颜色的 CMYK 值为 14、87、30、0，填充图形，并去除图形的轮廓线，效果如图 3-13 所示。

STEP 10 选择“贝塞尔”工具，在适当的位置绘制一个图形。设置图形颜色的 CMYK 值为 0、51、0、0，填充图形，并去除图形的轮廓线，效果如图 3-14 所示。

STEP 11 选择“椭圆形”工具，按住 Ctrl 键的同时，在适当的位置拖曳鼠标绘制一个圆形，如图 3-15 所示。

图 3-12

图 3-13

图 3-14

图 3-15

STEP 12 按 F11 键，弹出“渐变填充”对话框。选中“双色”单选按钮，将“从”选项颜色的 CMYK 值设置为 20、70、68、0，“到”选项颜色的 CMYK 值设置为 13、39、33、0，其他选项的设置如图 3-16 所示。单击“确定”按钮，填充图形并去除图形的轮廓线，效果如图 3-17 所示。用相同的方法再绘制一个图形，并填充相同的颜色，效果如图 3-18 所示。

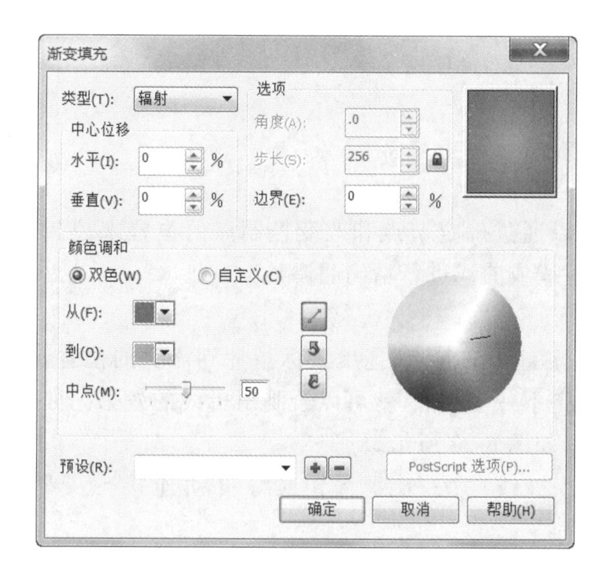

图 3-16

图 3-17

图 3-18

STEP 13 选择"椭圆形"工具，绘制一个椭圆形。设置图形颜色的 CMYK 值为 14、10、62、0，填充图形，并去除图形的轮廓线，效果如图 3-19 所示。

STEP 14 选择"椭圆形"工具，绘制一个椭圆形。设置图形颜色的 CMYK 值为 55、70、90、81，填充图形，并去除图形的轮廓线，效果如图 3-20 所示。

图 3-19

图 3-20

STEP 15 选择"贝塞尔"工具，在适当的位置绘制一个图形。设置图形颜色的 CMYK 值为 25、38、68、8，填充图形，并去除图形的轮廓线，效果如图 3-21 所示。

STEP 16 选择"贝塞尔"工具，在适当的位置绘制一个图形。设置图形颜色的 CMYK 值为 5、15、65、7，填充图形，并去除图形的轮廓线，效果如图 3-22 所示。可爱棒冰插画绘制完成。

图 3-21

图 3-22

知识讲解

1. “贝塞尔”工具

“贝塞尔”工具可以绘制平滑、精确的曲线。可以通过确定节点和改变控制点的位置来控制曲线的弯曲度。可以使用节点和控制点对绘制完的直线或曲线进行精确的调整。

1)绘制直线和折线

选择“贝塞尔”工具，在绘图页面中单击以确定直线的起点，拖曳鼠标指针到需要的位置，再单击以确定直线的终点，绘制出一段直线。只要确定下一个节点，就可以绘制出折线的效果。如果想绘制出多个折角的折线，继续确定各个节点即可，如图 3-23 所示。

如果双击折线上的节点，将删除这个节点，折线的另外两个节点将自动连接，效果如图 3-24 所示。

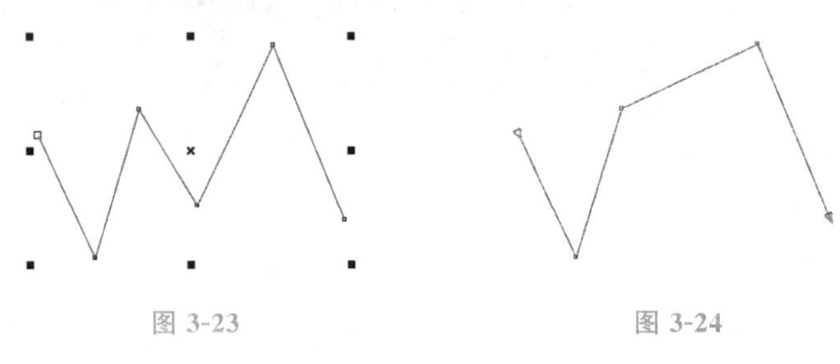

图 3-23　　图 3-24

2)绘制曲线

选择“贝塞尔”工具，在绘图页面中按住鼠标左键并拖曳鼠标以确定曲线的起点，释放鼠标左键，这时该节点的两边出现控制线和控制点，如图 3-25 所示。

将鼠标指针移动到需要的位置单击并按住鼠标左键不动，在两个节点间出现一条曲线段，拖曳鼠标，第 2 个节点的两边出现控制线和控制点，控制线和控制点会随着指针的移动而发生变化，曲线的形状也会随之发生变化，调整到需要的效果后释放鼠标左键，如图 3-26 所示。

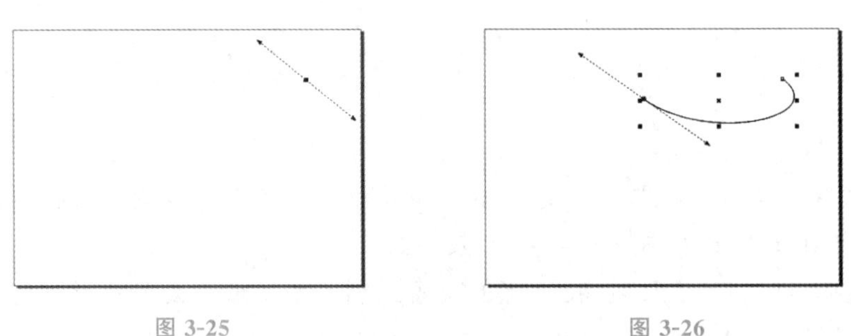

图 3-25　　图 3-26

在下一个需要的位置单击后，将出现一条连续的平滑曲线，如图 3-27 所示。用“形状”工具在第 2 个节点处单击，出现控制线和控制点，效果如图 3-28 所示。

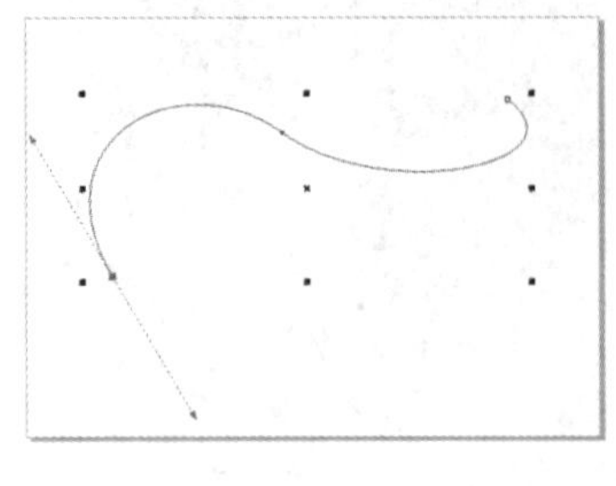

图 3-27

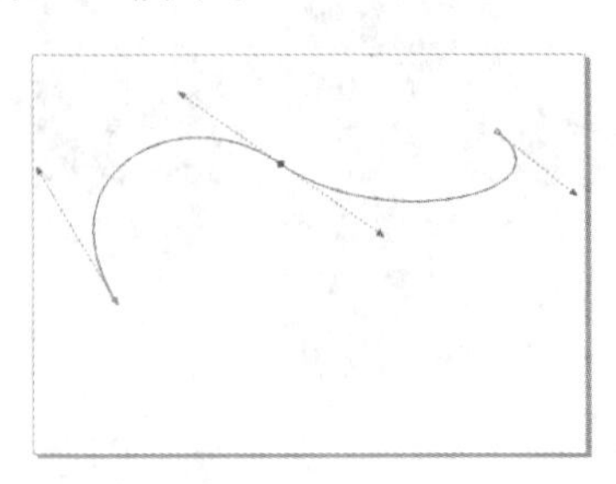

图 3-28

提示

当确定一个节点后，在这个节点上双击，再单击确定下一个节点后出现直线。当确定一个节点后，在这个节点上双击，再单击确定下一个节点并拖曳这个节点后出现曲线。

2. 渐变填充

渐变填充是一项非常实用的功能，在设计制作工作中经常被使用。在 CorelDRAW X6 中，渐变填充提供了线性、辐射、圆锥和正方形 4 种渐变色彩的形式，可以绘制出多种渐变颜色效果。下面介绍使用渐变填充的方法和技巧。

1）使用属性栏和工具栏进行填充

绘制一个图形，如图 3-29 所示。单击"交互式填充"工具，在"交互式双色渐变填充"属性栏中进行设置，如图 3-30 所示。按 Enter 键，效果如图 3-31 所示。

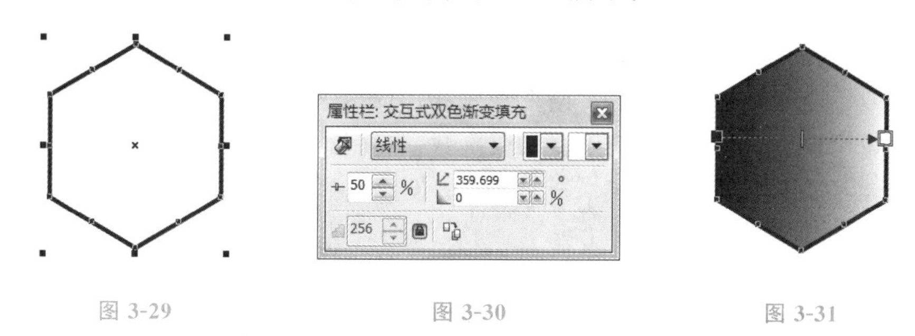

图 3-29　　图 3-30　　图 3-31

单击"填充类型"框，弹出其下拉列表，可以选择渐变的类型，包括辐射、圆锥和正方形，效果如图 3-32 所示。

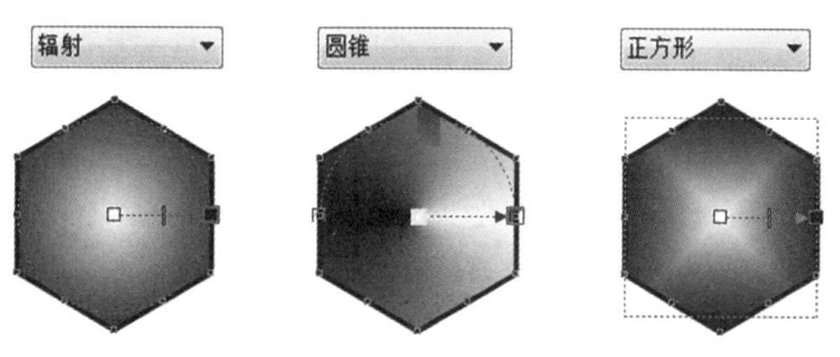

图 3-32

"交互式双色渐变填充"属性栏的框用于选择渐变"起点"颜色，框用于选择渐变"终点"颜色。单击右侧的按钮，弹出调色板，如图 3-33 所示，可在其中选择渐变颜色。单击"更多"按钮，弹出"选择颜色"对话框，如图 3-34 所示，可在其中调配所需的渐变颜色。

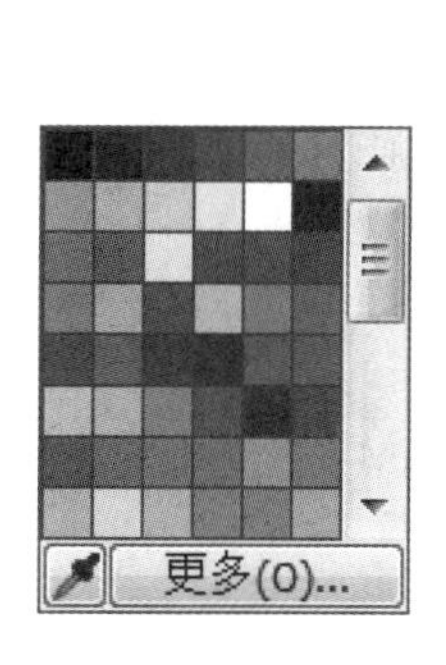

图 3-33

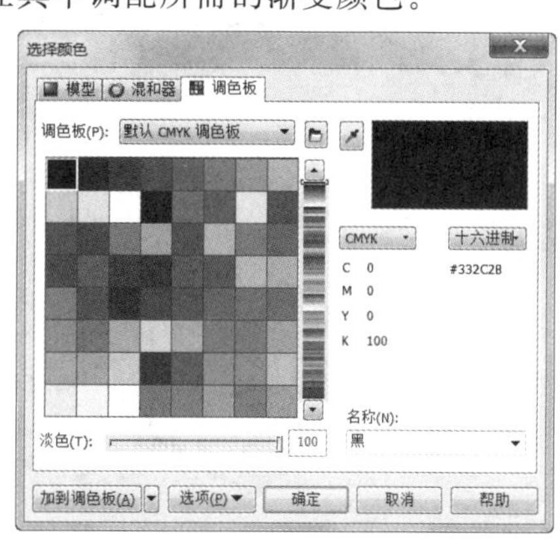

图 3-34

在“交互式双色渐变填充”属性栏的“填充中心点”框中输入数值后，按 Enter 键，可以更改渐变的中心点。设置不同的中心点后，渐变效果如图 3-35 所示。

在“交互式双色渐变填充”属性栏的“角度”框中输入数值后，按 Enter 键，可以设置渐变填充的角度。设置不同的角度后，渐变效果如图 3-36 所示。

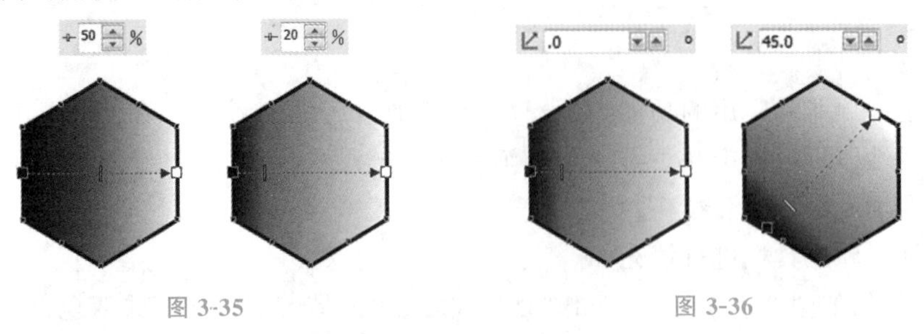

图 3-35　　图 3-36

在“交互式双色渐变填充”属性栏的“边界”框中输入数值后，按 Enter 键，可以设置渐变填充的边缘宽度。设置不同的边缘宽度后，渐变效果如图 3-37 所示。

在“交互式双色渐变填充”属性栏的“渐变步长”框中输入数值后，按 Enter 键，可以设置渐变的层次，系统根据可用资源的状况来决定渐变的层次数，最高值为 256。单击“渐变步长”框中的按钮进行解锁后，就可以设置渐变的层次。渐变层次的设置效果如图 3-38 所示。

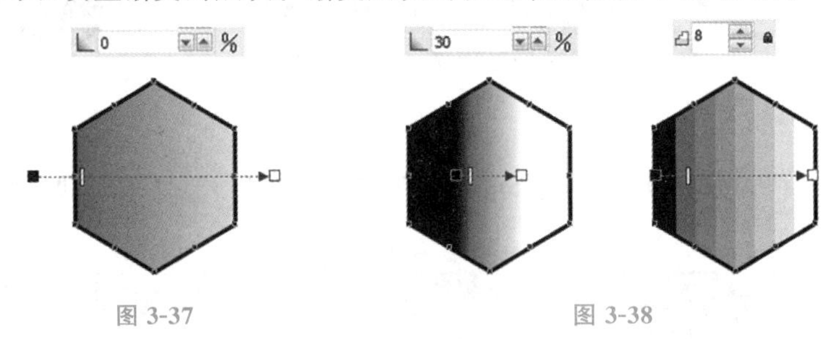

图 3-37　　图 3-38

绘制一个图形，如图 3-39 所示。选择“交互式填充”工具，在起点颜色的位置单击并按住鼠标左键拖曳鼠标到适当的位置，释放鼠标左键，图形被填充了预设的颜色，效果如图 3-40 所示。在拖曳的过程中可以控制渐变的角度、渐变的边缘宽度等渐变属性。

拖曳起点颜色和终点颜色可以改变渐变的角度和边缘宽度，如图 3-41、图 3-42 所示。拖曳中间点可以调整渐变颜色的分布。

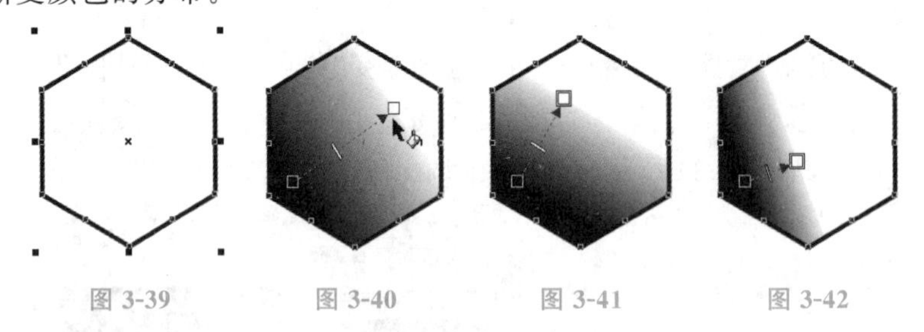

图 3-39　　图 3-40　　图 3-41　　图 3-42

拖曳渐变虚线，可以控制渐变颜色与图形之间的相对位置，不同的效果如图 3-43 所示。

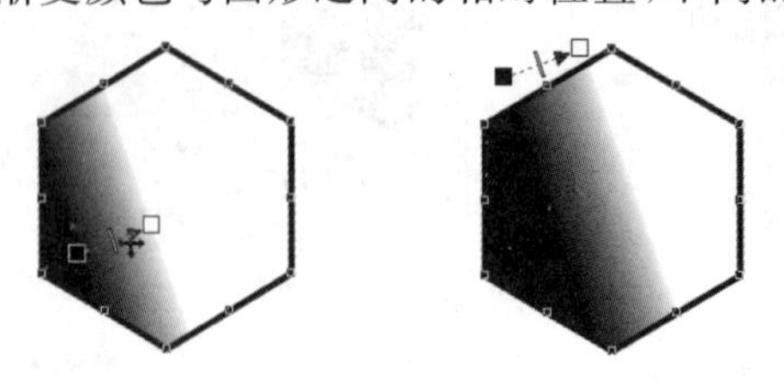

图 3-43

2)使用“渐变填充”对话框填充

选择“填充”工具展开式工具栏中的“渐变填充”工具，弹出“渐变填充”对话框，如图 3-44 所示。在该对话框的“颜色调和”设置区中可选择渐变填充的两种类型，即“双色”或“自定义”渐变填充。

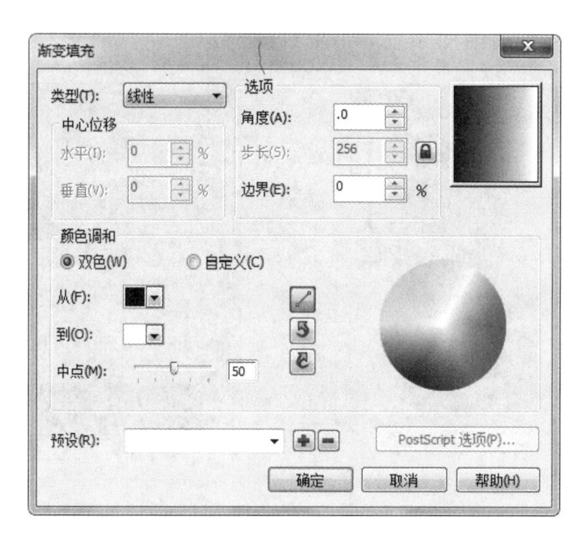

图 3-44

“双色”渐变填充的对话框如图 3-44 所示。在该对话框的“预设”选项中包含 CorelDRAW X6 预设的一些渐变效果。单击“预设”选项右侧的按钮，可以将调配好的渐变效果添加到预设选项中；单击“预设”选项右侧的按钮，可以删除预设选项中的渐变效果。

在“颜色调和”设置区的中部有 3 个按钮，可以用它们来确定颜色在“色轮”中所要遵循的路径。上方的按钮表示由沿直线变化的色相和饱和度来决定中间的填充颜色，中间的按钮表示以“色轮”中沿逆时针路径变化的色相和饱和度决定中间的填充颜色，下面的按钮表示以“色轮”中沿顺时针路径变化的色相和饱和度决定中间的填充颜色。

在该对话框中设置好渐变颜色后，单击“确定”按钮，完成图形的渐变填充。

选择“自定义”选项，如图 3-45 所示，在“颜色调和”设置区中出现预览色带和调色板，在预览色带上方的左右两侧各有一个小正方形，分别表示自定义渐变填充的起点和终点颜色。单击终点的小正方形将其选取，小正方形由白色变为黑色，如图 3-46 所示。再单击调色板中的颜色，可改变自定义渐变填充终点的颜色。

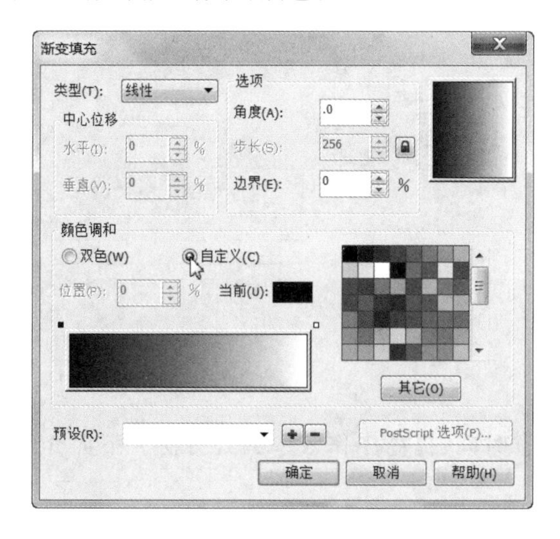

图 3-45

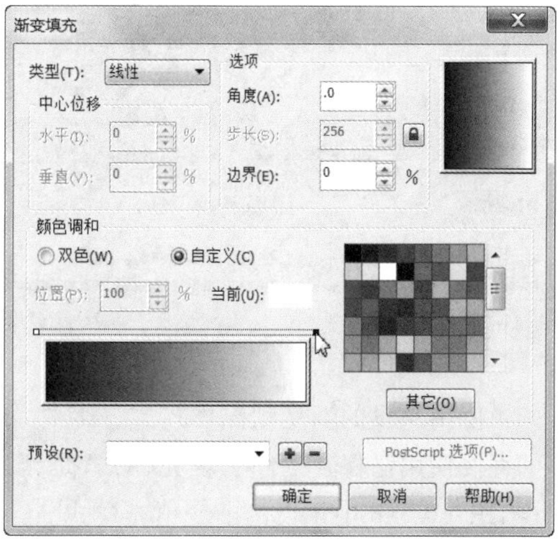

图 3-46

在预览色带上方的起点和终点颜色之间双击，在预览色带上产生一个黑色倒三角形▼，也就是新增了一个渐变颜色标记，如图 3-47 所示。“位置”选项中显示的百分数就是当前新增渐变颜色标记的位置。“当前”选项中显示的颜色就是当前新增渐变颜色标记的颜色。

在调色板中单击需要的渐变颜色，预览色带上新增渐变颜色标记上的颜色将改变为新颜色，“当前”选项中也将显示新选择的渐变颜色，如图 3-48 所示。

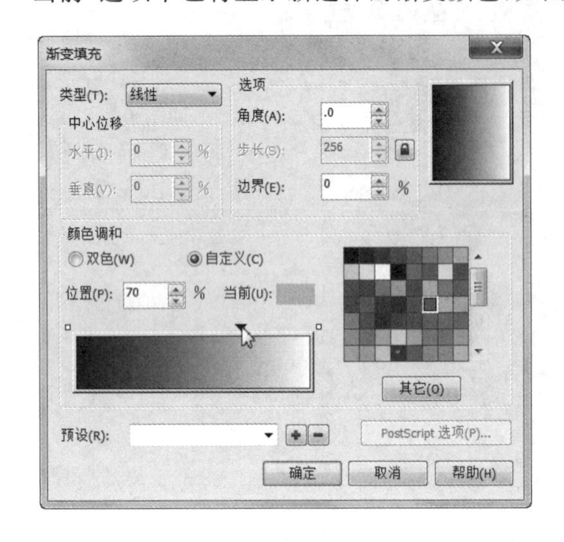

图 3-47

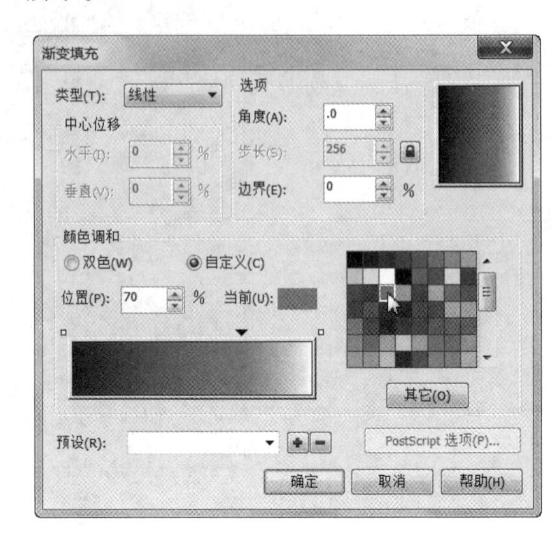

图 3-48

在预览色带上的新增渐变颜色标记上单击并拖曳鼠标，可以调整新增渐变颜色的位置，“位置”选项中的百分数将随着改变，如图 3-49 所示。直接改变“位置”选项中的百分数也可以调整新增渐变颜色的位置。

使用相同的方法可以在预览色带上新增多个渐变颜色标记，制作出更符合设计需要的渐变效果，如图 3-50 所示。

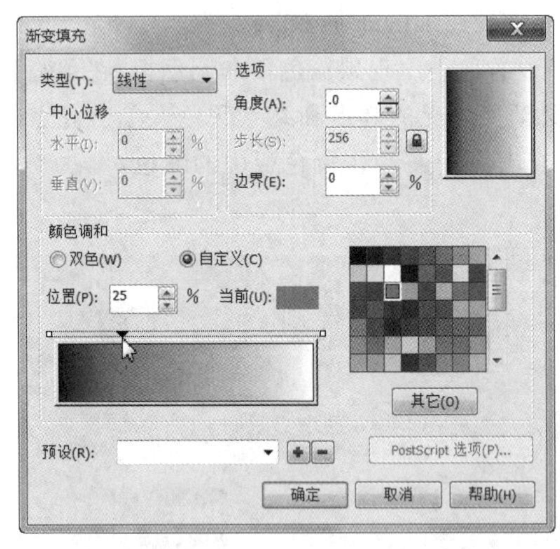

图 3-49

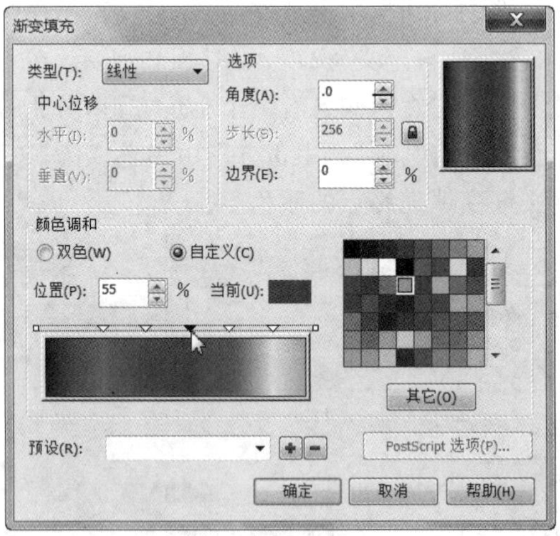

图 3-50

3）使用预设的渐变填充样式

直接使用已保存的渐变填充样式，是帮助用户节省时间、提高工作效率的好方法。下面介绍 CorelDRAW X6 中预设的渐变填充样式。

绘制一个图形，如图 3-51 所示。在“渐变填充”对话框的“预设”选项中包含 CorelDRAW X6 预设的一些渐变填充样式，如图 3-52 所示。

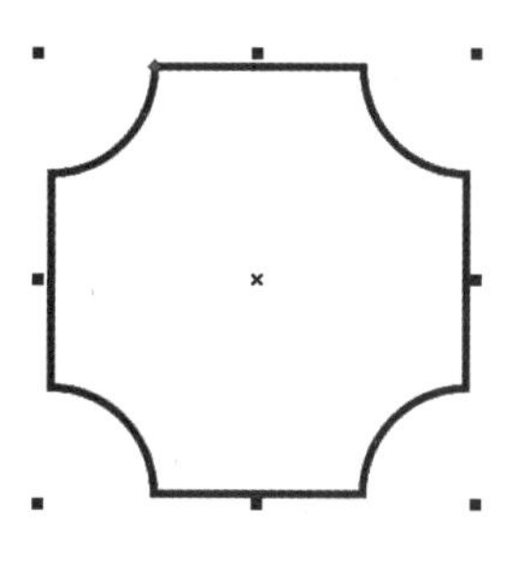

图 3-51

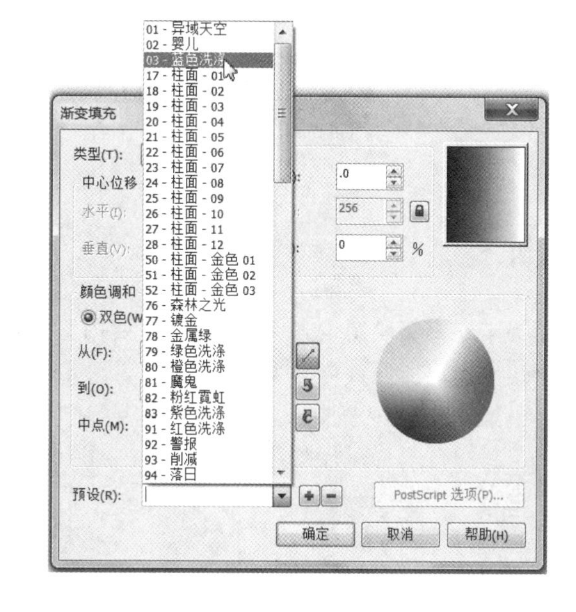

图 3-52

选择好一个预设的渐变填充样式,单击"确定"按钮,即可完成渐变填充。使用预设的渐变填充样式填充的各种渐变效果如图 3-53 所示。

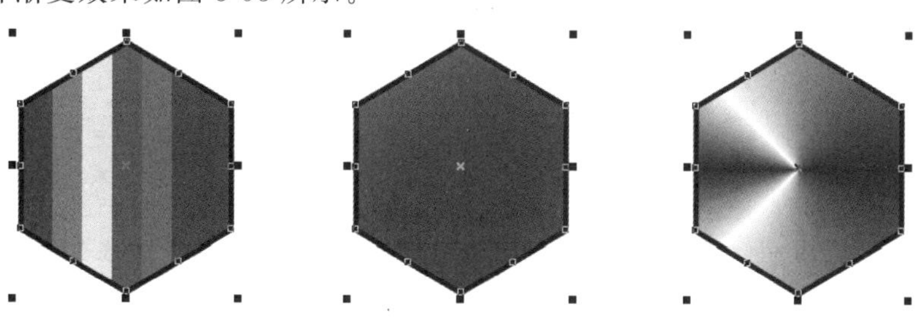

图 3-53

课堂演练——绘制城市夜景插画

使用"矩形"工具和"贝塞尔"工具绘制楼房图形;使用"艺术笔"工具绘制月亮和树的效果。(最终效果参看资源包中的"源文件\项目三\课堂演练 绘制城市夜景插画.cdr",见图 3-54。)

图 3-54

任务二 绘制生态保护插画

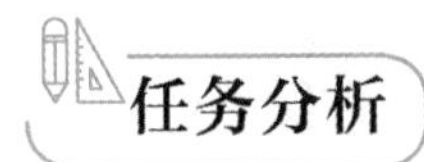

任务分析

本任务是为卡通书籍绘制生态保护插画，主要内容是保护海洋珍稀动物。要在插画绘制上通过简洁的绘画语言突出所要宣传的主题。

设计理念

在设计绘制过程中，通过蓝色的海洋背景突出前方的宣传主体，展现出海洋的浩瀚、壮阔。鲸鱼图形形象生动醒目突出，辨识度强，能吸引人们的视线。宣传文字在深蓝色水花图形的衬托下，醒目突出，点明主题。（最终效果参看资源包中的“源文件\项目三\任务二 绘制生态保护插画. cdr”，见图 3-55。）

图 3-55

任务实施

STEP 1 按 Ctrl+N 组合键，新建一个 A4 页面。在页面属性的“页面尺寸”选项中设置宽度为 190mm、高度为 300mm、按 Enter 键，页面尺寸显示为设置的大小。

STEP 2 选择“文件>导入”命令，弹出“导入”对话框。选择资源包中的“素材文件\项目三\任务二 绘制生态保护插画\01”文件，单击“导入”按钮。在页面中单击导入的图片，按 P 键，图片在页面居中对齐，效果如图 3-56 所示。选择“贝塞尔”工具，在页面中绘制一个不规则闭合图形，如图 3-57 所示。

图 3-56

图 3-57

STEP 3 选择“形状”工具，选取需要的节点，如图 3-58 所示。单击工具栏中的“转换为曲线”按钮，节点上出现控制线，如图 3-59 所示，选取需要的控制线并将其拖曳到适当的位置，效果如图 3-60 所示。用相同的方法调整右侧的节点到适当的位置，如图 3-61 所示。

STEP 4 用相同的方法将其他节点转换为曲线，并分别调整其位置和弧度，效果如图 3-62 所示。填充图形为黑色并去除图形的轮廓线，效果如图 3-63 所示。

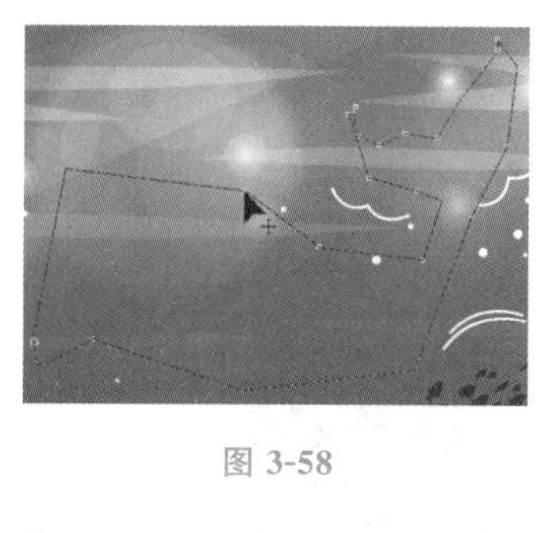

图 3-58

图 3-59

图 3-60

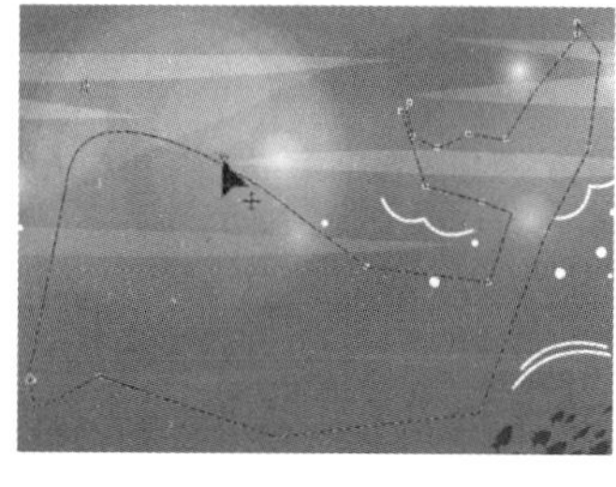

图 3-61

图 3-62

图 3-63

STEP 5 选择“贝塞尔”工具，绘制一个图形。填充图形为白色，并去除图形的轮廓线，效果如图 3-64 所示。

STEP 6 选择“贝塞尔”工具，绘制一个图形。设置图形颜色的 CMYK 值为 47、81、0、0，填充图形，并去除图形的轮廓线，效果如图 3-65 所示。

图 3-64

图 3-65

STEP 7 选择“2 点线”工具，绘制一条直线。设置轮廓线颜色的 CMYK 值为 78、23、0、0，填充轮廓线，效果如图 3-66 所示。按 F12 键，弹出“轮廓笔”对话框，选项的设置如图 3-67 所示。单击“确定”按钮，效果如图 3-68 所示。用相同的方法绘制其他直线，并填充相同的颜色，效果如图 3-69 所示。

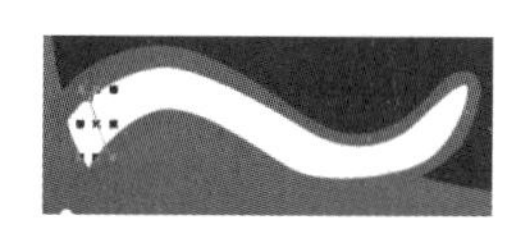

图 3-66

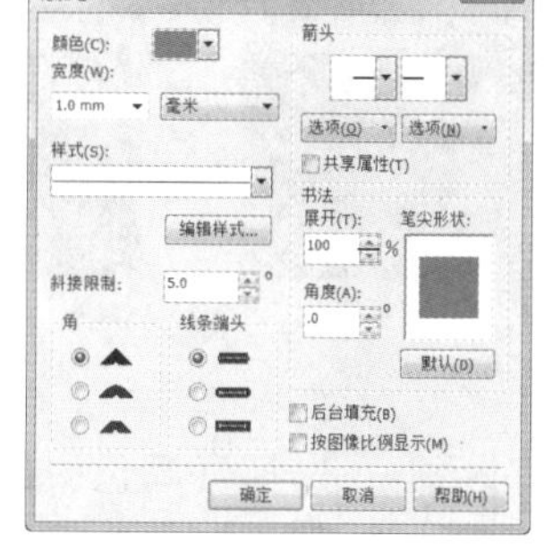

图 3-67

图 3-68

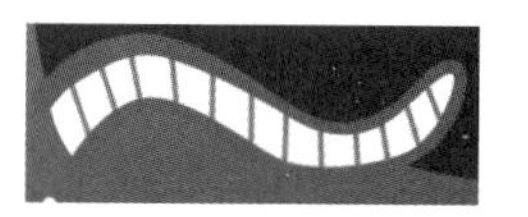

图 3-69

STEP 8 选择“贝塞尔”工具，绘制一个图形。设置图形颜色的 CMYK 值为 79、26、0、0，填充图形，并去除图形的轮廓线，效果如图 3-70 所示。

STEP 9 选择“贝塞尔”工具，绘制一条曲线。设置轮廓线颜色的 CMYK 值为 100、79、23、0，填充轮廓线，效果如图 3-71 所示。

图 3-70

图 3-71

STEP 10 按 F12 键，弹出“轮廓笔”对话框，选项的设置如图 3-72 所示。单击“确定”按钮，效果如图 3-73 所示。用相同的方法绘制其他曲线，并填充相同的颜色，效果如图 3-74 所示。

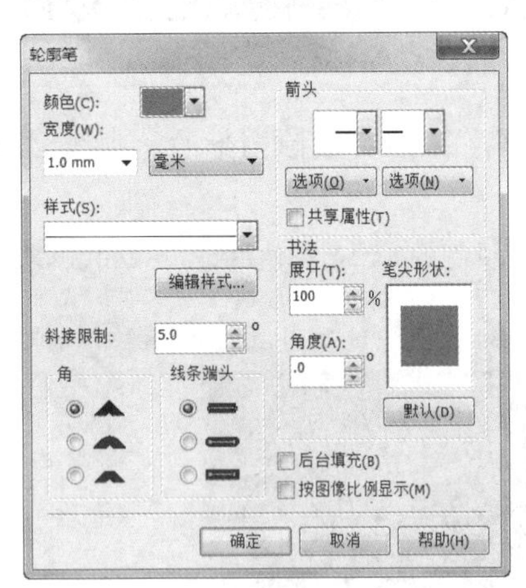

图 3-72

图 3-73

图 3-74

STEP 11 选择“选择”工具，将曲线图形同时选取。选择“效果>图框精确剪裁>置于图文框内部”命令，鼠标指针变为黑色箭头，在蓝色不规则图形上单击，如图 3-75 所示，将曲线置于不规则图形中，效果如图 3-76 所示。多次按 Ctrl+Page Down 组合键，将图形置后，效果如图 3-77 所示。

图 3-75

图 3-76

图 3-77

STEP 12 选择“文件>导入”命令，弹出“导入”对话框。选择资源包中的“素材文件\项目三\任务二 绘制生态保护插画\02”文件，单击“导入”按钮。选择“选择”工具，在页面中单击导入的图片，将其拖曳到适当的位置，效果如图 3-78 所示。

STEP 13 选择“贝塞尔”工具，绘制一个图形。设置图形颜色的 CMYK 值为 100、78、22、0，填充图形并去除图形的轮廓线，效果如图 3-79 所示。

STEP 14 选择“贝塞尔”工具，绘制一个图形。设置图形颜色的 CMYK 值为 79、26、0、0，填充图形并去除图形的轮廓线，效果如图 3-80 所示。

图 3-78

图 3-79

图 3-80

STEP 15 选择“贝塞尔”工具，绘制一条曲线。设置轮廓线颜色的 CMYK 值为 100、79、23、0，填充轮廓线，效果如图 3-81 所示。

STEP 16 按 F12 键，弹出“轮廓笔”对话框，选项的设置如图 3-82 所示。单击“确定”按钮，效果如图 3-83 所示。用相同的方法绘制其他曲线，并填充相同的颜色，效果如图 3-84 所示。

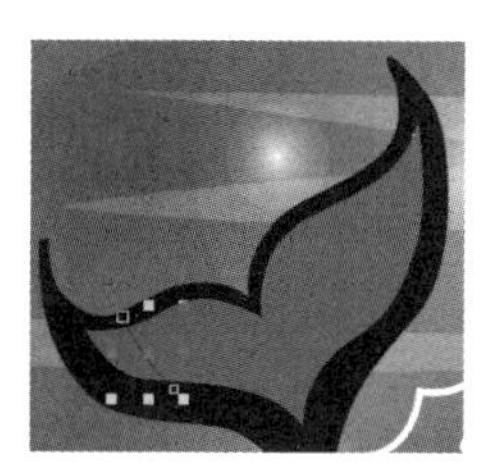

图 3-81

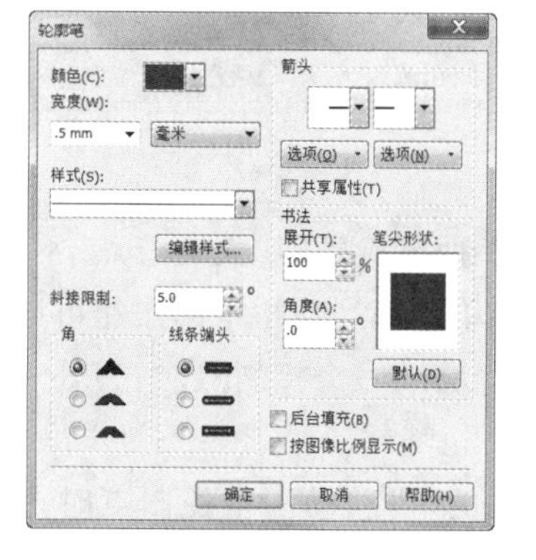

图 3-82

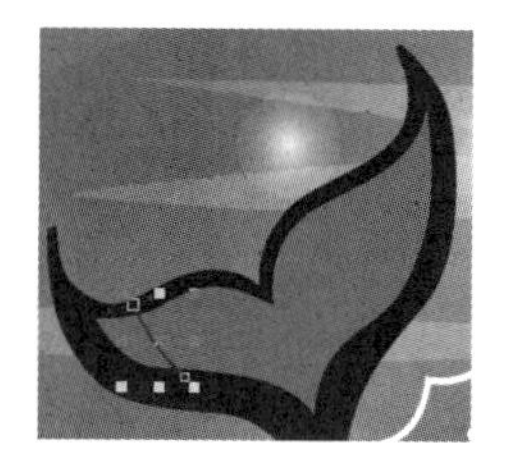

图 3-83

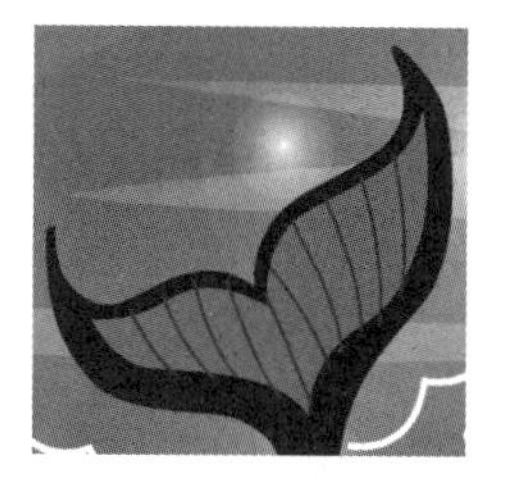

图 3-84

STEP 17 选择“选择”工具，将曲线图形同时选取。选择“效果>图框精确剪裁>置于图文框内部”命令，鼠标指针变为黑色箭头，在蓝色不规则图形上单击，如图 3-85 所示。将曲线置入不规则图形中，效果如图 3-86 所示。

STEP 18 选择“文件>导入”命令，弹出“导入”对话框。选择资源包中的“素材文件\项目三\任务二 绘制生态保护插画\03”文件，单击“导入”按钮。选择“选择”工具，在页面中单击导入图片，将其拖曳到适当的位置，效果如图 3-87 所示。生态保护插画绘制完成。

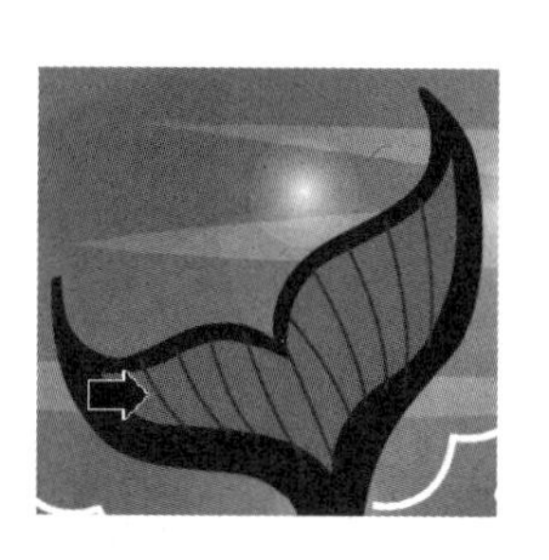

图 3-85

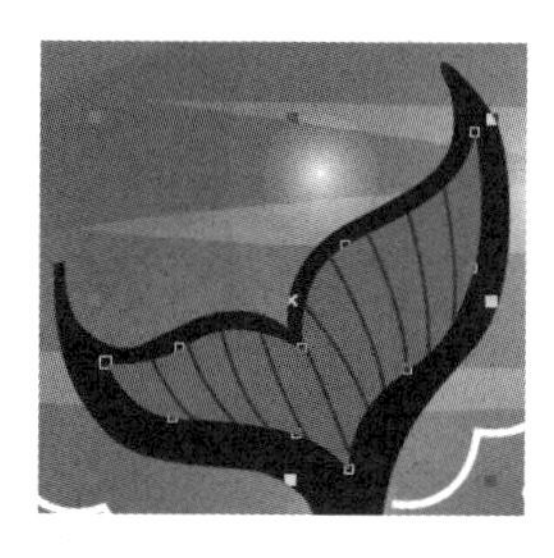

图 3-86

图 3-87

知识讲解

1.编辑曲线的节点

节点是构成图形对象的基本要素，使用“形状”工具选择曲线或图形对象后，会显示曲线或图形的全部节点。通过移动节点和节点的控制点、控制线可以编辑曲线或图形的形状，还可以通过增加和删除节点来进一步编辑曲线或图形。

绘制一条曲线，如图 3-88 所示。选择“形状”工具，单击选中曲线上的节点，如图 3-89 所示。弹出的“编辑曲线、多边形和封套”属性栏如图 3-90 所示。

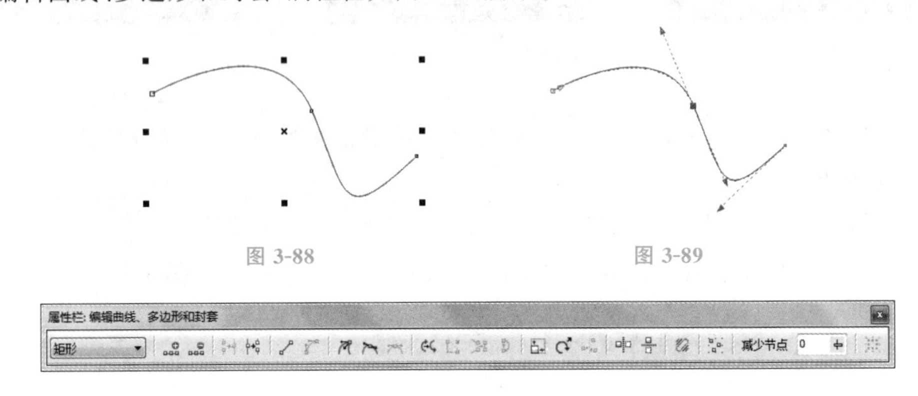

图 3-88　　图 3-89

图 3-90

在“编辑曲线、多边形和封套”属性栏中有 3 种节点类型：尖突节点、平滑节点和对称节点。节点类型的不同决定了节点控制点的属性也不同，单击该属性栏中的按钮可以转换 3 种节点的类型。

尖突节点：尖突节点的控制点是独立的，当移动一个控制点时，另外一个控制点并不移动，从而使得通过尖突节点的曲线能够尖突弯曲。

平滑节点：平滑节点的控制点之间是相关的，当移动一个控制点时，另外一个控制点也会随之移动，通过平滑节点连接的线段将产生平滑的过渡。

对称节点：对称节点的控制点不仅是相关的，而且控制点和控制线的长度是相等的，从而使得对称节点两边曲线的曲率也是相等的。

1)选取并移动节点

绘制一个图形，如图 3-91 所示。选择“形状”工具，单击选取节点，如图 3-92 所示。按住鼠标左键拖曳，节点被移动，如图 3-93 所示。释放鼠标左键，图形调整的效果如图 3-94 所示。

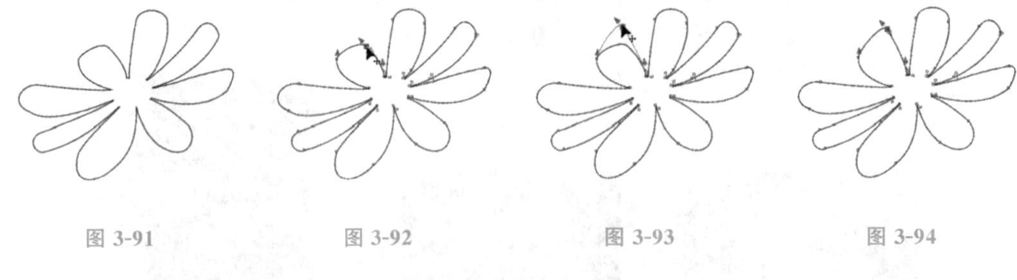

图 3-91　　图 3-92　　图 3-93　　图 3-94

使用“形状”工具选中并拖曳节点上的控制点，如图 3-95 所示。释放鼠标左键，图形调整的效果如图 3-96 所示。

使用“形状”工具圈选图形上的部分节点，如图 3-97 所示。释放鼠标左键，图形被选中的部分节点如图 3-98 所示。拖曳任意一个被选中的节点，其他被选中的节点也会随之移动。

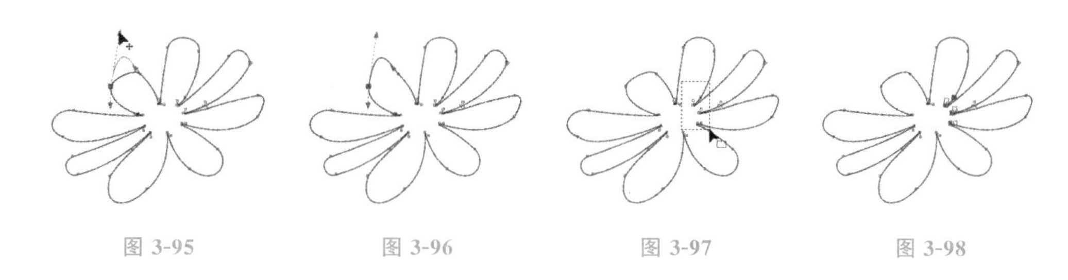

图 3-95　　图 3-96　　图 3-97　　图 3-98

提示

因为在 CorelDRAW X6 中有 3 种节点类型，所以当移动不同类型节点上的控制点时，图形的形状也会有不同形式的变化。

2)增加或删除节点

绘制一个图形，如图 3-99 所示。使用“形状”工具，选择需要增加和删除节点的曲线，如图 3-100 所示，在曲线上要增加节点的位置双击，可以在这个位置增加一个节点，效果如图 3-101 所示。

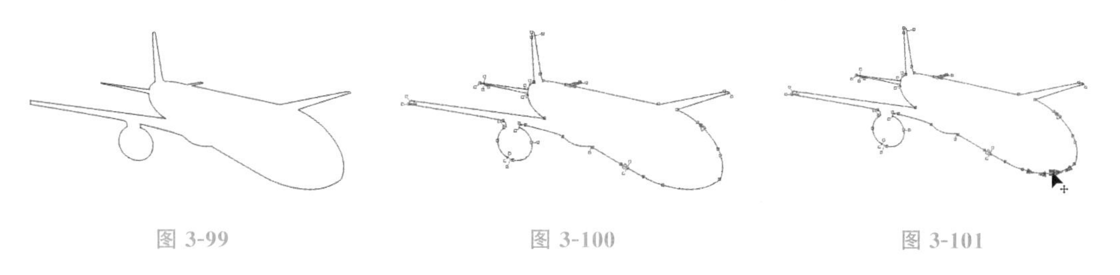

图 3-99　　图 3-100　　图 3-101

单击“编辑曲线、多边形和封套”属性栏中的“添加节点”按钮增加节点，也可以在曲线上增加节点。

将鼠标指针放在要删除的节点上并双击，如图 3-102 所示，可以删除这个节点，效果如图 3-103 所示。

选中要删除的节点，单击“编辑曲线、多边形和封套”属性栏中的“删除节点”按钮，也可以在曲线上删除选中的节点。

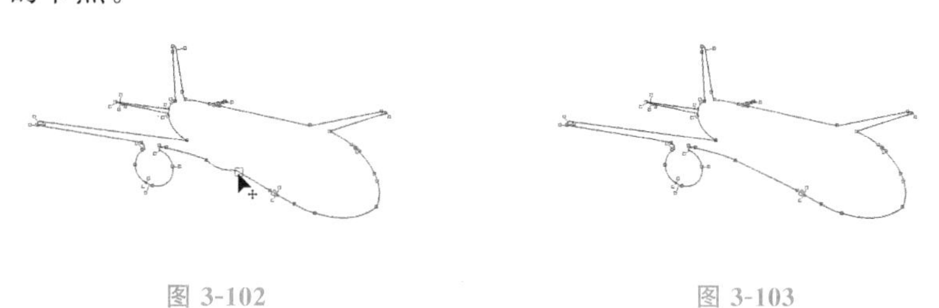

图 3-102　　图 3-103

提示

如果需要在曲线和图形中删除多个节点，可以先按住 Shift 键，再用鼠标选择要删除的多个节点，选择好后按 Delete 键即可。当然也可以使用圈选的方法选择需要删除的多个节点，选择好后按 Delete 键即可。

3)合并和连接节点

使用“形状”工具圈选两个需要合并的节点，如图 3-104 所示。两个节点被选中，如图 3-105 所示。单击属性栏中的“连接两个节点”按钮将节点合并，使曲线成为闭合的曲线，如图 3-106 所示。

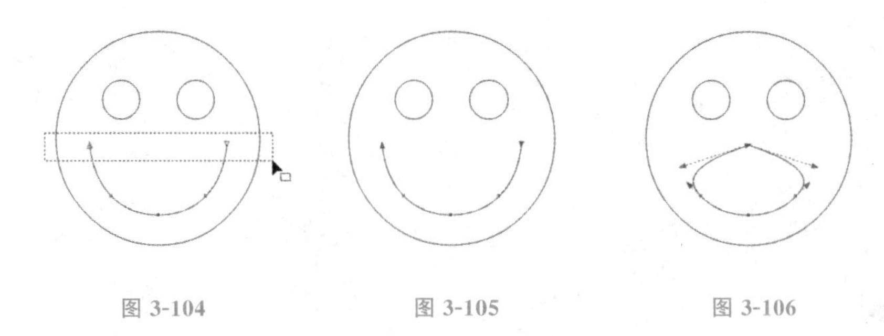

图 3-104　　图 3-105　　图 3-106

使用“形状”工具圈选两个需要连接的节点，单击属性栏中的“闭合曲线”按钮，可以将两个节点以直线连接，使曲线成为闭合的曲线。

4）断开节点

在曲线中要断开的节点上单击，选中该节点，如图 3-107 所示。单击属性栏中的“断开曲线”按钮，断开节点。选择“选择”工具，曲线效果如图 3-108 所示。选择并移动曲线，曲线的节点被断开，曲线变为两条。

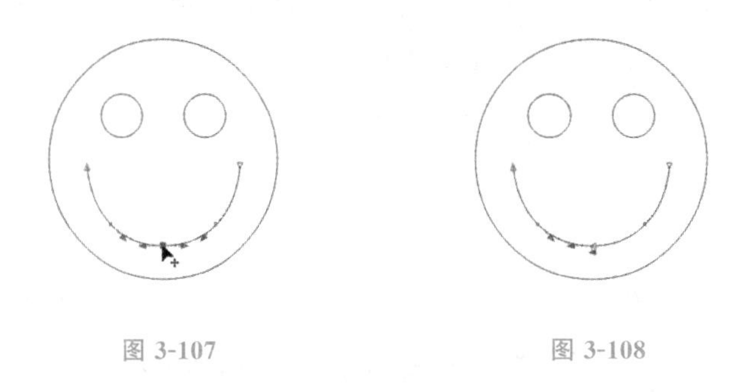

图 3-107　　图 3-108

提示

在绘制图形的过程中有时需要将开放的路径闭合。选择“排列>连接曲线”，可以以直线方式闭合路径。

2. 编辑和修改几何图形

使用“矩形”工具、“椭圆”工具和“多边形”工具绘制的图形都是简单的几何图形。这类图形有其特殊的属性，图形上的节点比较少，只能对其进行简单的编辑。如果想对其进行更复杂的编辑，就需要将简单的几何图形转换为曲线。

1）使用“转换为曲线”按钮

使用“椭圆形”工具绘制一个椭圆形，效果如图 3-109 所示。在属性栏中单击“转换为曲线”按钮，将椭圆图形转换成曲线图形，在曲线图形上增加了多个节点，如图 3-110 所示。使用“形状”工具拖曳椭圆形上的节点，如图 3-111 所示。释放鼠标左键，调整后的图形效果如图 3-112 所示。

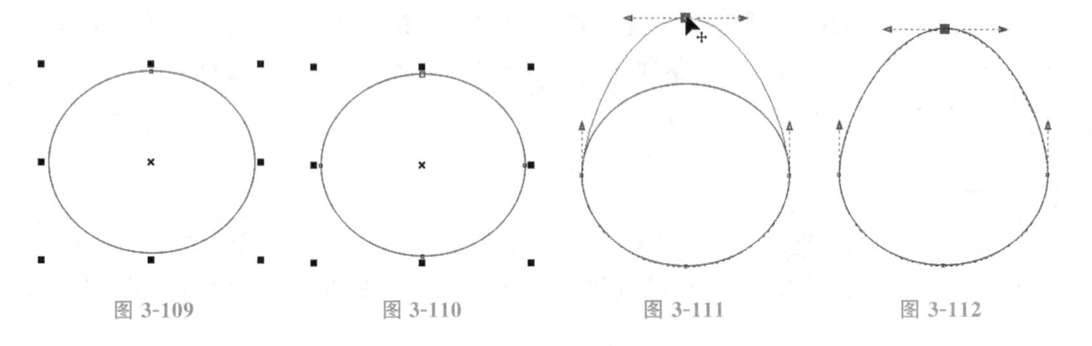

图 3-109　　图 3-110　　图 3-111　　图 3-112

2)使用"转换为曲线"按钮

使用"多边形"工具绘制一个多边形,如图 3-113 所示。选择"形状"工具,单击需要选中的节点,如图 3-114 所示。单击"编辑曲线、多边形和封套"属性栏中的"转换为曲线"按钮,将直线转换为曲线,在曲线上出现节点,保持图形的对称性,如图 3-115 所示。使用"形状"工具拖曳节点调整图形,如图 3-116 所示。释放鼠标,图形效果如图 3-117 所示。

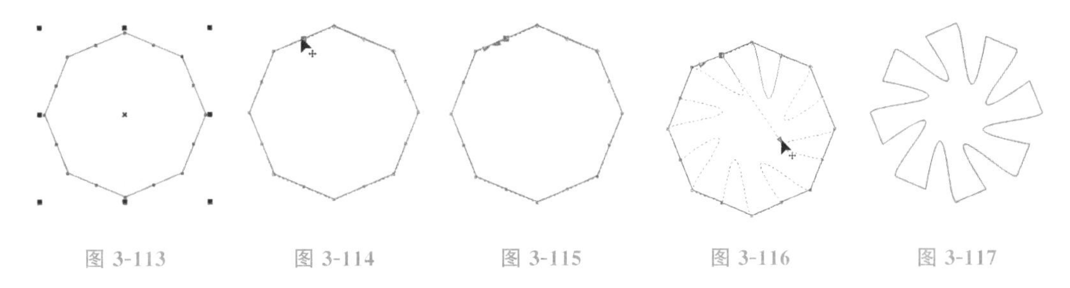

图 3-113　　图 3-114　　图 3-115　　图 3-116　　图 3-117

3."轮廓"工具

1)使用"轮廓"工具

选择"轮廓笔"工具,弹出"轮廓"工具的展开工具栏,拖曳展开工具栏上的两条灰色线,将轮廓展开工具栏拖曳到需要的位置,效果如图 3-118 所示。

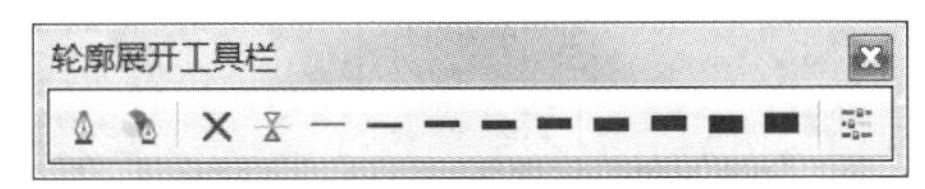

图 3-118

"轮廓展开工具栏"中的按钮为"轮廓笔"工具,可以编辑图形对象的轮廓线;按钮为"轮廓色"工具,可以编辑图形对象的轮廓线颜色;11 个按钮都是设置图形对象的轮廓宽度的,分别是无轮廓、细线轮廓、0.1mm、0.2mm、0.25mm、0.5mm、0.75mm、1mm、1.5mm、2mm、2.5mm;"彩色"工具可以对图形的轮廓线颜色进行编辑。

2)设置轮廓线的颜色

绘制一个图形对象,并使图形对象处于选取状态,单击"轮廓笔"按钮,弹出"轮廓笔"对话框,如图 3-119 所示。

在"轮廓笔"对话框中,"颜色"选项可以设置轮廓线的颜色,在 CorelDRAW X6 的默认状态下,轮廓线被设置为黑色。在颜色列表框右侧的按钮上单击,弹出颜色下拉列表,如图 3-120 所示。

在颜色下拉列表中可以选择需要的颜色,也可以单击"更多"按钮,弹出"选择颜色"对话框,如图 3-121 所示,在对话框中可以调配需要的颜色。

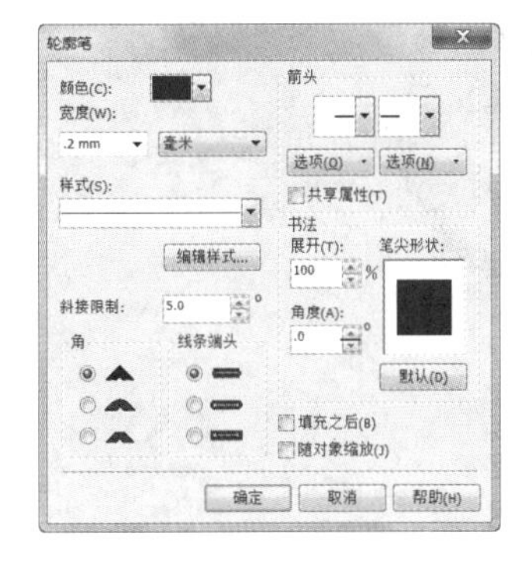

图 3-119　　图 3-120　　图 3-121

设置好需要的颜色后,单击"确定"按钮,可以改变轮廓线的颜色。改变轮廓线颜色的前后效果如图 3-122 所示。

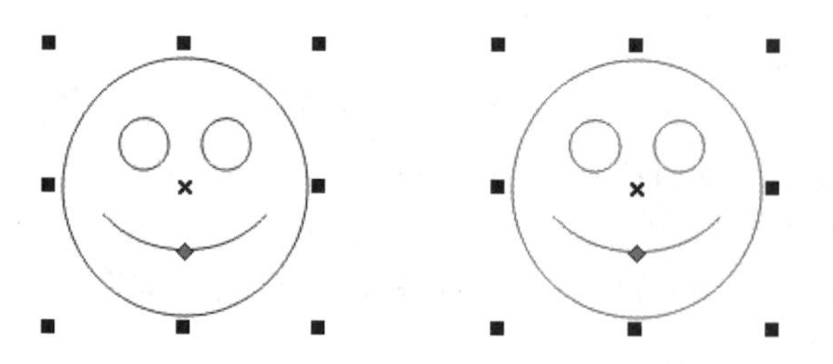

图 3-122

提示

图形对象在选取状态下，直接在调色板中需要的颜色上单击鼠标右键，可以快速填充轮廓线颜色。

3)设置轮廓线的粗细

在“轮廓笔”对话框中，“宽度”选项可以设置轮廓线的宽度值和宽度的度量单位。在“宽度”按钮上单击，弹出下拉列表，可以选择宽度数值，也可以在数值框中直接输入宽度数值，如图 3-123 所示。在“宽度”右侧的按钮上单击，弹出下拉列表，可以选择宽度的度量单位，如图 3-124 所示。

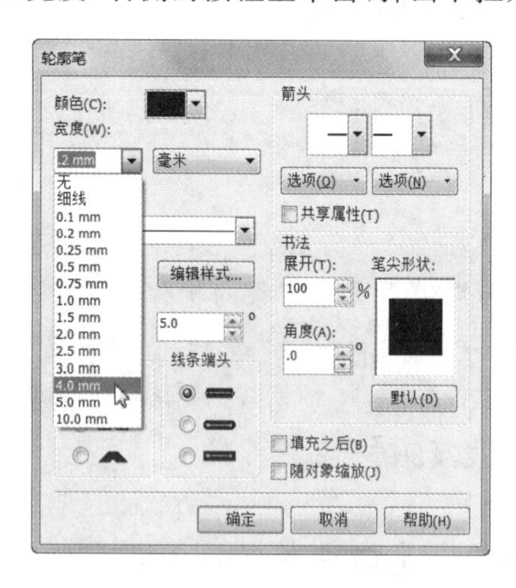

图 3-123

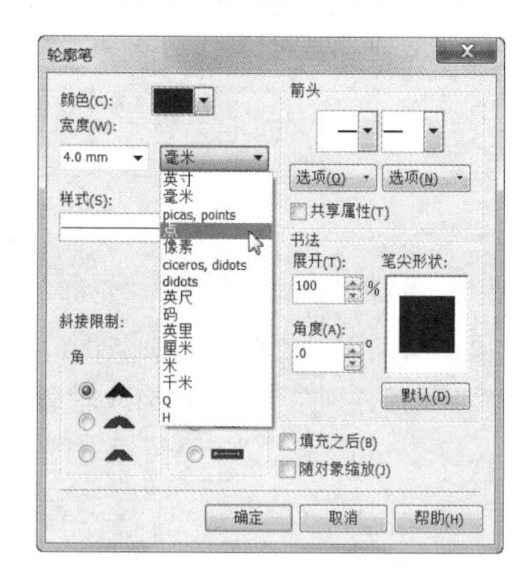

图 3-124

设置好宽度后，单击“确定”按钮，可以改变轮廓线的宽度。改变轮廓线宽度的前后效果如图 3-125 所示。

图 3-125

4)设置轮廓线的样式

在“轮廓笔”对话框中，“样式”选项可以设置轮廓线的样式，单击“样式”右侧的按钮，弹出下拉列表，可以选择轮廓线的样式，如图 3-126 所示。

单击“编辑样式”按钮，弹出“编辑线条样式”对话框，如图 3-127 所示。在对话框上方的是编辑条，右下方的是编辑线条样式的预览框。

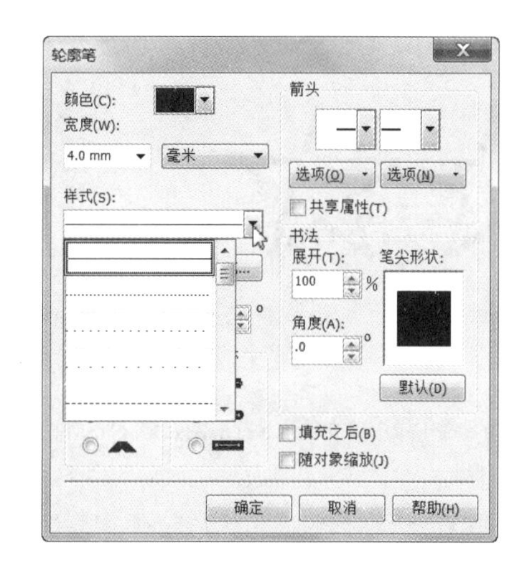

图 3-126

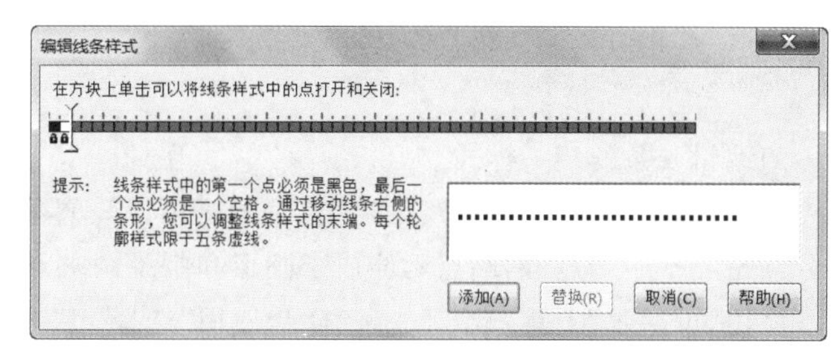

图 3-127

在编辑条上单击或拖曳可以编辑出新的线条样式，下面的两个锁形图标分别表示起点循环位置和终点循环位置。线条样式的第一个点必须是黑色，最后一个点必须是一个空格。线条右侧的是滑动标记，是线条样式的结尾。当编辑好线条样式后，右下方的预览框将生成线条应用样式，就是将编辑好的线条样式不断地重复。拖动滑动标记，效果如图 3-128 所示。

单击编辑条上的白色方块，白色方块变为黑色，效果如图 3-129 所示。在黑色方块上单击可以将其变为白色。

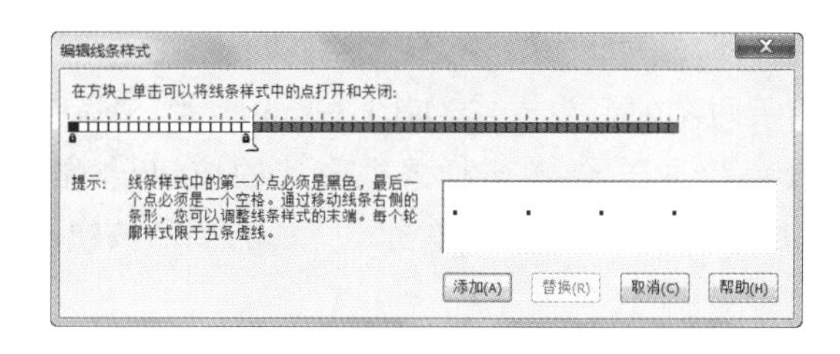

图 3-128

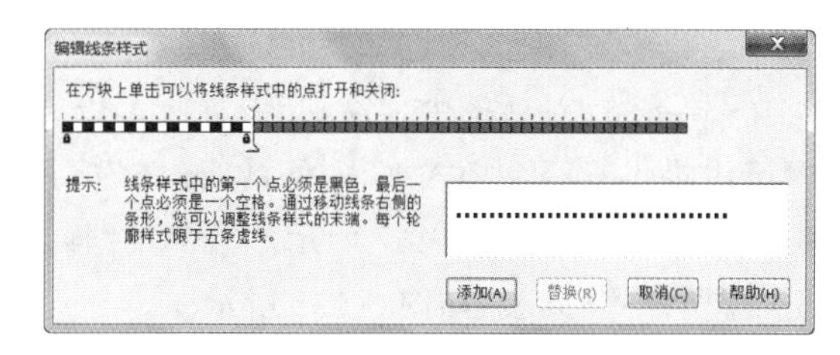

图 3-129

编辑好需要的线条样式后，单击“添加”按钮，可以将新编辑的线条样式添加到“样式”下拉列表中；单击“替换”按钮，新编辑的线条样式将替换原来在下拉列表中选取的线条样式。

在“样式”下拉列表中选择需要的线条样式，可以改变轮廓线的样式，效果如图 3-130 所示。

图 3-130

5)设置轮廓线角的样式

在“轮廓笔”对话框中，“角”设置区可以设置轮廓线角的样式，如图 3-131 所示。“角”设置区提供了 3 种拐角方式，分别是尖角、圆角和平角。

设置拐角时需将轮廓线的宽度增加，因为较细的轮廓线在设置拐角后效果不明显。3 种拐角的效果如图 3-132 所示。

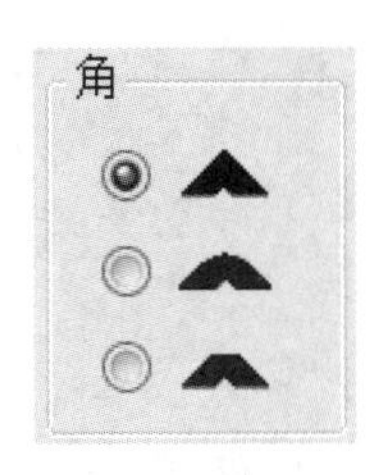

图 3-131　　图 3-132

6)编辑线条的端头样式

在“轮廓笔”对话框中,“线条端头”设置区可以设置线条端头的样式,如图 3-133 所示。3 种样式分别是削平两端点、两端点延伸成半圆形和削平两端点并延伸。

使用“贝塞尔”工具绘制一条直线,使用“选择”工具选取直线,在属性栏中的“轮廓宽度”框中将直线的宽度设置得宽一些,直线的效果如图 3-134 所示。分别选择 3 种端头样式,单击“确定”按钮,3 种端头样式效果如图 3-135 所示。

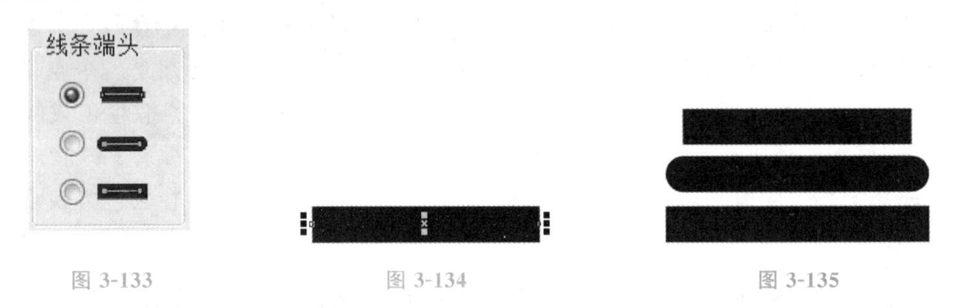

图 3-133　　图 3-134　　图 3-135

在“轮廓笔”对话框中,“箭头”设置区可以设置线条两端的箭头样式,如图 3-136 所示。“箭头”设置区中提供了两个样式框,左侧的“样式”框用来设置箭头样式,单击样式框右侧的按钮,弹出“箭头样式”列表,如图 3-137 所示。右侧的“样式”框用来设置箭尾样式,单击样式框右侧的按钮,弹出“箭尾样式”列表,如图 3-138 所示。

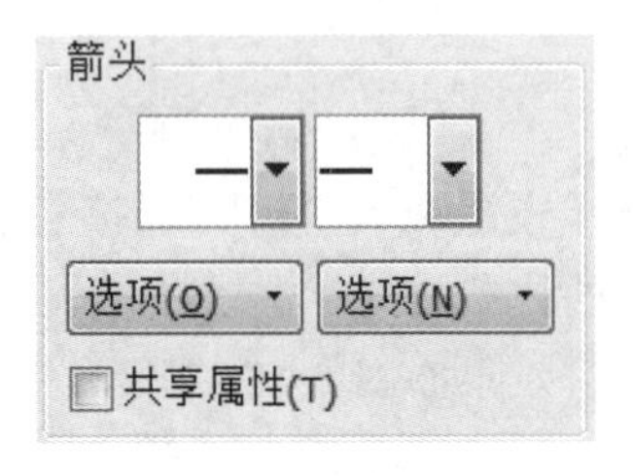

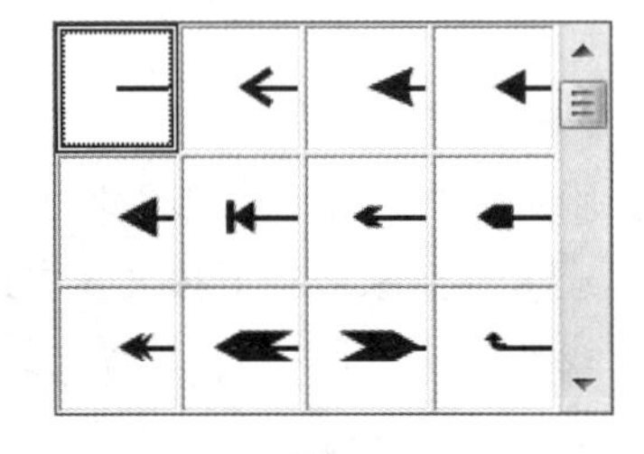

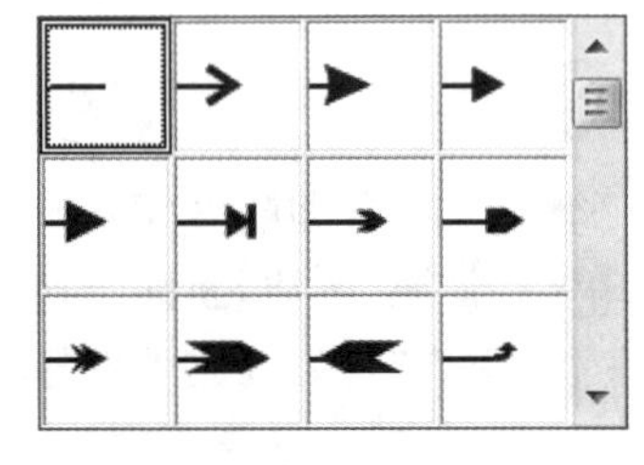

图 3-136　　图 3-137　　图 3-138

在“箭头样式”列表和“箭尾样式”列表中需要的箭头样式上单击鼠标左键,可以选择需要的箭头样式。选择好箭头样式后,单击“选项”按钮,弹出如图 3-139 所示的下拉菜单。

选择“无”选项,将不设置箭头的样式。选择“对换”选项,可将箭头和箭尾样式对换。

选择“新建”命令,弹出“箭头属性”对话框,如图 3-140 所示。编辑好箭头样式后单击“确定”按钮,就可以将一个新的箭头样式添加到“箭头样式”列表中。

选择“编辑”命令,弹出“箭头属性”对话框。在对话框中可以对原来选择的箭头样式进行编辑,编辑好后,单击“确定”按钮,新编辑的箭头样式会覆盖原来选取的“箭头样式”列表中的箭头样式。

使用“贝塞尔”工具绘制一条曲线,使用“选择”工具选取曲线,在属性栏中的“轮廓宽度”框中将曲线的宽度设置得宽一些,如图 3-141 所示。分别在“箭头样式”列表和“箭尾样式”列表中选择需要的样式,单击“确定”按钮,效果如图 3-142 所示。

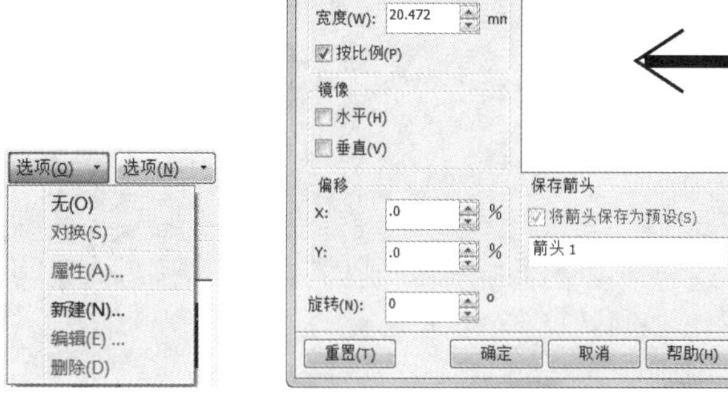

图 3-139　　图 3-140

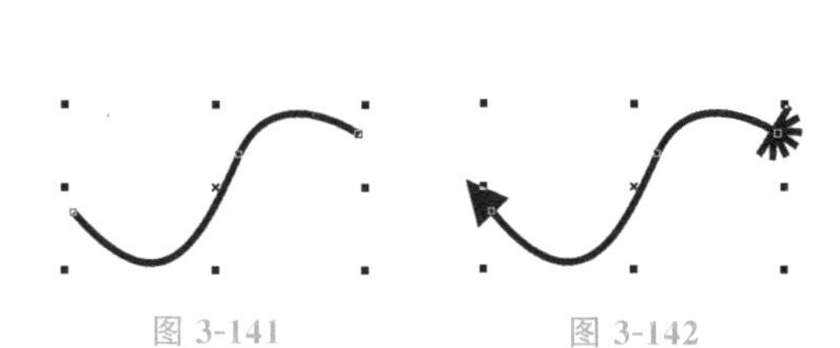

图 3-141　　图 3-142

在“轮廓笔”对话框中，“书法”设置区如图 3-143 所示。在“书法”设置区的“笔尖形状”预览框中拖曳鼠标指针，可以直接设置笔尖的展开和角度，通过在“展开”和“角度”选项中输入数值也可以设置笔尖的效果。

选择刚编辑好的线条效果，如图 3-144 所示，在“书法”设置区中设置笔尖的展开和角度，设置好后，单击“确定”按钮，线条的书法效果如图 3-145 所示。

图 3-143　　图 3-144　　图 3-145

在“轮廓笔”对话框中勾选“填充之后”复选框，会将图形对象的轮廓置于图形对象的填充之后。图形对象的填充会遮挡图形对象的轮廓颜色，用户只能观察到轮廓的一段宽度的颜色。

选择“随对象缩放”复选框，在缩放图形对象时，图形对象的轮廓线会根据图形对象的大小而改变，使图形对象的整体效果保持不变。如果不选择“随对象缩放”复选框，在缩放图形对象时，图形对象的轮廓线不会根据图形对象的大小而改变，轮廓线和填充不能保持原图形对象的效果，图形对象的整体效果就会被破坏。

7)复制轮廓属性

当设置好一个图形对象的轮廓属性后，可以将它的轮廓属性复制给其他的图形对象。下面介绍具体的操作方法和技巧。

绘制两个图形对象，效果如图 3-146 所示。设置左侧图形对象的轮廓属性，效果如图 3-147 所示。

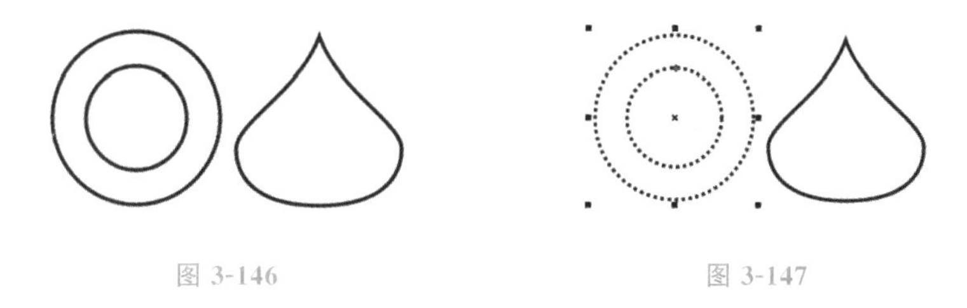

图 3-146　　图 3-147

用鼠标右键将左侧的图形对象拖放到右侧的图形对象上，当鼠标指针变为靶形图标后，释放鼠标右键，弹出如图 3-148 所示的快捷菜单，在快捷菜单中选择“复制轮廓”命令，左侧图形对象的轮廓属性就复制到了右侧的图形对象上，效果如图 3-149 所示。

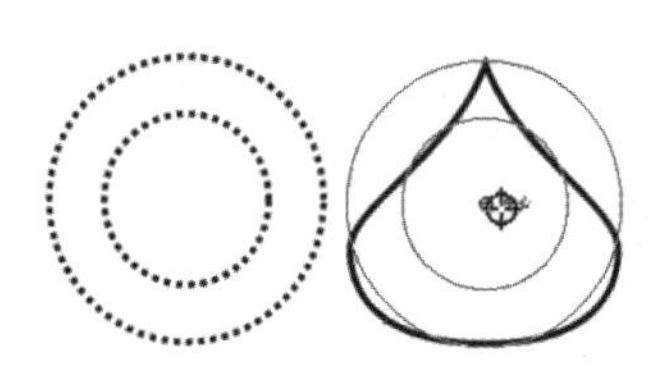

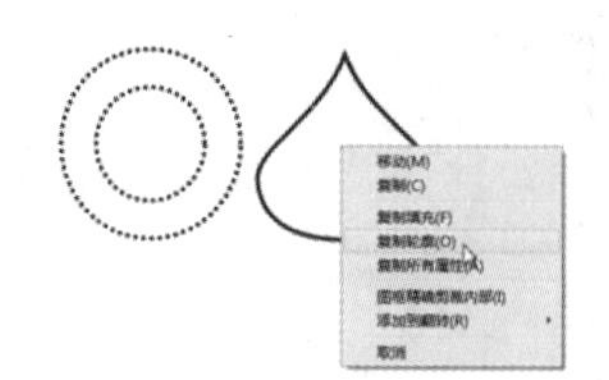

图 3-148

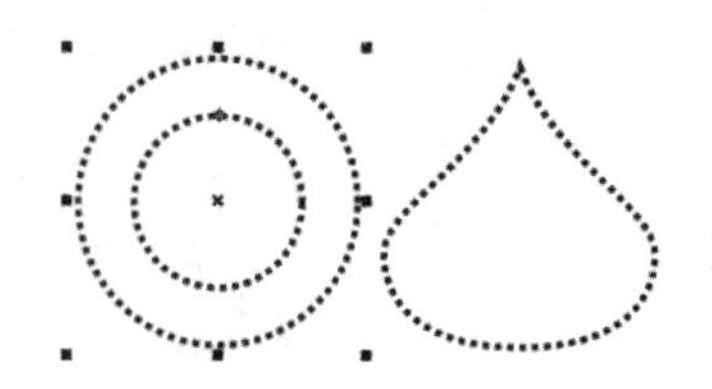

图 3-149

课堂演练——绘制装饰画

使用“矩形”工具和“表格”工具绘制背景效果；使用“椭圆形”工具、“基本形状”工具绘制图形和合并命令绘制花朵；使用“贝塞尔”工具绘制花枝；使用“文本”工具添加文字。（最终效果参看资源包中的“源文件\项目三\课堂演练 绘制装饰画.cdr”，见图 3-150。）

图 3-150

任务三 绘制布纹装饰画

任务分析

本任务是制作衣服装饰画。装饰画并不强调很高的艺术性，但非常讲究与环境的协调和对环境的美化效果。在装饰画的绘制上要求通过意象的表现形式进行设计。

设计理念

在设计绘制过程中，重复的蝴蝶图案营造出梦幻的气氛，明亮的色彩搭配具有炫丽的视觉效果，橙色的暖色调展现生机盎然的景象，整个画面自然和谐，生动且富有变化。（最终效果参看资源包中的“源文件\项目三\任务三 绘制布纹装饰画.cdr”，见图 3-151。）

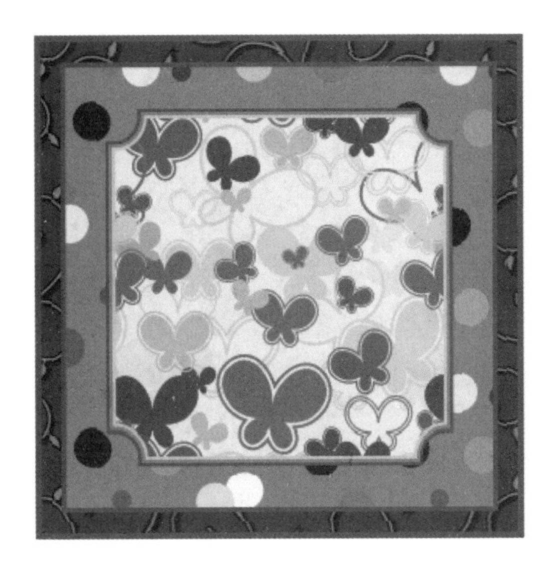

图 3-151

任务实施

STEP 1 按 Ctrl+N 组合键，新建一个 A4 页面。选择“矩形”工具，按住 Ctrl 键的同时，在页面适当的位置拖曳鼠标绘制一个正方形，在属性栏的“轮廓宽度”框中设置数值为 2mm，在“CMYK 调色板”中的“红”色块上单击鼠标右键，填充图形的轮廓线，效果如图 3-152 所示。

STEP 2 选择“图样填充”工具，在弹出的“图样填充”对话框中，选中“全色”单选按钮，单击右侧的按钮，在弹出的面板中选择需要的图标样式，如图 3-153 所示。单击“确定”按钮，填充图形，效果如图 3-154 所示。

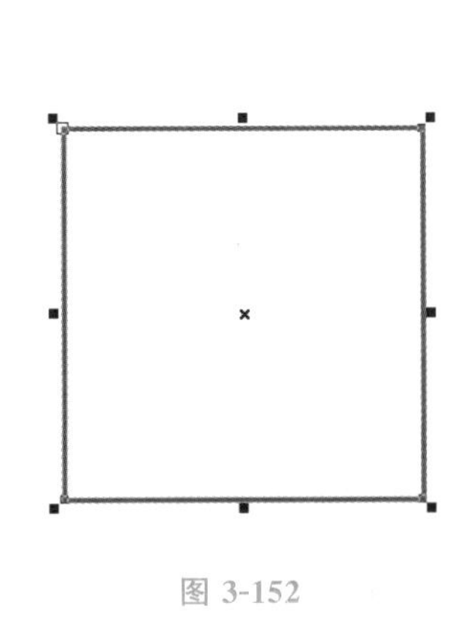

图 3-152

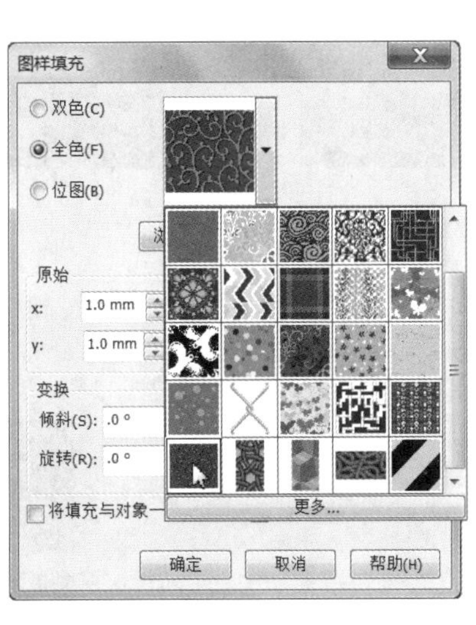

图 3-153

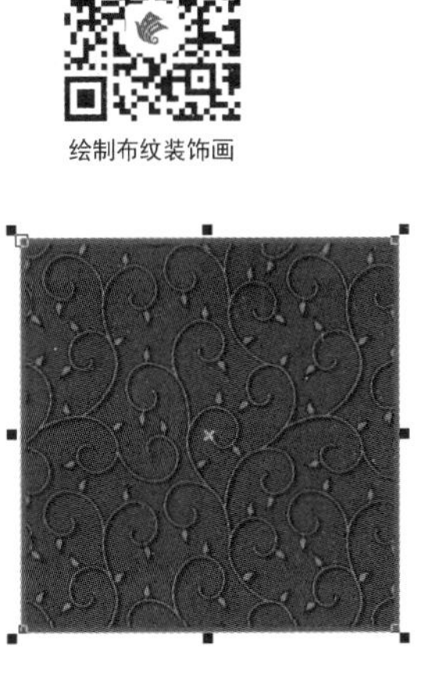

图 3-154

STEP 3 选择“选择”工具，按数字键盘上的+键，复制一个图形。按住 Shift 键的同时，向内拖曳图形右上角的控制手柄到适当的位置，在属性栏的“轮廓宽度”框中设置数值为 1.5mm，如图 3-155 所示。选择“图样填充”工具，在弹出的“图样填充”对话框中，选中“全色”单选按钮，单击右侧的按钮，在弹出的面板中选择需要的图标样式，如图 3-156 所示。单击“确定”按钮填充图形，效果如图 3-157 所示。

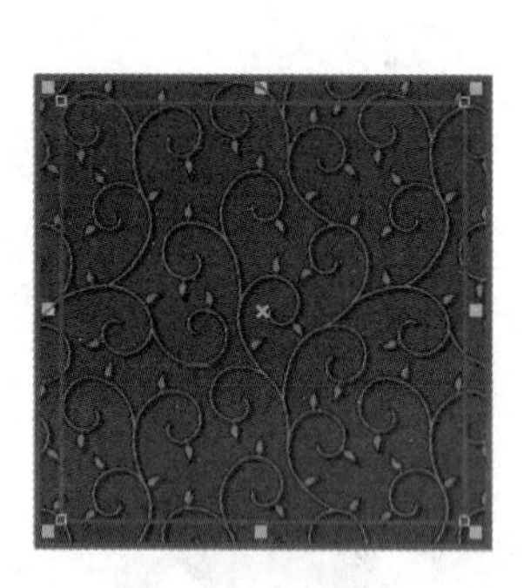

图 3-155

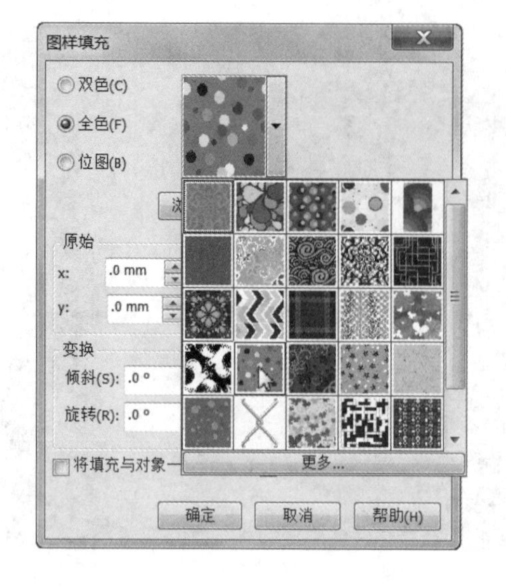

图 3-156

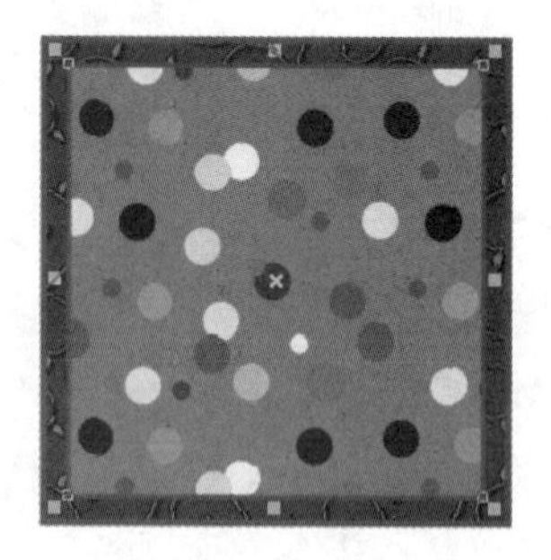

图 3-157

STEP 4 选择"选择"工具，按数字键盘上的+键，复制一个图形。按住 Shift 键的同时，向内拖曳图形右上角的控制手柄到适当的位置，如图 3-158 所示。在属性栏中的"轮廓宽度"框中设置数值为 1mm，在"CMYK 调色板"中的"深黄"色块上单击鼠标右键，填充图形的轮廓线，效果如图 3-159 所示。

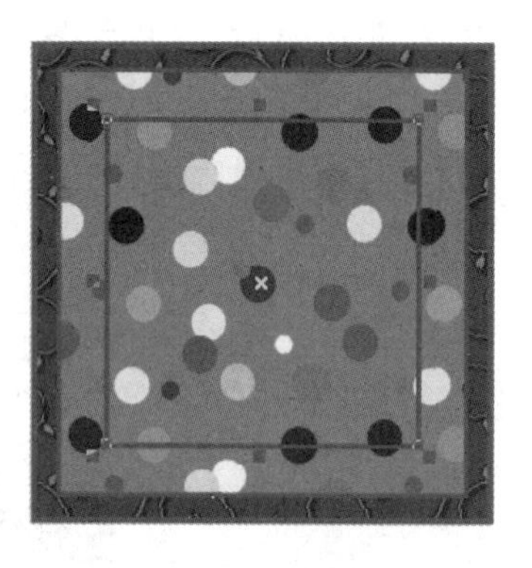

图 3-158

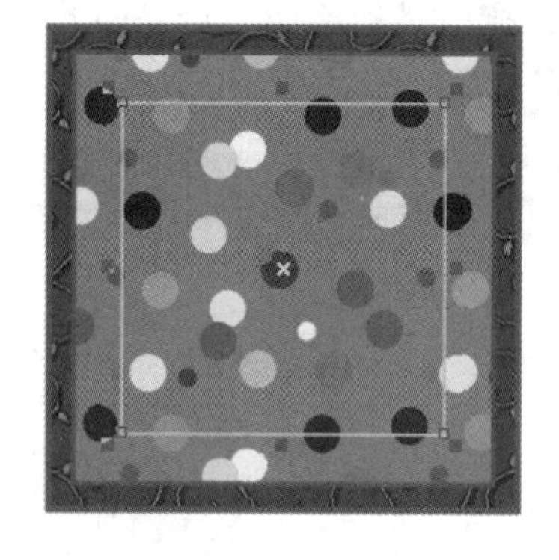

图 3-159

STEP 5 选择"选择"工具，在属性栏中单击"扇形角"按钮，其他选项的设置如图 3-160 所示。按 Enter 键，扇形角效果如图 3-161 所示。

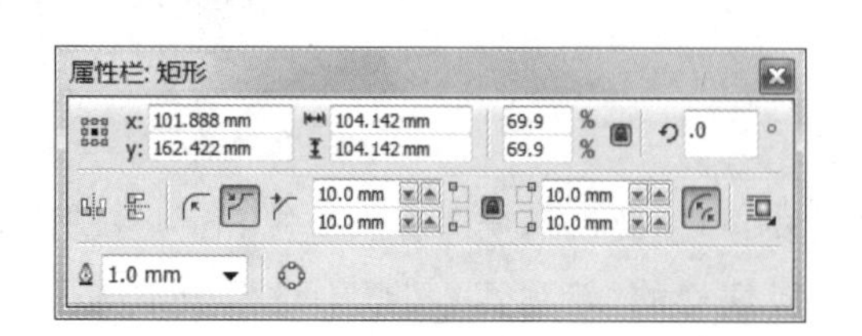

图 3-160

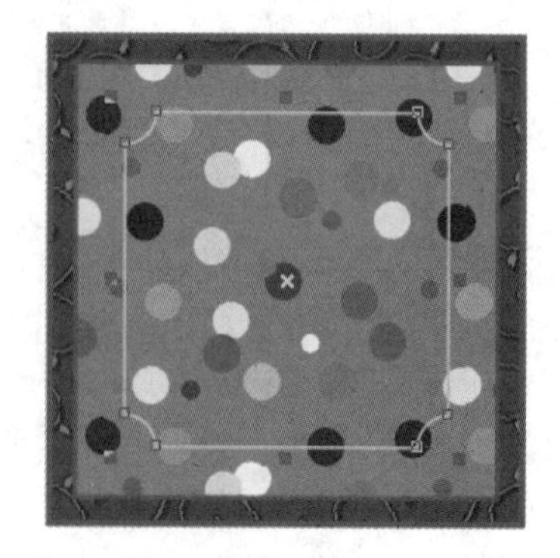

图 3-161

STEP 6 选择"图样填充"工具，弹出"图样填充"对话框，选中"全色"单选按钮，单击右侧的

按钮，在弹出的面板中选择需要的图标样式，如图 3-162 所示。单击“确定”按钮填充图形，效果如图 3-163 所示。

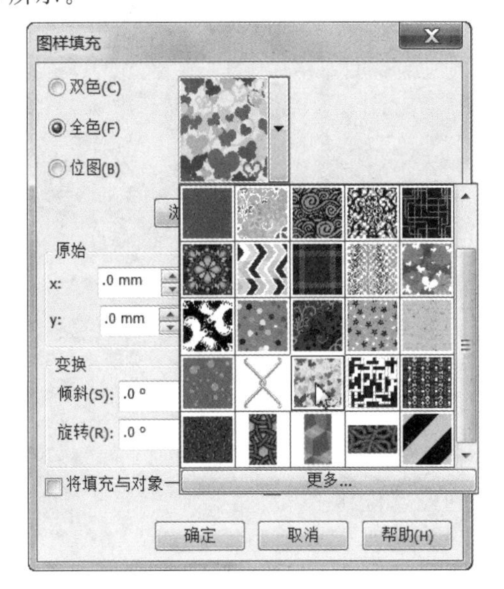

图 3-162

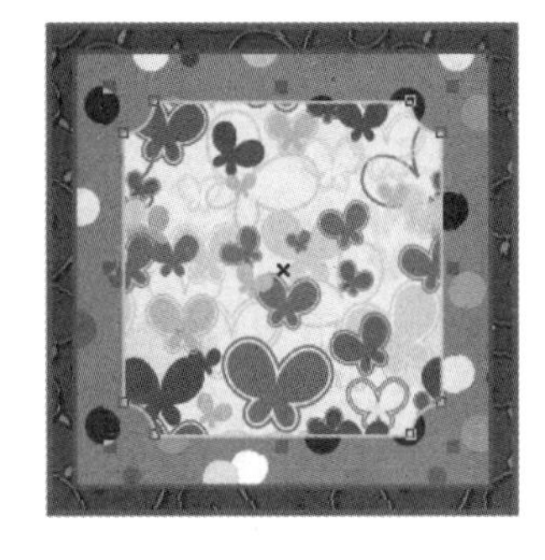

图 3-163

STEP 7 选择“轮廓图”工具，在图形上向外拖曳光标，为图形添加轮廓化效果。在属性栏中将“轮廓色”选项的颜色设置为红色，其他选项的设置如图 3-164 所示。按 Enter 键，确认操作，效果如图 3-165 所示。单击页面空白处，取消图形的选取状态，如图 3-166 所示。至此，布纹装饰画绘制完成。

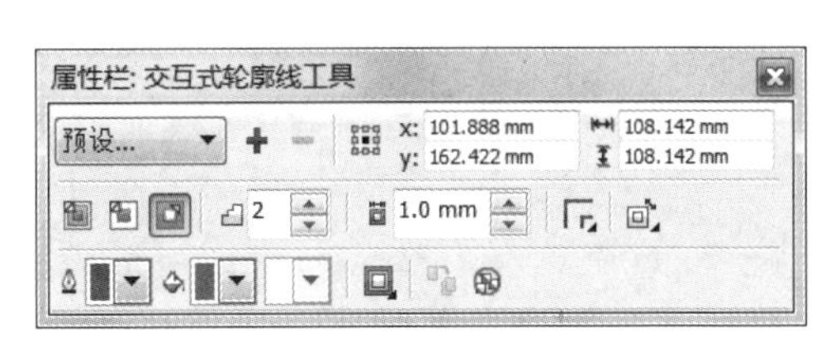

图 3-164

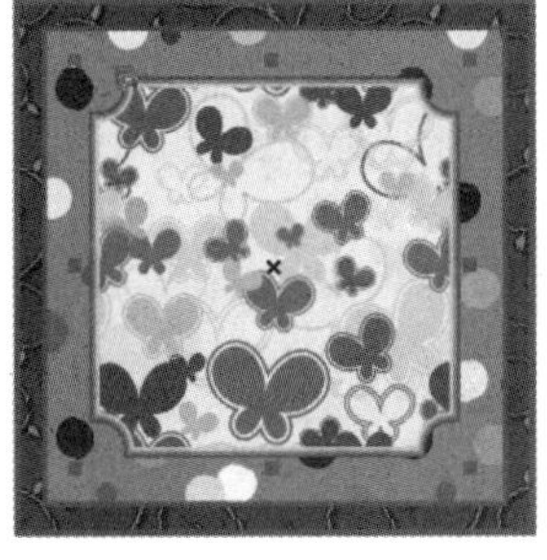

图 3-165

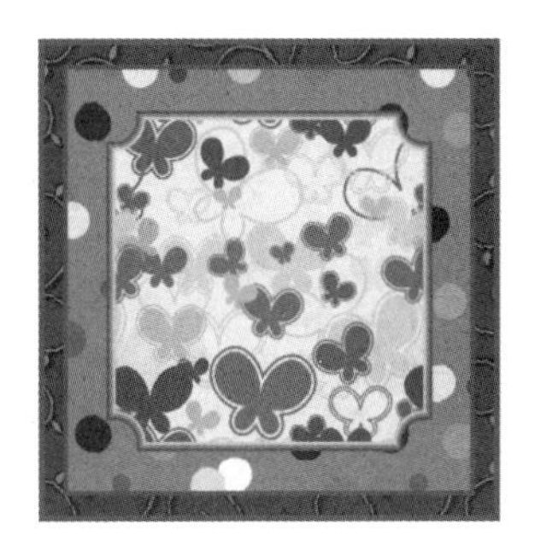

图 3-166

知识讲解

1. 图样填充

选择“填充”工具展开式工具栏中的“图样填充”工具，弹出“图样填充”对话框，在对话框中有“双色”“全色”和“位图”3 种图样填充方式的选项，如图 3-167 所示。

双色：用两种颜色构成的图案来填充，也就是通过设置前景色和背景色的颜色来填充。

全色：图案由矢量和线描样式图像生成。

位图：使用位图图片进行填充。

“浏览”按钮：可载入已有图片。

“创建”按钮：弹出“双色图案编辑器”对话框，单击鼠标左键绘制图案。

“大小”选项组：用来设置平铺图案的尺寸大小。

双色

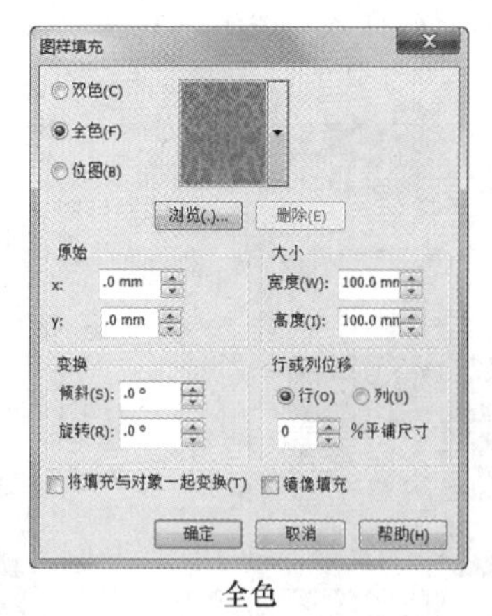

全色

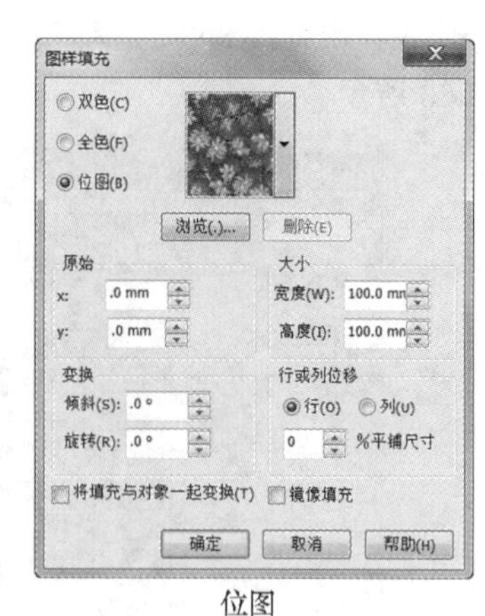

位图

图 3-167

"变换"选项组:用来使图案产生倾斜或旋转变化。

"行或列位移"选项组:用来使填充图案的行或列产生位移。

2. 底纹填充

底纹填充是随机产生的填充,它使用小块的位图填充图形,可以给图形一个自然的外观。底纹填充只能使用 RGB 颜色,所以在打印输出时可能会与屏幕显示的颜色有差别。

选择"填充"工具展开式工具栏中的"底纹填充"工具,弹出"底纹填充"对话框。

在"底纹填充"对话框中,CorelDRAW X6 的底纹库提供了多个样本组共几百种预设的底纹填充图案,如图 3-168 所示。

图 3-168

在该对话框的"底纹库"下拉列表中可以选择不同的样本组。CorelDRAW X6 底纹库提供了 7 个样本组。选择样本组后,在下面的"底纹列表"中,显示出样本组中的多个底纹的名称,单击选中一个底纹样式,在下面的"预览"框中显示出底纹的效果。

绘制一个图形,在"底纹列表"中选择需要的底纹效果,单击"确定"按钮,可以将底纹填充到图形对象中。几个填充不同底纹的图形效果如图 3-169 所示。

在"底纹填充"对话框中更改参数可以制作出新的底纹效果。在选择一个底纹样式名称后,"纸面"设置区就包含对应于当前底纹样式的所有参数。选择不同的底纹样式会有不同的参数内容。

图 3-169

在每个参数选项的后面都有一个按钮，单击它可以锁定或解锁每个参数选项。当单击“预览”按钮时，解锁的每个参数选项会随机发生变化，同时会使底纹图案发生变化。每单击一次“预览”按钮，就会产生一个新的底纹图案，效果如图 3-170 所示。

图 3-170

在每个参数选项中输入新的数值，可以产生新的底纹图案。设置好后，可以用按钮锁定参数。

制作好一个底纹图案后，可以进行保存。单击“底纹库”选项右侧的按钮，弹出“保存底纹为”对话框，如图 3-171 所示。在“底纹名称”文本框中输入名称，在“库名称”选项中指定样式组，设置好参数后，单击“确定”按钮，将制作好的底纹图案保存。需要使用时可以直接在“底纹库”中调用。

图 3-171

在“底纹库”的样式组中选中要删除的底纹图案，单击“底纹库”选项右侧的按钮，弹出“删除底纹”提示框，如图 3-172 所示，单击“确定”按钮，将选中的底纹图案删除。

在“底纹填充”对话框中，单击“选项”按钮，弹出“底纹选项”对话框，如图 3-173 所示。

图 3-172

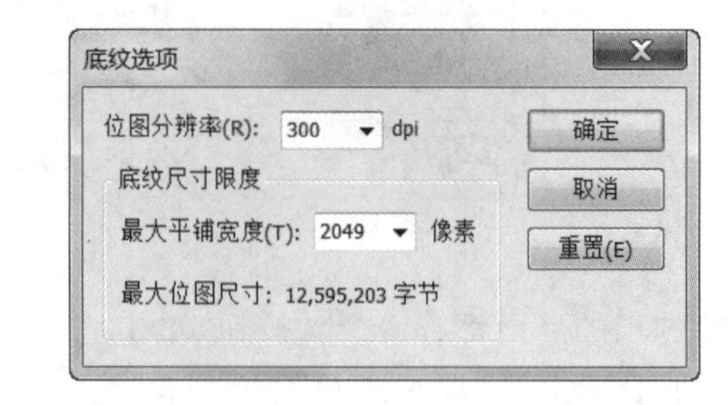

图 3-173

在对话框的“位图分辨率”选项中可以设置位图分辨率的大小。

在“底纹尺寸限度”设置区中可以设置“最大平铺宽度”的大小。“最大位图尺寸”将根据位图分辨率和最大平铺宽度的大小，由软件本身计算出来。

位图分辨率和最大平铺宽度越大，底纹所占用的系统内存就越多，填充的底纹图案就越精细。最大位图尺寸值越大，底纹填充所占用的系统资源就越多。

在“底纹填充”对话框中，单击“平铺”按钮，弹出“平铺”对话框，如图 3-174 所示。在对话框中可以设置底纹的“原始”“大小”“变换”和“行或列位移”选项，也可以选择“将填充与对象一起变换”复选框和“镜像填充”复选框。

选择“交互式填充”工具，弹出其属性栏，选择“底纹填充”选项，单击“交互式底纹填充”属性栏中的“填充下拉式”图标，在弹出的“填充底纹”下拉列表中也可以选择底纹填充的样式，如图 3-175 所示。

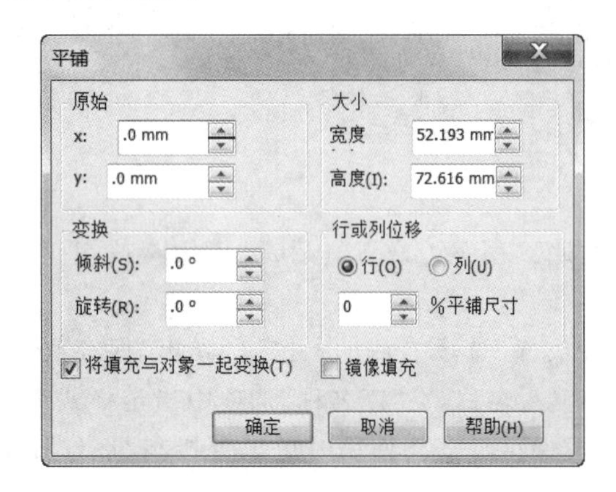

图 3-174

图 3-175

提示

底纹填充会增加文件的大小，并使操作的时间延长，在对大型的图形对象使用底纹填充时要慎重。

3. PostScript 填充

PostScript 填充是利用 PostScript 语言设计出来的一种特殊的图案填充。PostScript 图案是一种特殊的图案，只有在“增强”视图模式下，PostScript 填充的底纹才能显示出来。下面介绍 PostScript 填充的方法和技巧。

选择“填充”工具展开式工具栏中的“PostScript 填充”工具，弹出“PostScript 底纹”对话框，在对话框中，CorelDRAW X6 提供了多个 PostScript 底纹图案，如图 3-176 所示。

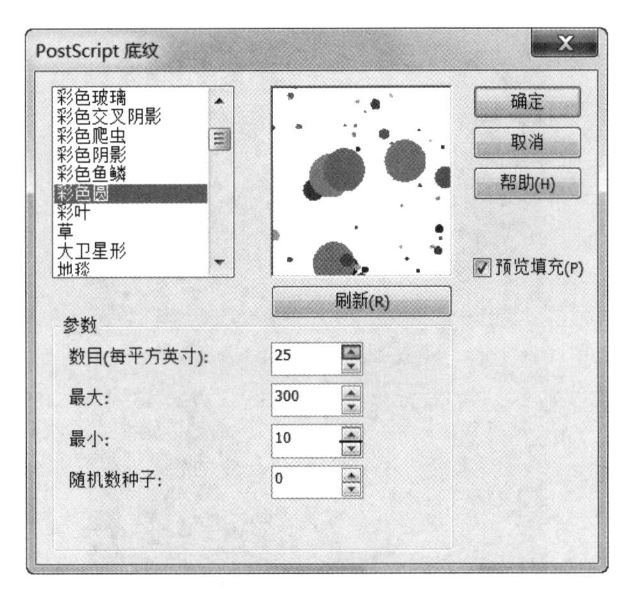

图 3-176

在对话框中,选中“预览填充”复选框,不需要打印就可以看到 PostScript 底纹的效果。在左上方的列表框中提供了多个 PostScript 底纹,选择一个 PostScript 底纹,在下面的“参数”设置区中会出现所选 PostScript 底纹的参数。不同的 PostScript 底纹会有相对应的不同参数。

在“参数”设置区的各个选项中输入需要的数值,可以改变选择的 PostScript 底纹,产生新的 PostScript 底纹效果,如图 3-177 所示。

图 3-177

选择“交互式填充”工具,弹出“交互式 PostScript 填充”属性栏,选择“PostScript 填充”选项,在“交互式 PostScript 填充”属性栏中可以选择多种 PostScript 底纹填充的样式对图形对象进行填充,如图 3-178 所示。

图 3-178

课堂演练——绘制城市印象插画

使用“底纹填充”工具制作背景效果;使用“贝塞尔”工具和“渐变填充”工具绘制装饰图形;使用“文本”工具添加文字。(最终效果参看资源包中的“源文件\项目三\课堂演练 绘制城市印象插画. cdr”,见图 3-179。)

图 3-179

实战演练——绘制风景插画

案例分析

本案例是为故事书籍绘制插画。设计要求符合故事内容，具有童话的奇妙效果，并且充满戏剧性。

设计理念

在设计制作过程中，使用夸张的圆形拱坡、活泼丰富的图案展现出独具特色的插画效果，在突出主体的同时，加深人们对插画的整体印象；山顶的树木和整幅图形成鲜明的对比，造成滑稽可爱的视觉效果，给人亲近感；亮丽的画面与背景的蓝色形成对比，增强了画面的层次感，使整幅插画具有戏剧效果，让人心情愉快。

制作要点

使用“矩形”工具、“贝塞尔”工具和“渐变填充”工具绘制背景效果；使用“贝塞尔”工具、“椭圆形”工具和“底纹填充”工具绘制装饰图形；使用“椭圆形”工具、“贝塞尔”工具和“合并”命令绘制树木图形。(最终效果参看资源包中的“源文件\项目三\实战演练 绘制风景插画. cdr”，见图 3-180。)

图 3-180

项目四

书籍装帧设计

精美的书籍装帧设计可以使读者享受到阅读的愉悦。书籍装帧整体设计所考虑的项目包括开本设计、封面设计、版本设计、使用材料等内容。本项目以多个类别的书籍封面为例，介绍书籍封面的设计思路和过程、制作方法和技巧。

项目目标

- 掌握书籍封面的设计思路和过程
- 掌握书籍封面的制作方法和技巧

任务一 制作旅行英语书籍封面

任务分析

本任务是一本旅行攻略类书籍的封面设计。世界各地每天都出版很多书籍，封面的表现对于书籍来说非常重要。设计要求结构简单并体现出境外旅游的特点。

设计理念

在设计过程中，背景效果使用蓝色渐变图形和景色照片相互呼应，展现出境外旅行独特的魅力。封面设计使用简单的文字变化，使读者的视线都集中在书名上，达到宣传的效果；封底和书脊的设计使用文字和图形组合的方式，增加对读者的吸引力，增强读者的购书欲望。（最终效果参看资源包中的“源文件\项目四\任务一 制作旅行英语书籍封面.cdr”，见图 4-1。）

图 4-1

任务实施

1. 制作背景

STEP 1 按 Ctrl＋N 组合键，新建一个页面，在页面属性的“页面尺寸”选项中设置宽度为 348mm、高度为 239mm，按 Enter 键，页面尺寸显示为设置的大小。

STEP 2 按 Ctrl＋J 组合键，弹出“选项”对话框，选择“文档>页面尺寸”选项，在出血框中设置数值为 3，如图 4-2 所示，单击“确定”按钮，效果如图 4-3 所示。

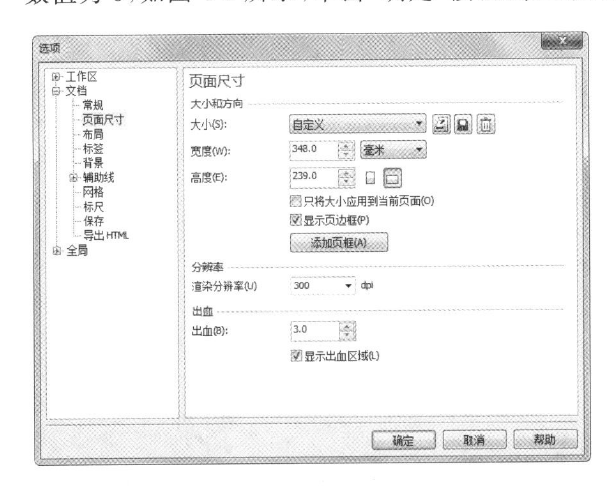

图 4-2

图 4-3

STEP 3 选择“视图>标尺”命令，在视图中显示标尺。选择“选择”工具，在页面中拖曳一条垂直辅助线，在属性栏中将“x 位置”选项设为 169mm，按 Enter 键；用相同的方法，在 179mm 的位置上添加一条辅助线，在页面空白处单击，页面效果如图 4-4 所示。

STEP 4 选择“矩形”工具，绘制一个矩形，如图 4-5 所示。

图 4-4　　　　图 4-5

STEP 5 按 F11 键，弹出“渐变填充”对话框。单击“双色”单选按钮，将“从”选项颜色的 CMYK 值设置为白色，“到”选项颜色的 CMYK 值设置为 77、22、0、0，其他选项的设置如图 4-6 所示。单击“确定”按钮，填充图形，并去除图形的轮廓线，效果如图 4-7 所示。

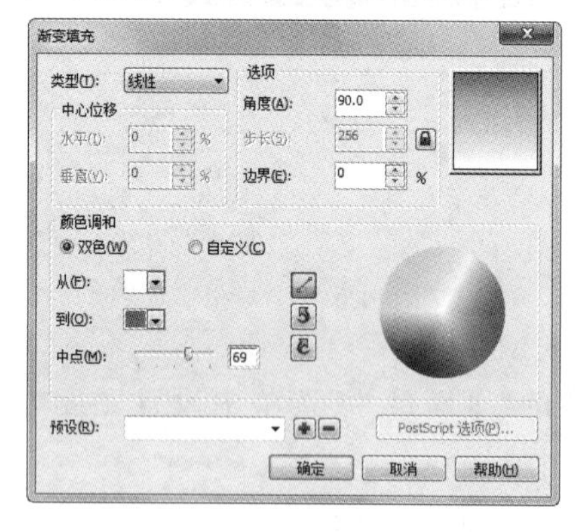

图 4-6

图 4-7

STEP 6 选择“贝塞尔”工具，在适当的位置绘制一条曲线，如图 4-8 所示。按 F12 键，弹出“轮廓笔”对话框，在“颜色”选项中设置轮廓线颜色为“白”，其他选项的设置如图 4-9 所示；单击“确定”按钮，效果如图 4-10 所示。

图 4-8

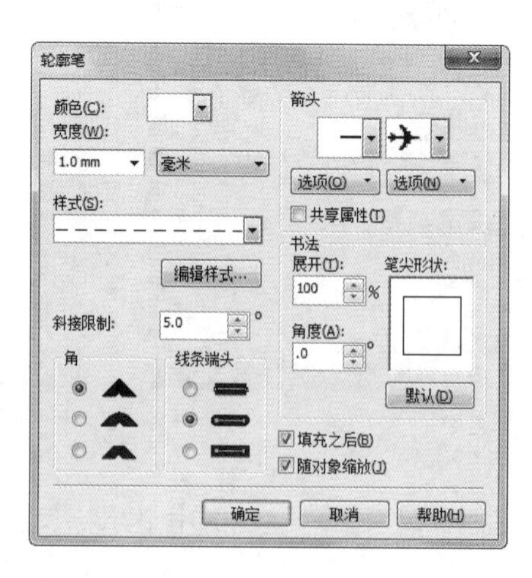

图 4-9

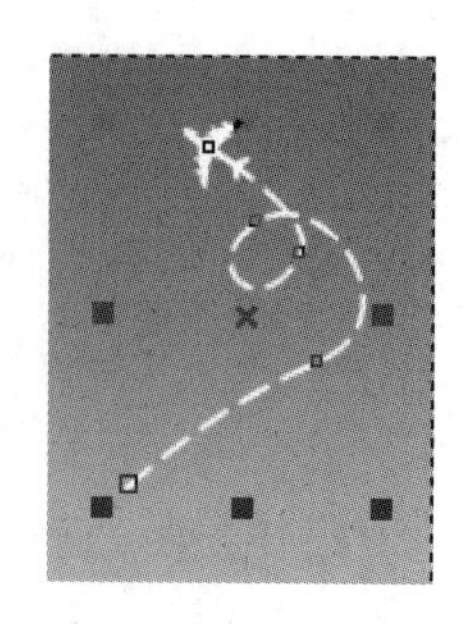

图 4-10

STEP 7 选择“矩形”工具，绘制一个矩形，如图 4-11 所示。按 Ctrl＋I 组合键，弹出“导入”对话框，选择资源包中的“素材文件\项目四\任务一 制作旅行英语书籍封面\01”文件，单击“导入”按钮，在页面中单击导入图片，将其拖曳到适当的位置，效果如图 4-12 所示。选择“选择”工具，选取图片，按 Shift＋Page Down 组合键，将其后移。选择“效果>图框精确剪裁>置于图文框内部”命令，鼠标光标变为黑色箭头，在矩形框上单击，将图片置入矩形框中，如图 4-13 所示。

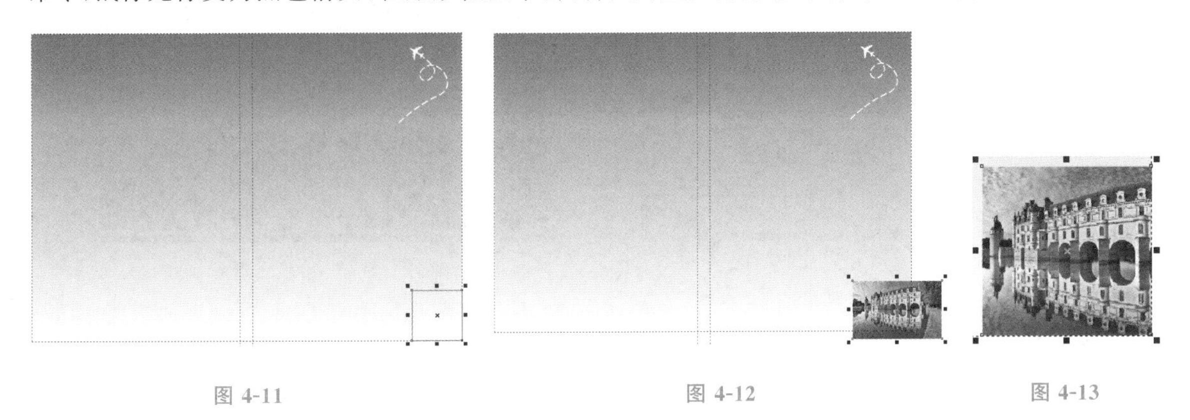

图 4-11　　图 4-12　　图 4-13

STEP 8 使用相同的方法制作其他效果，效果如图 4-14 所示。选择“选择”工具，选取需要的图形，按数字键盘上的＋键，复制一组图形，并将其拖曳到适当的位置，如图 4-15 所示。

图 4-14

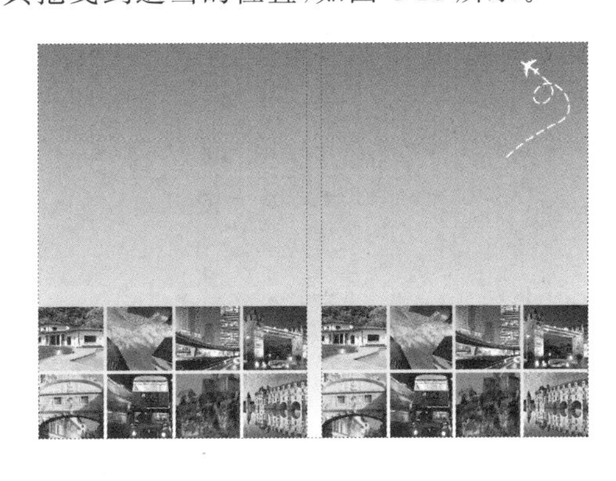

图 4-15

STEP 9 按 Ctrl＋I 组合键，弹出“导入”对话框，选择资源包中的“素材文件\项目四\任务一 制作旅行英语书籍封面\01”文件，单击“导入”按钮，在页面中单击导入图片，将其拖曳到适当的位置，效果如图 4-16 所示。单击属性栏中的“水平镜像”按钮，将图片水平翻转，效果如图 4-17 所示。

图 4-16

图 4-17

STEP 10 选择“选择”工具，选择“位图>模糊>高斯式模糊”命令，在弹出的“高斯式模糊”对话框中进行设置，如图 4-18 所示。单击“确定”按钮，效果如图 4-19 所示。

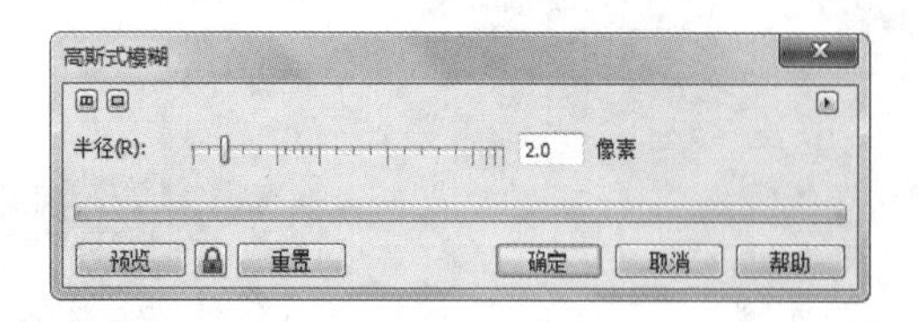

图 4-18

图 4-19

STEP 11 选择“透明度”工具，在图片中从左下角向右上角拖曳光标，为图片添加透明效果，在“交互式渐变透明”属性栏中的设置如图 4-20 所示。按 Enter 键，效果如图 4-21 所示。

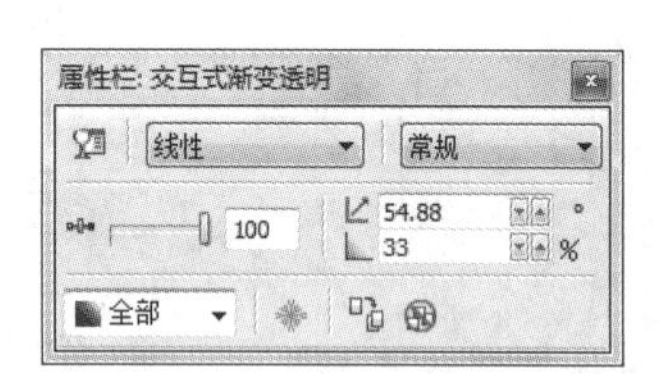

图 4-20

图 4-21

2. 制作封面

STEP 1 选择“文本”工具，分别在页面中输入需要的文字，选择“选择”工具，在属性栏中选取适当的字体并设置文字大小，如图 4-22 所示。选取下方的文字，填充文字为白色，效果如图 4-23 所示。再次单击使其处于旋转状态，向右拖曳上方中间的控制手柄到适当的位置，释放鼠标左键，文字倾斜效果如图 4-24 所示。

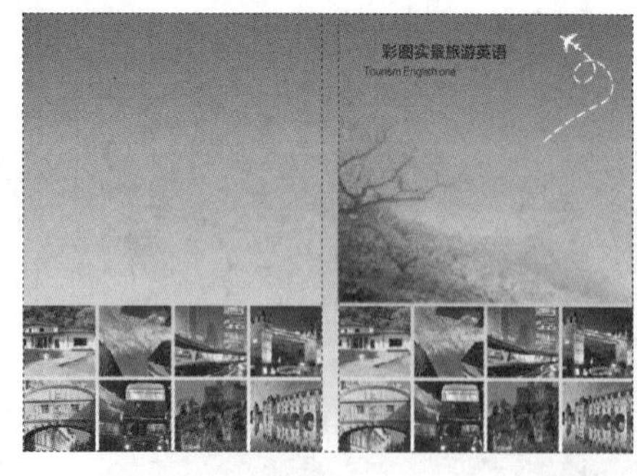

图 4-22

图 4-23

图 4-24

STEP 2 选择“文本”工具，分别在页面中输入需要的文字，选择“选择”工具，在属性栏中选取适当的字体并设置文字大小，如图 4-25 所示。选取需要的文字，设置文字填充色的 CMYK 值为 0、75、100、0，填充文字，效果如图 4-26 所示。

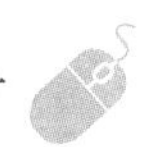

图 4-25

图 4-26

STEP 3 选择“选择”工具，选取需要的文字，再次单击使其处于旋转状态，拖曳右上角的控制手柄到适当的位置，释放鼠标左键，文字旋转效果如图 4-27 所示。

图 4-27

STEP 4 选择“轮廓图”工具，在“交互式轮廓线工具”属性栏中单击“外部轮廓”按钮，将“填充色”选项设置为白色，其他的设置如图 4-28 所示。在文字左下角的节点上单击鼠标，拖曳光标至需要的位置，如图 4-29 所示。

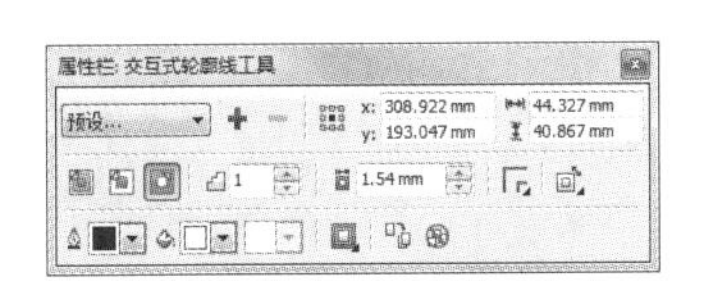

图 4-28

图 4-29

STEP 5 使用相同的方法制作其他效果，如图 4-30 所示。按 Ctrl+I 组合键，弹出“导入”对话框，选择资源包中的“素材文件\项目四\任务一 制作旅行英语书籍封面\10”和“素材文件\项目四\任务一 制作旅行英语书籍封面\11”文件，单击“导入”按钮，分别在页面中单击导入图片，将其拖曳到适当的位置，效果如图 4-31 所示。

图 4-30

图 4-31

STEP 6 选择“文本”工具字，分别在页面中输入需要的文字，选择“选择”工具，在属性栏中选取适当的字体并设置文字大小，如图 4-32 所示。选取上方的文字，在“CMYK 调色板”中的“红”色块上单击，填充文字，如图 4-33 所示。

STEP 7 选择“椭圆形”工具，按住 Ctrl 键的同时，在适当的位置拖曳光标绘制一个圆形，在“CMYK 调色板”中的“红”色块上单击，填充图形，并去除图形的轮廓线，如图 4-34 所示。

图 4-32

图 4-33

图 4-34

STEP 8 选择“选择”工具，选取圆形，按数字键盘上的＋键，复制图形。按住 Shift 键的同时，拖曳右上角的控制手柄到适当的位置，等比例放大图形，在“CMYK 调色板”中的“红”色块上右击，填充轮廓线，在“无填充”按钮⊠上单击，去除圆形填充色，在属性栏的“轮廓宽度”框中设置数值为 0.3mm，效果如图 4-35 所示。按数字键盘上的＋键，复制图形。按住 Shift 键的同时，拖曳右上角的控制手柄到适当的位置，等比例放大图形。在属性栏的“轮廓宽度”框中设置数值为 0.6mm，效果如图 4-36 所示。

STEP 9 选择“文本”工具字，在页面中输入需要的文字。选择“选择”工具，在属性栏中选择合适的字体并设置文字大小，在“CMYK 调色板”中的“红”色块上单击，填充文字，效果如图 4-37 所示。

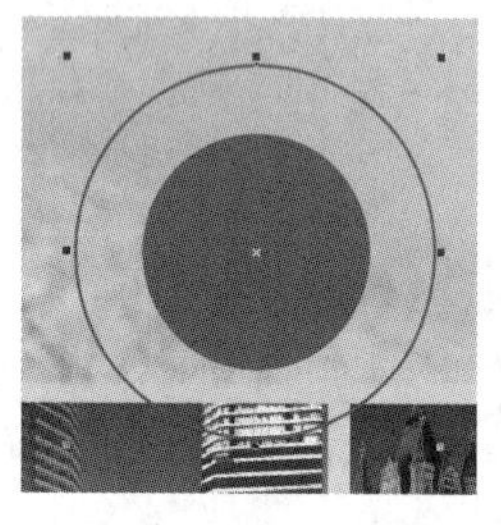

图 4-35

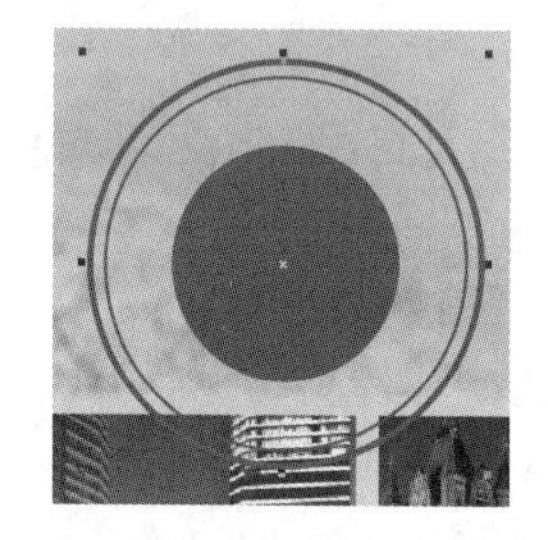

图 4-36

附赠MP3光盘

图 4-37

STEP 10 选择“选择”工具，选取需要的文字，选择“形状”工具，向右拖曳文字下方的图标调整字距，释放鼠标后，效果如图 4-38 所示。选择“文本>使文本适合路径”命令，将文字拖曳到路径上，文本绕路径排列，单击鼠标，文字效果如图 4-39 所示。

附赠MP3光盘

图 4-38

图 4-39

STEP 11 使用相同的方法制作其他效果，如图 4-40 所示。

STEP 12 选择“文本”工具字，在页面中输入需要的文字。选择“选择”工具，在属性栏中选择合适的字体并设置文字大小，填充文字为白色，效果如图 4-41 所示。

图 4-40

图 4-41

3. 制作书脊和封底

STEP 1 选择“文本”工具字，分别在页面中输入需要的文字，选择“选择”工具，在属性栏中选取适当的字体并设置文字大小，单击“将文本更改为垂直方向”按钮，更改文字方向，如图 4-42 所示。选取中间的文字，设置文字填充颜色的 CMYK 值为 0、75、100、0，填充文字，效果如图 4-43 所示。

图 4-42

图 4-43

STEP 2 选择“轮廓图”工具，在“交互式轮廓线工具”属性栏中单击“外部轮廓”按钮，将“填充色”选项设为白色，其他的设置如图 4-44 所示。在文字左下角的节点上单击，拖曳光标至需要的位置，效果如图 4-45 所示。

STEP 3 选择“选择”工具，选取需要的图片，按数字键盘上的＋键，复制图片。按住 Shift 键的同时，拖曳右上角的控制手柄到适当的位置，向中心等比例缩小图形，并将其拖曳到适当的位置，效果如图 4-46 所示。

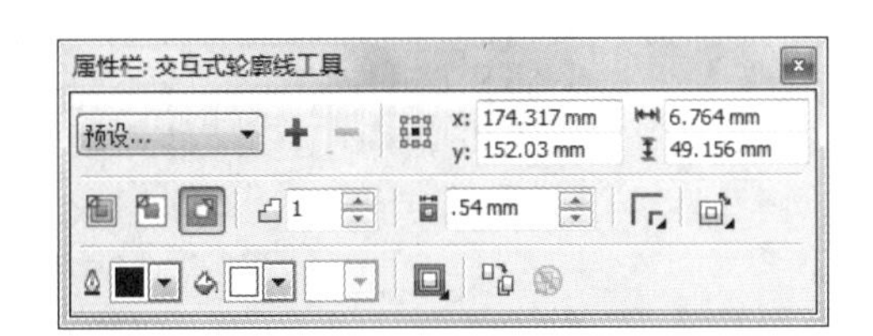

图 4-44

图 4-45

图 4-46

STEP 4 选择“矩形”工具，绘制一个矩形，设置图形颜色的 CMYK 值为 0、75、100、0，填充图形，并去除图形的轮廓线，如图 4-47 所示。在其属性栏中将“圆角半径”选项均设置为 10，按 Enter 键，圆角矩形的效果如图 4-48 所示。

图 4-47

图 4-48

STEP 5 使用相同的方法，制作其他效果，如图 4-49 所示。

STEP 6 选择“文本”工具，在页面中输入需要的文字。选择“选择”工具，在属性栏中选择合适的字体并设置文字大小，填充文字为白色，效果如图 4-50 所示。选取需要的文字，选择“形状”工具，向右拖曳文字下方的图标调整字距，释放鼠标后，效果如图 4-51 所示。

图 4-49

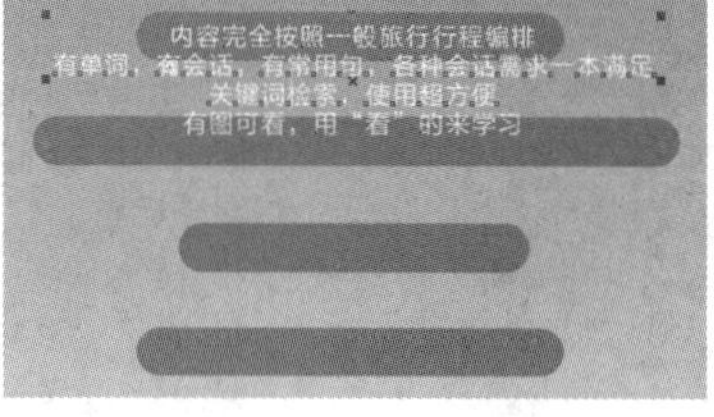

图 4-50

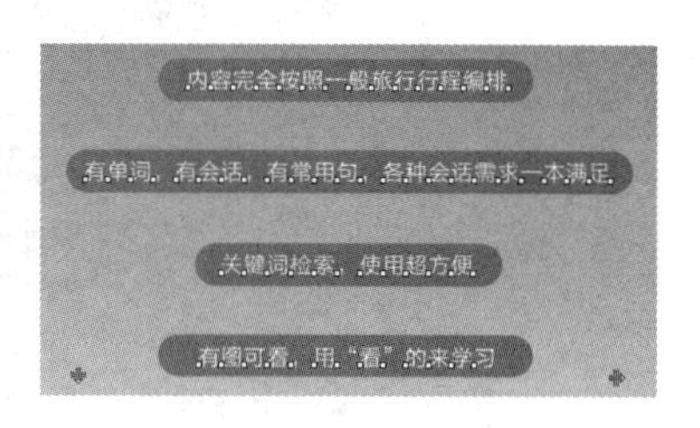

图 4-51

STEP 7 选择“矩形”工具，绘制一个矩形，填充图形为白色，并去除图形的轮廓线，如图 4-52 所示。

STEP 8 选择“对象>插入条码”命令，在弹出的“条码向导”对话框进行设置，如图 4-53 所示。单击“下一步”按钮，切换到相应的对话框，设置如图 4-54 所示。单击“下一步”按钮，切换到相应的对话框，设置如图 4-55 所示。单击“完成”按钮，将其拖曳到适当的位置，效果如图 4-56 所示。

图 4-52

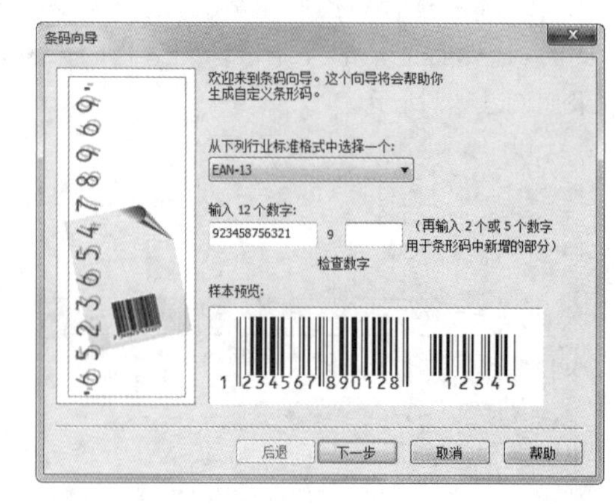

图 4-53

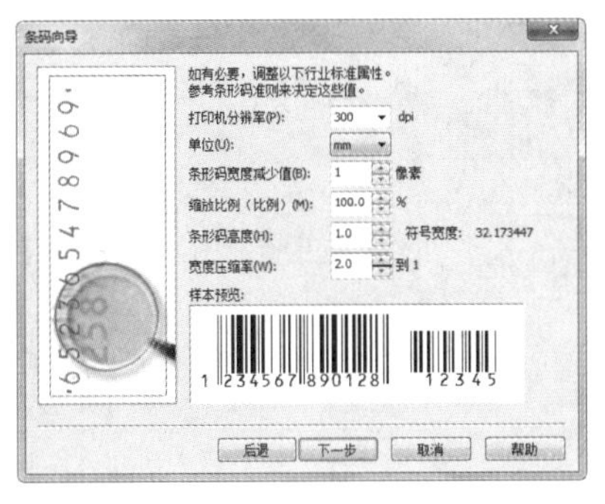

图 4-54

图 4-55

图 4-56

STEP 9 选择“文本”工具，在页面中分别输入需要的文字，选择“选择”工具，在属性栏中选取适当的字体并设置文字大小，如图 4-57 所示。选取右侧的文字，在其属性栏中单击“将文本更改为垂直方向”按钮，更改文字方向，效果如图 4-58 所示。旅行英语书籍封面制作完成，效果如图 4-59 所示。

图 4-57

图 4-58

图 4-59

知识讲解

1. 横排文字与竖排文字

选中文本，如图 4-60 所示。在“文本”属性栏中，单击“将文本更改为水平方向”按钮或“将文本更改为垂直方向”按钮，可以水平或垂直排列文本。文本的垂直排列效果如图 4-61 所示。

选择“文本>文本属性”命令，弹出“文本属性”面板，在“图文框”设置区中选择文本的排列方向，如图 4-62 所示，设置完成后，按 Enter 键，可以改变文本的排列方向。

图 4-60

图 4-61

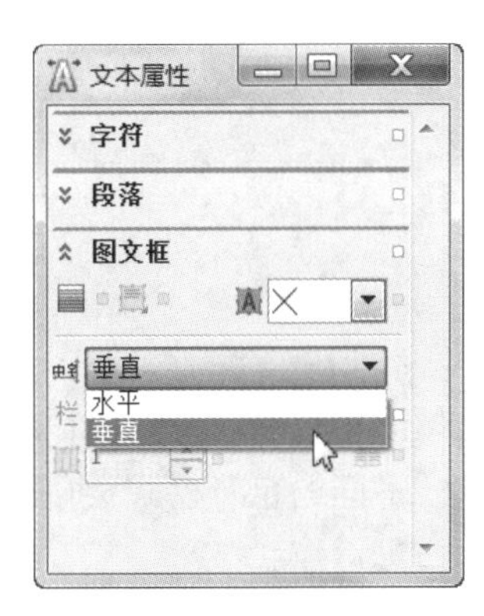

图 4-62

2. 导入位图

选择"文件>导入"命令，或按 Ctrl+I 组合键，弹出"导入"对话框。在对话框中的"查找范围"列表框中选择需要的文件夹，在文件夹中选中需要的位图文件，如图 4-63 所示。

选中需要的位图文件后，单击"导入"按钮，鼠标指针变为 02.jpg 形状，如图 4-64 所示。在绘图页面中单击，位图被导入绘图页面中，如图 4-65 所示。

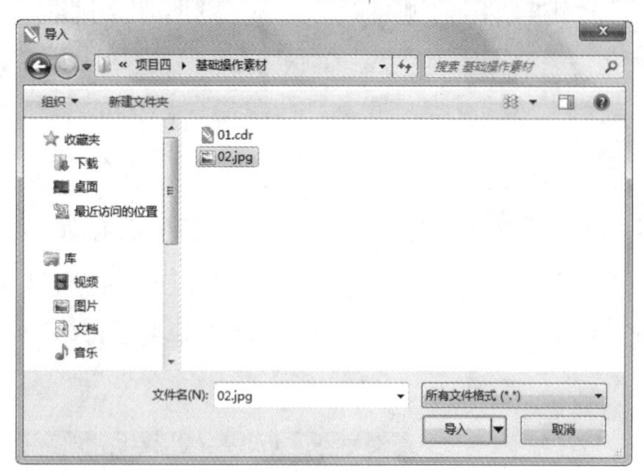

图 4-63

图 4-64

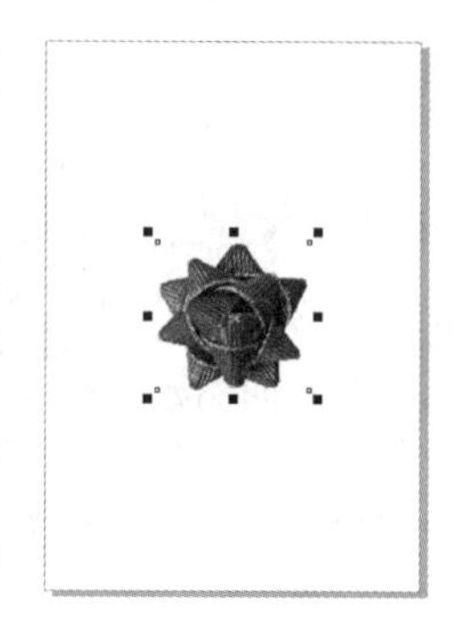

图 4-65

3. 调整位图的颜色

CorelDRAW X6 可以对导入的位图进行颜色的调整，下面介绍具体的操作方法。

选中导入的位图，选择"效果>调整"子菜单下的命令，如图 4-66 所示，在弹出的菜单中可以对位图的颜色进行各种方式的调整。

选择"效果>变换"子菜单下的命令，如图 4-67 所示，在弹出的菜单中也可以对位图的颜色进行调整。

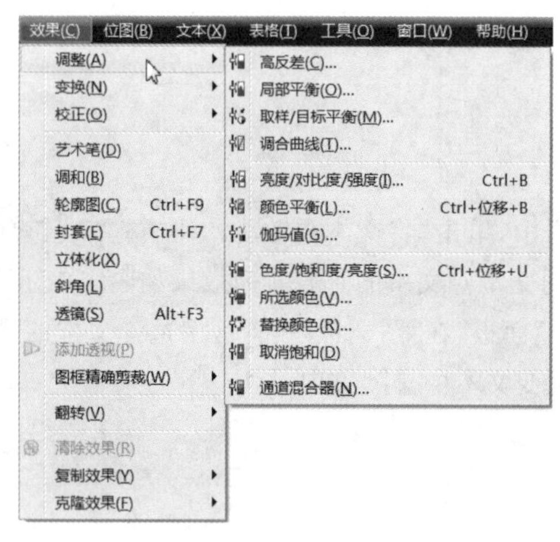
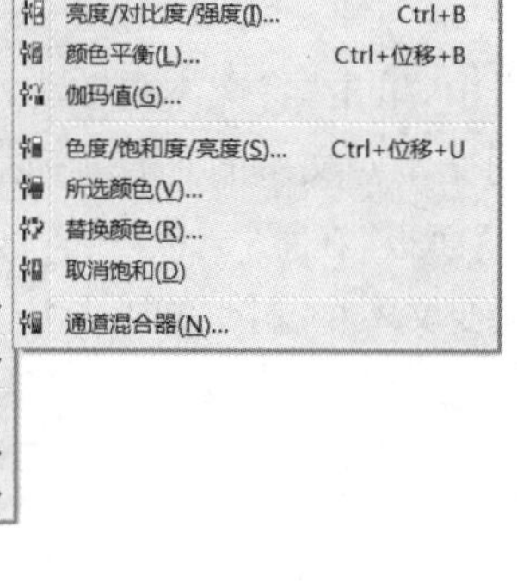

图 4-66

图 4-67

4. 位图色彩模式

位图导入后，选择"位图>模式"子菜单下的各种色彩模式，可以转换位图的色彩模式，如图 4-68 所示。不同的色彩模式会以不同的方式对位图的颜色进行分类和显示。

1) 黑白模式

选中导入的位图，选择"位图>模式>黑白(1 位)"命令，弹出"转换为 1 位"对话框，如图 4-69 所示。

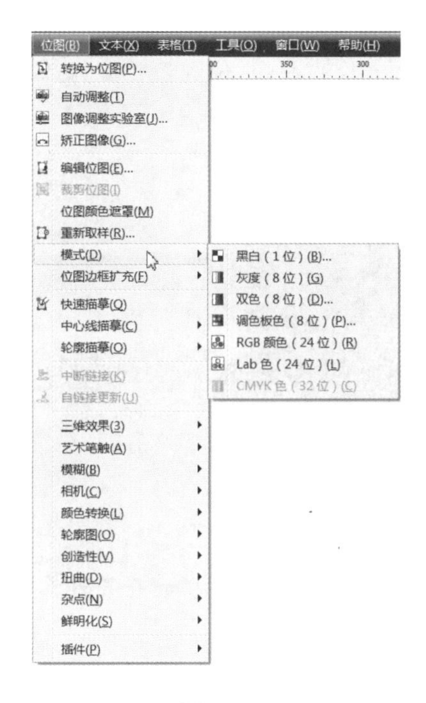

图 4-68

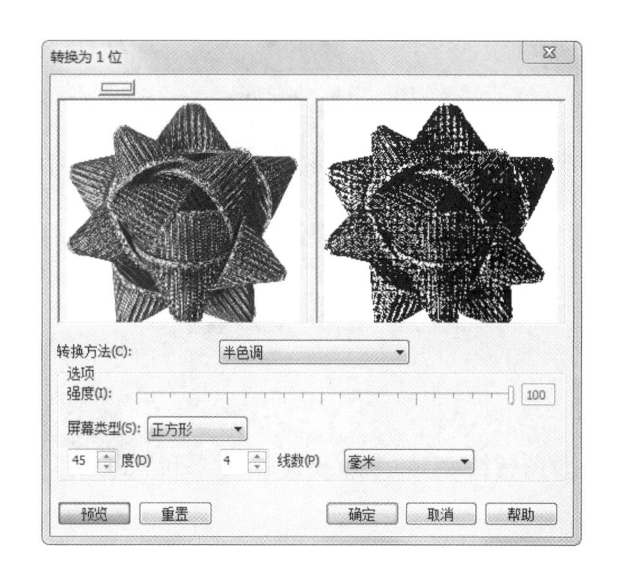

图 4-69

在对话框上方的导入位图预览框上单击，可以放大预览图像；右击，可以缩小预览图像。

在对话框的“转换方法”列表框上单击，弹出下拉列表，可以在下拉列表中选择其他的转换方法。拖曳“选项”设置区中的“强度”滑块，可以设置转换的强度。

在“转换方法”下拉列表中选择不同的转换方法，可以使黑白位图产生不同的效果。设置完毕，单击“预览”按钮，可以预览设置的效果。单击“确定”按钮，各种效果如图 4-70 所示。

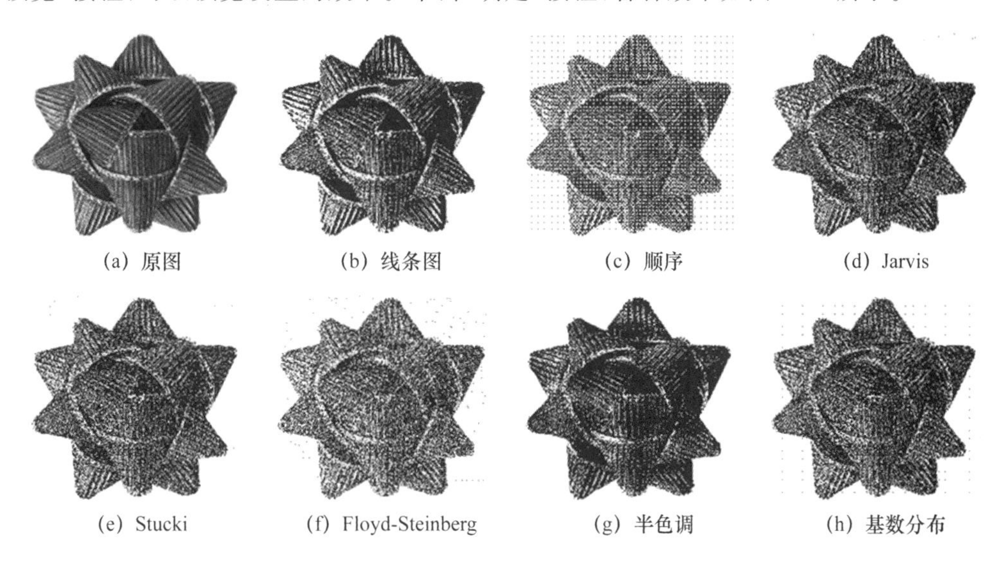

(a) 原图　(b) 线条图　(c) 顺序　(d) Jarvis

(e) Stucki　(f) Floyd-Steinberg　(g) 半色调　(h) 基数分布

图 4-70

提示

“黑白”模式只能用 1bit 的位分辨率来记录它的每一个像素，而且只能显示黑白两色，所以是最简单的位图模式。

2)灰度模式

选中导入的位图,如图 4-71 所示。选择"位图>模式>灰度(8 位)"命令,位图将转换为 256 灰度模式,如图 4-72 所示。

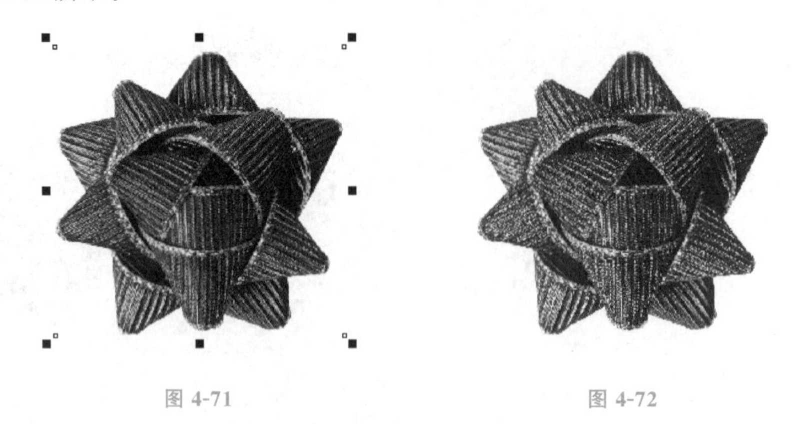

图 4-71　　　　图 4-72

位图转换为 256 灰度模式后,效果和黑白照片的效果类似,位图被不同灰度填充并失去了所有的颜色。

3)双色模式

选中导入的位图,如图 4-73 所示。选择"位图>模式>双色(8 位)"命令,弹出"双色调"对话框,如图 4-74 所示。

在对话框的"类型"列表框上单击,弹出下拉列表,可以在下拉列表中选择其他的色调模式。

图 4-73

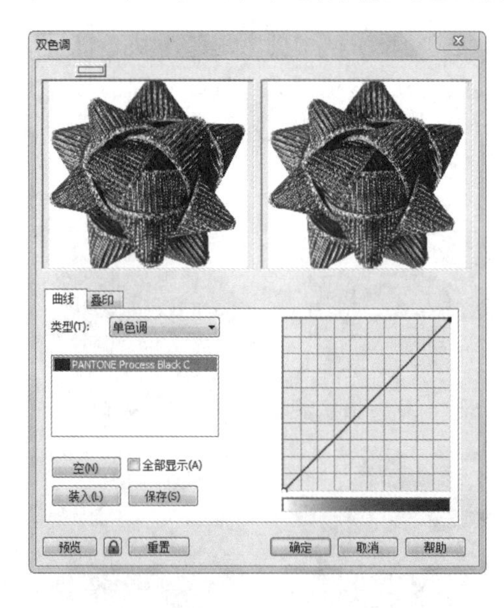

图 4-74

单击"装入"按钮,在弹出的对话框中可以将原来保存的双色调效果载入。单击"保存"按钮,在弹出的对话框中可以将设置好的双色调效果保存。

拖曳右侧显示框中的曲线,可以设置双色调的色阶变化。

在双色调的色标 PANTONE Process Yellow C 上双击,如图 4-75 所示。弹出"选择颜色"对话框。在"选择颜色"对话框中选择要替换的颜色,如图 4-76 所示。单击"确定"按钮,将双色调的颜色替换,如图 4-77 所示。

设置完成后,单击"预览"按钮,可以预览双色调设置的效果;单击"确定"按钮,双色调位图的效果如图 4-78 所示。

图 4-75

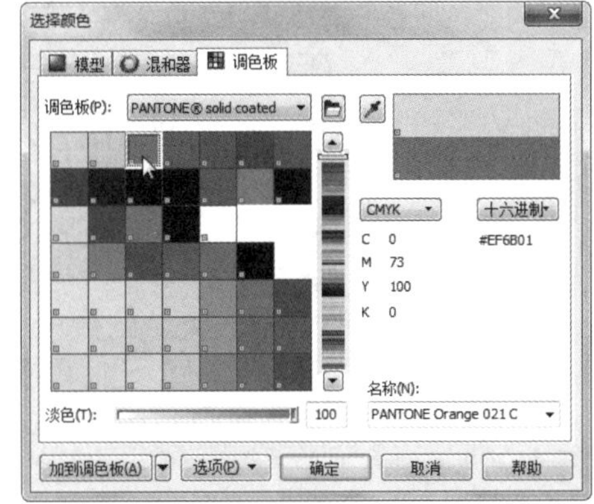

图 4-76

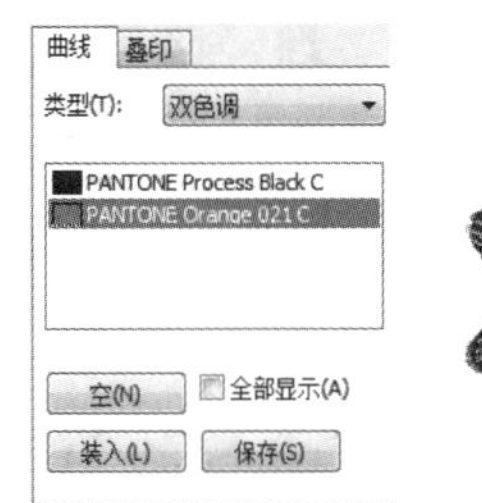

图 4-77

图 4-78

5. 编辑轮廓效果

轮廓效果是由图形向内部或者外部放射的层次效果,它由多个同心线圈组成。下面介绍如何制作轮廓效果。

绘制一个图形,如图 4-79 所示。选择“轮廓”工具,在图形轮廓上方的节点上单击,并向内拖曳光标至需要的位置,释放鼠标,效果如图 4-80 所示。

“轮廓”工具的“交互式轮廓线工具”属性栏如图 4-81 所示。

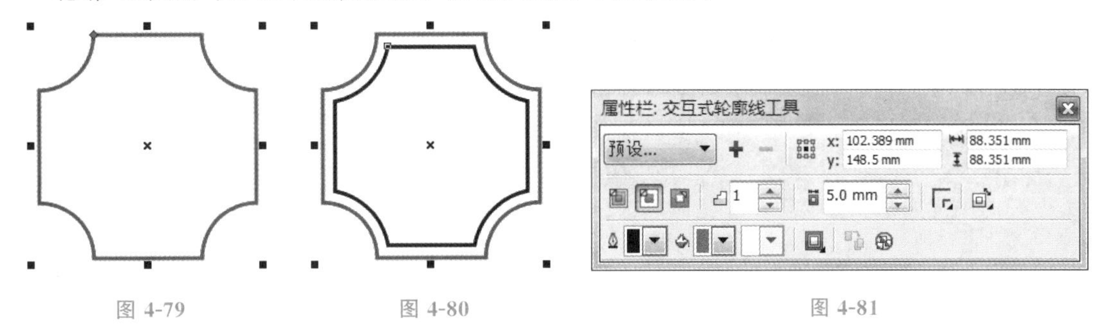

图 4-79　　图 4-80　　图 4-81

该属性栏各选项的含义如下。

“预设列表”选项 预设... :选择系统预设的样式。

“内部轮廓”按钮、“外部轮廓”按钮:使对象产生向内和向外的轮廓图。

“到中心”按钮:根据设置的偏移值一直向内创建轮廓图,效果如图 4-82 所示。

图 4-82

“轮廓图步长”选项 1 和“轮廓图偏移”选项 5.0 mm :设置轮廓图的步数和偏移值,如图 4-83 和图 4-84 所示。

“轮廓色”选项:设定最内一圈轮廓线的颜色。

“填充色”选项:设定轮廓图的颜色。

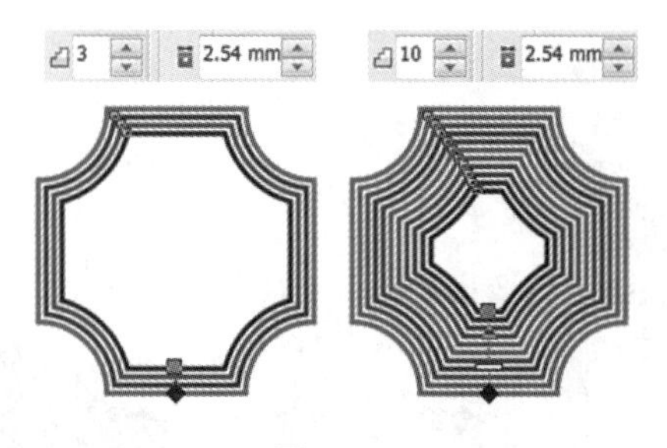

图 4-83

图 4-84

课堂演练——制作文学书籍封面

使用“矩形”工具和“阴影”工具制作标题文字的底图；使用“文字”工具和“形状”工具制作书名；使用“矩形”工具和“星形”工具绘制装饰图形；使用“文字”工具和文本属性面板添加封底文字。（最终效果参看资源包中的“源文件\项目四\课堂演练 制作文学书籍封面.cdr”，见图 4-85。）

图 4-85

 任务二 制作人文类书籍封面

任务分析

本案例是一本人文类书籍的封面设计。书中对“诚信”进行了详细的诠释。在封面设计上通过传统的陶瓷来衬托书名，彰显出中国传统文化的独特魅力。

设计理念

在设计过程中，背景效果使用传统的花纹图形和陶瓷图片相互呼应，展现出中国文化独特的魅力。封面设计使用简单的文字变化，使读者的视线集中在书名上，达到宣传的效果；封底和书脊的设计使用文字和图形组合的方式，增加读者对图书内容的兴趣，增强读者的购书欲望。（最终效果参看资源包中的“源文件\项目四\任务二 制作人文类书籍封面.cdr”，见图 4-86。）

图 4-86

任务实施

1.制作背景

STEP 1 按 Ctrl+N 组合键，新建一个 A4 页面。在属性栏的“页面尺寸”选项中分别设置宽度为 434mm、高度为 260mm，按 Enter 键，页面尺寸显示为设置的大小。

STEP 2 选择“视图>标尺”命令，在视图中显示标尺。选择“选择”工具，在页面中拖曳一条垂直辅助线，在属性栏中将“x 位置”选项设为 202mm，按 Enter 键；用相同的方法，在 232mm 的位置上添加一条辅助线，在页面空白处单击，页面效果如图 4-87 所示。

STEP 3 选择“矩形”工具，在页面右侧绘制一个矩形。设置图形颜色的 CMYK 值为 24、25、45、10，填充图形，并去除图形的轮廓线，效果如图 4-88 所示。

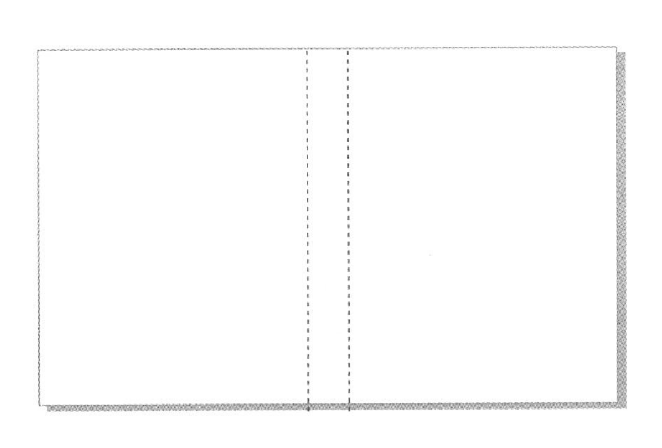

图 4-87

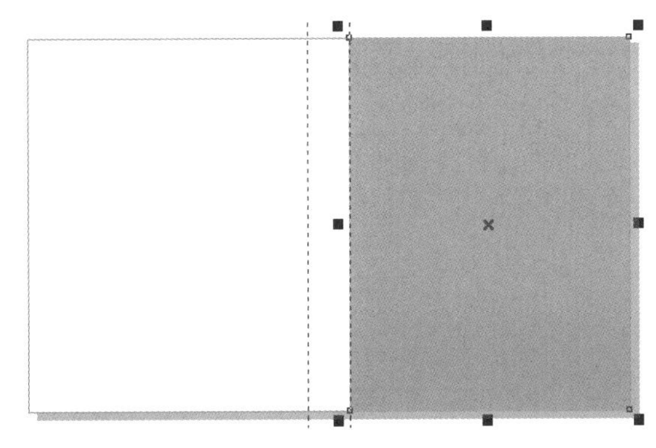

图 4-88

STEP 4 选择“矩形”工具，在页面中绘制一个矩形。设置图形颜色的 CMYK 值为 4、7、20、0，填充图形并去除图形的轮廓线，效果如图 4-89 所示。

STEP 5 选择“矩形”工具，在页面中再绘制一个矩形。设置图形颜色的 CMYK 值为 9、12、31、0，填充图形，并去除图形的轮廓线，效果如图 4-90 所示。

★ 微视频

制作人文类书籍封面1

图 4-89　　图 4-90

STEP 6 选择“选择”工具，选取右侧的矩形，按数字键盘上的＋键，复制图形，如图 4-91 所示。选择“图样填充”工具，弹出“图样填充”对话框，选中“全色”单选按钮，单击图案右侧的按钮，在弹出的面板中选择需要的图样，如图 4-92 所示。将“大小”选项组中的“宽度”和“高度”选项均设置为 50mm，单击“确定”按钮，效果如图 4-93 所示。

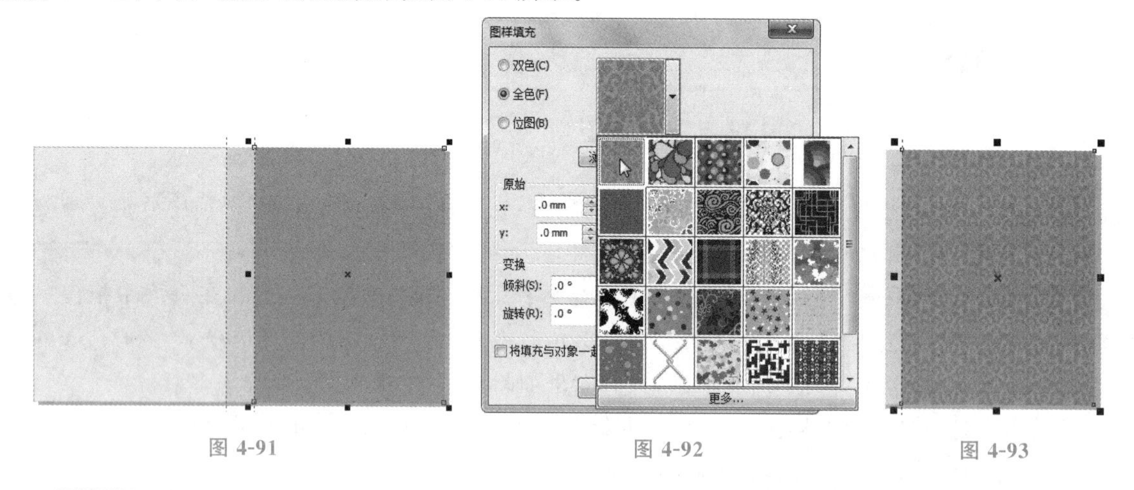

图 4-91　　图 4-92　　图 4-93

STEP 7 选择“透明度”工具，在“交互式均匀透明度”属性栏中的“透明度类型”选项中选择“标准”，其他选项的设置如图 4-94 所示。按 Enter 键，效果如图 4-95 所示。

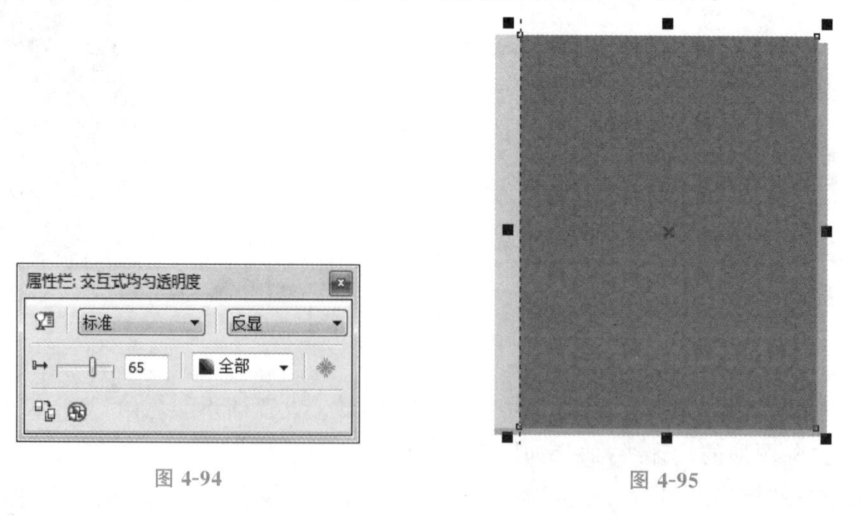

图 4-94　　图 4-95

STEP 8 选择“选择”工具，选取透明图形，按数字键盘上的＋键，复制图形，并将其拖曳到适当的位置，效果如图 4-96 所示。选择“透明度”工具，在“交互式均匀透明度”属性栏中将“透明度操作”选项设置为“亮度”，如图 4-97 所示。按 Enter 键，效果如图 4-98 所示。

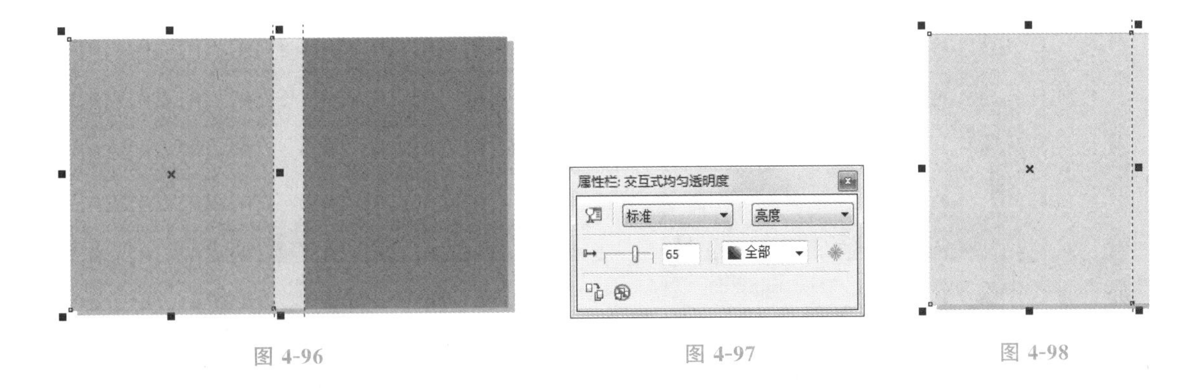

图 4-96　　图 4-97　　图 4-98

2. 制作封面

STEP 1 选择“矩形”工具，在页面右侧绘制一个矩形。设置图形颜色的 CMYK 值为 60、79、89、45，填充图形，并去除图形的轮廓线，效果如图 4-99 所示。

STEP 2 选择“多边形”工具，在其属性栏中的“点数或边数”框中设置数值为 8，在页面中绘制图形，填充与矩形相同的颜色，去除图形的轮廓线，效果如图 4-100 所示。在属性栏中的“旋转角度”框中设置数值为 20.8°，按 Enter 键，并拖曳图形到适当的位置，效果如图 4-101 所示。

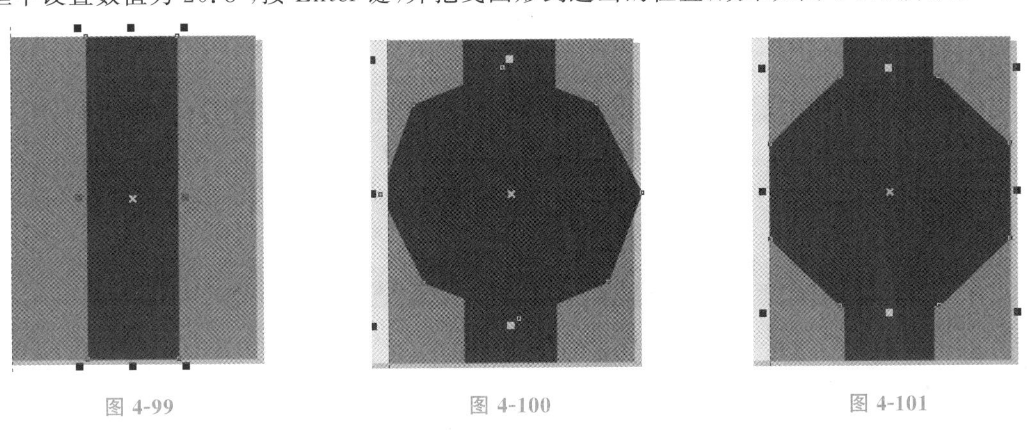
图 4-99　　图 4-100　　图 4-101

STEP 3 选择“选择”工具，选取多边形，按数字键盘上的＋键，复制图形，等比例缩小图形，填充图形为白色，并填充轮廓色为黑色，效果如图 4-102 所示。选择“矩形”工具，在适当的位置绘制一个矩形，填充图形为黑色，如图 4-103 所示。

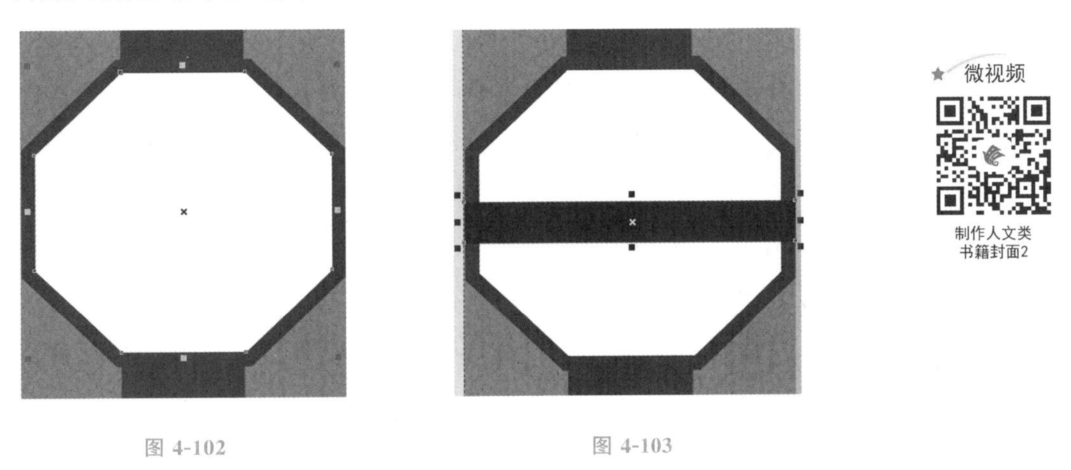

图 4-102　　图 4-103

STEP 4 选择“效果>图框精确剪裁>置于图文框内部”命令，鼠标指针变为黑色箭头，在白色多边形上单击，如图 4-104 所示。将黑色矩形置入白色多边形中，效果如图 4-105 所示。

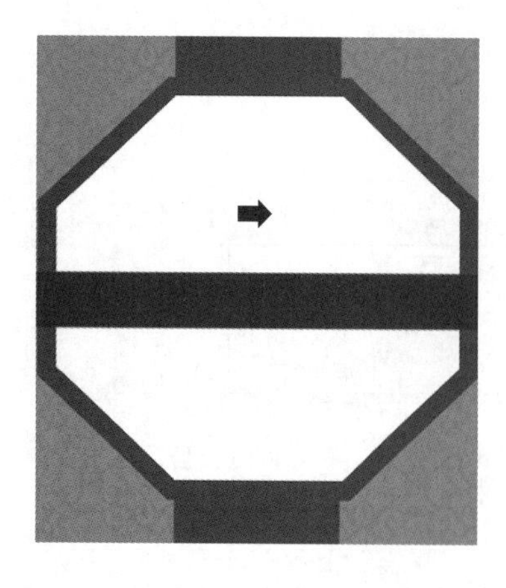

图 4-104

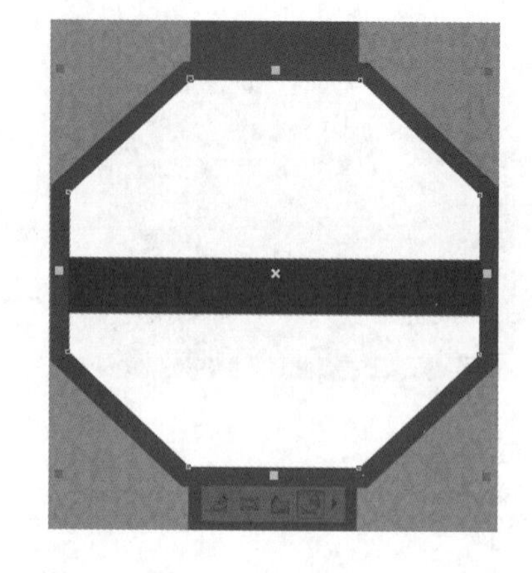

图 4-105

STEP 5 按 Ctrl+I 组合键，弹出"导入"对话框。选择资源包中的"素材文件\项目四\任务二制作人文类书籍封面\01"文件，单击"导入"按钮。在页面中单击导入的图片，拖曳图片到适当的位置，如图 4-106 所示。

STEP 6 选择"贝塞尔"工具，绘制一个图形，设置图形颜色的 CMYK 值为 61、56、85、13，填充图形并去除图形的轮廓线，效果如图 4-107 所示。

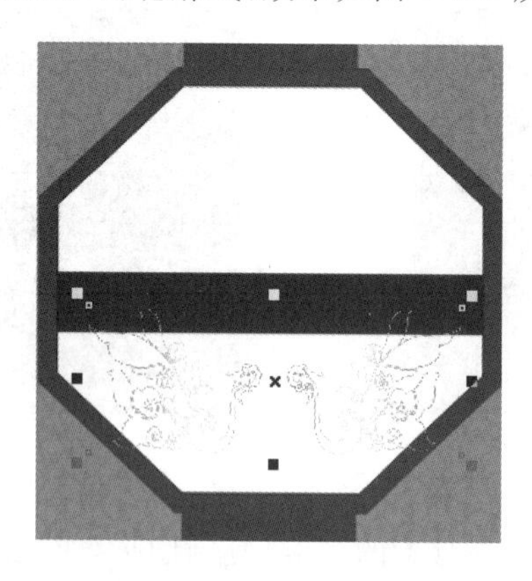

图 4-106

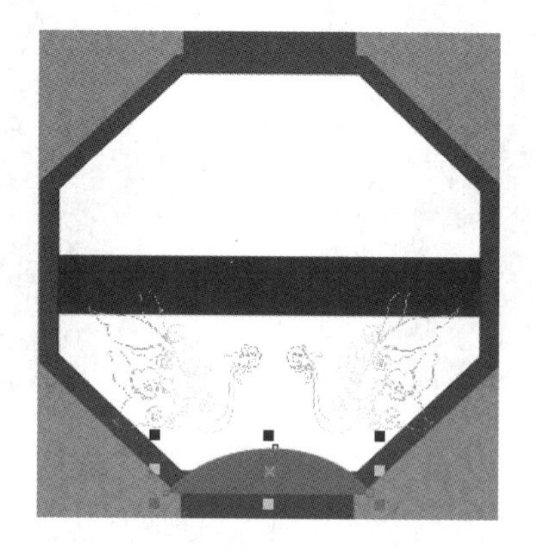

图 4-107

STEP 7 按 Ctrl+I 组合键，弹出"导入"对话框。选择资源包中的"素材文件\项目四\任务二制作人文类书籍封面\02"文件，单击"导入"按钮。在页面中单击导入的图片，拖曳图片到适当的位置，如图 4-108 所示。按 Ctrl+Page Down 组合键将其后移一层，如图 4-109 所示。

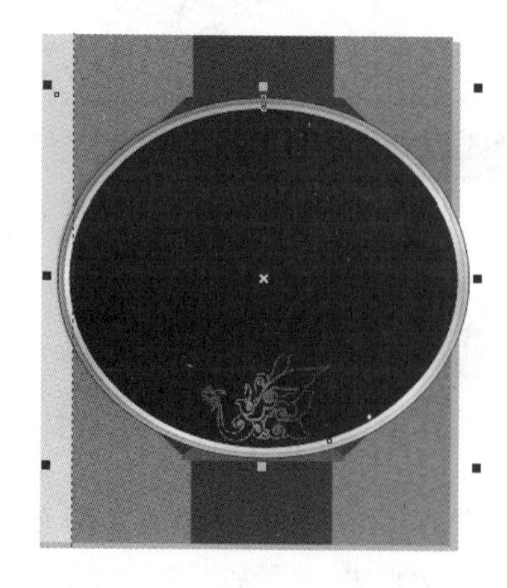

图 4-108

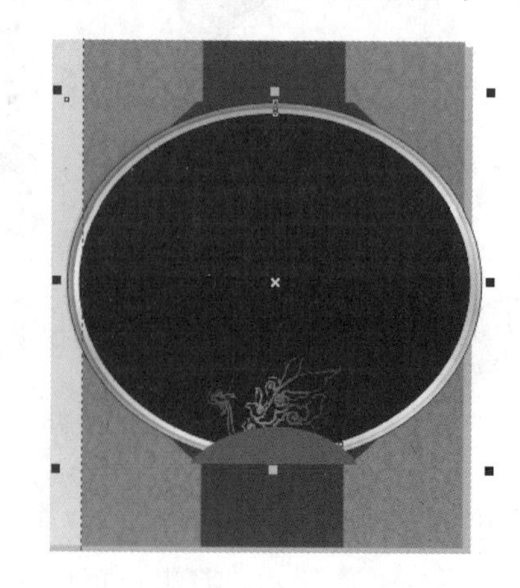

图 4-109

STEP 8 选择“效果>图框精确剪裁>置于图文框内部”命令，鼠标指针变为黑色箭头，在刚绘制的图形上单击，如图 4-110 所示。将图片置入刚绘制的图形中，效果如图 4-111 所示。

图 4-110

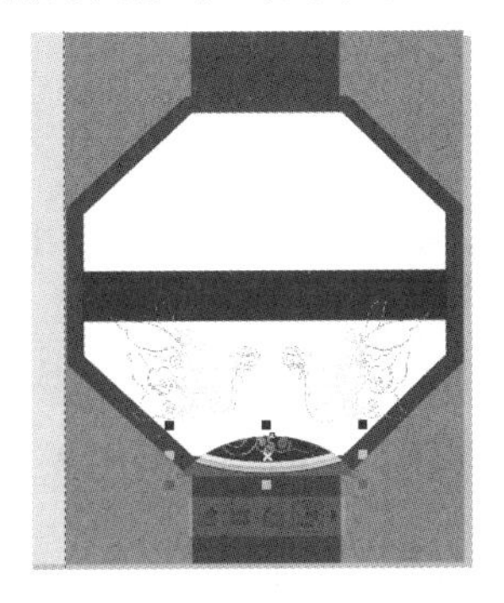

图 4-111

STEP 9 选择“选择”工具，按数字键盘上的＋键，复制图形，单击属性栏中的“垂直镜像”按钮，垂直翻转复制的图像，如图 4-112 所示。按住 Shift 键的同时将其垂直向上拖曳到适当的位置，如图 4-113 所示。使用复制和镜像命令制作出其他两个效果，如图 4-114 所示。

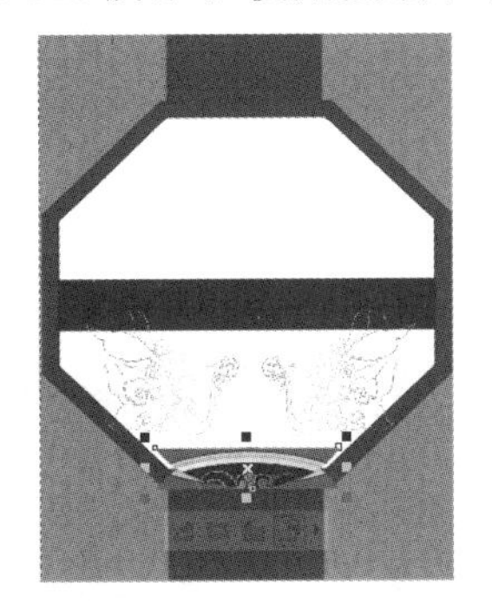

图 4-112

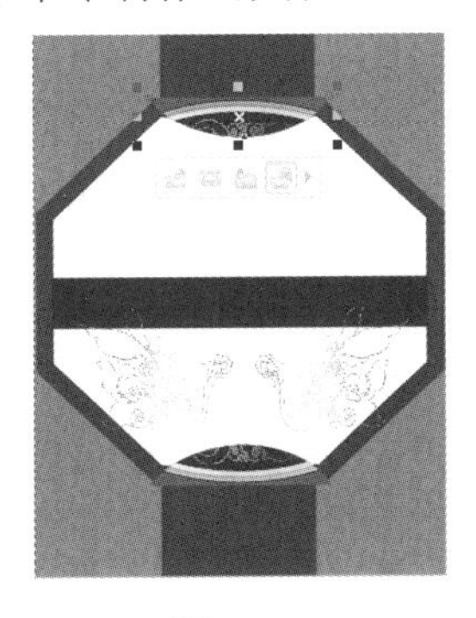

图 4-113

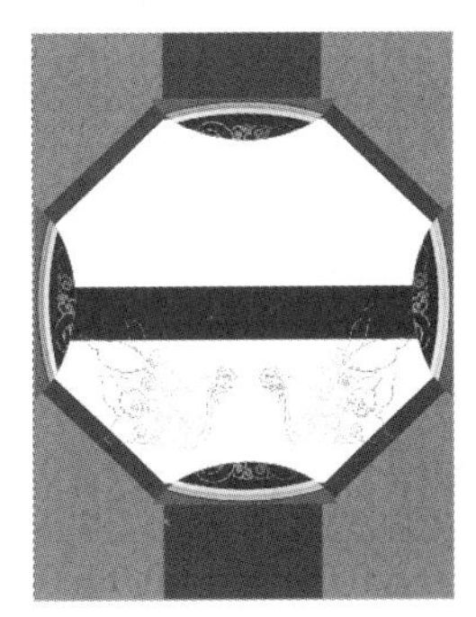

图 4-114

STEP 10 选择“椭圆形”工具，按住 Ctrl 键的同时，在适当的位置绘制圆形，填充圆形为白色，设置圆形轮廓色的 CMYK 值为 60、79、89、45，填充图形轮廓线。在属性栏中的“轮廓宽度”框中设置数值为 3mm，按 Enter 键，效果如图 4-115 所示。

STEP 11 按 Ctrl＋I 组合键，弹出“导入”对话框。选择资源包中的“素材文件\项目四\任务二 制作人文类书籍封面\03”文件，单击“导入”按钮。在页面中单击导入的图片，拖曳图片到适当的位置，如图 4-116 所示。按 Ctrl＋Page Down 组合键将其后移一位，如图 4-117 所示。选择“效果>图框精确剪裁>置于图文框内部”命令，鼠标指针变为黑色箭头，在圆形上单击，将图片置入刚绘制的圆形中，效果如图 4-118 所示。

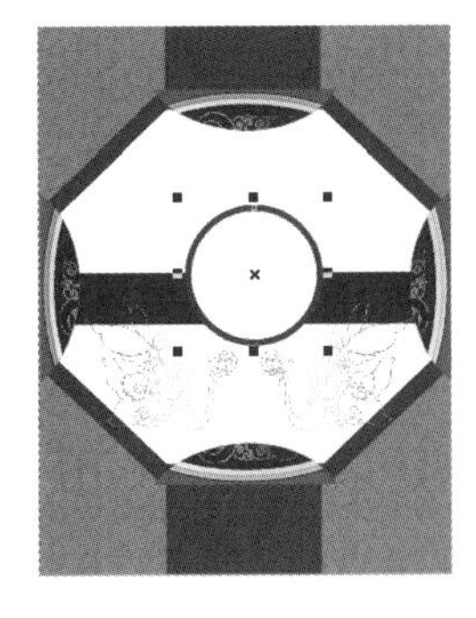

图 4-115

图 4-116

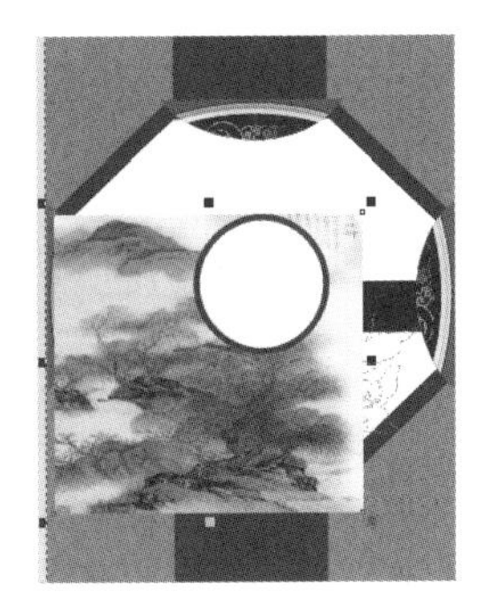

图 4-117

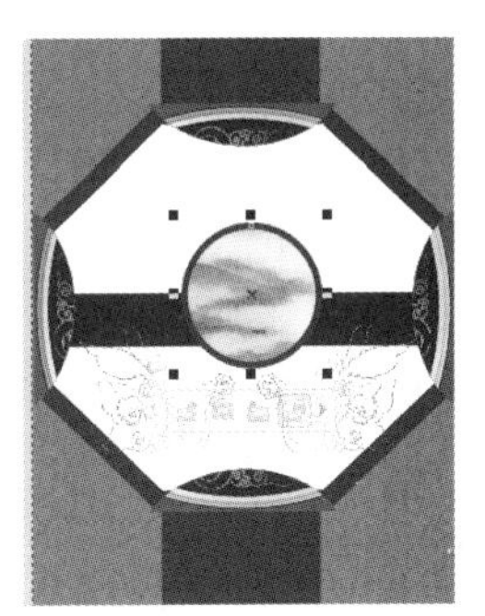

图 4-118

STEP 12 按 Ctrl+I 组合键，弹出“导入”对话框。选择资源包中的“素材文件\项目四\任务二制作人文类书籍封面\04”文件，单击“导入”按钮。在页面中单击导入的图片，拖曳图片到适当的位置，如图 4-119 所示。

STEP 13 选择“阴影”工具，在图片上由下向右上方拖曳阴影，添加阴影效果。在“交互式阴影”属性栏中进行设置，如图 4-120 所示。按 Enter 键，效果如图 4-121 所示。

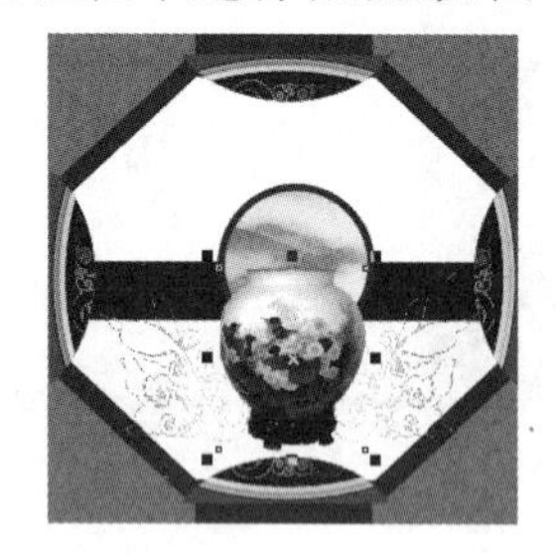

图 4-119

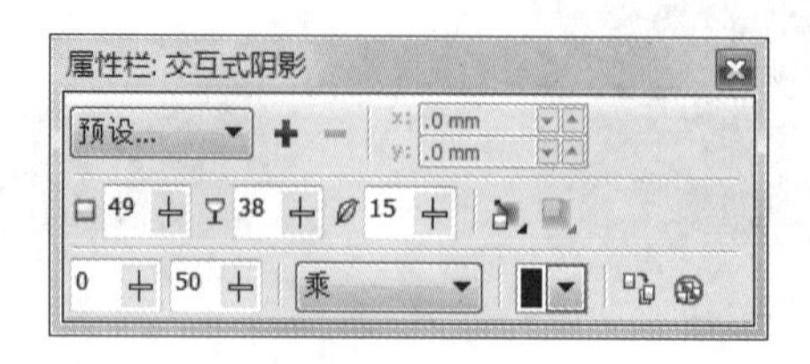

图 4-120

图 4-121

STEP 14 选择“文本”工具，在适当的位置分别输入需要的文字。选择“选择”工具，分别在属性栏中选择合适的字体并设置适当的文字大小。设置文字颜色的 CMYK 值为 60、79、89、55，填充文字，如图 4-122 所示。

STEP 15 选择“文本”工具，选取文字“信是金”。选择“文本>文本属性”命令，在弹出的“文本属性”面板中将“字符间距”选项设置为 74%，效果如图 4-123 所示。用相同的方法输入其他文字，如图 4-124 所示。

图 4-122

图 4-123

图 4-124

STEP 16 选择“文本”工具，在适当的位置拖曳文本框，输入需要的文字。选择“选择”工具，在属性栏中选择合适的字体并设置适当的文字大小，如图 4-125 所示。在“文本属性”面板中进行设置，如图 4-126 所示。按 Enter 键，文字效果如图 4-127 所示。

图 4-125

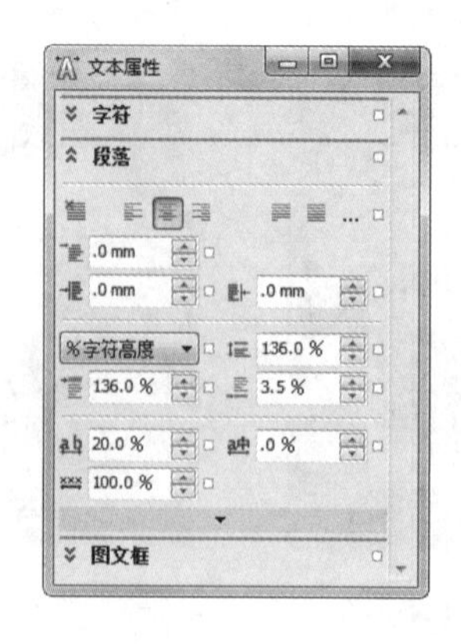

图 4-126

图 4-127

STEP 17 选择“文本”工具字，在适当的位置分别输入需要的文字。选择“选择”工具，分别在属性栏中选择合适的字体并设置适当的文字大小。分别设置文字颜色的 CMYK 值为(24、25、45、0)、(67、93、92、32)，填充文字，效果如图 4-128 所示。

STEP 18 选择“椭圆形”工具，按住 Ctrl 键的同时，在适当的位置绘制圆形，设置圆形轮廓色的 CMYK 值为 66、83、93、31，填充轮廓线。在属性栏中的“轮廓宽度”框中设置数值为 0.5mm，按 Enter 键，效果如图 4-129 所示。选择“选择”工具，按数字键盘上的＋键，复制图形，并等比例缩小图形，效果如图 4-130 所示。

图 4-128

图 4-129

图 4-130

3. 制作封底

STEP 1 按 Ctrl＋I 组合键，弹出“导入”对话框。选择资源包中的“素材文件\项目四\任务二 制作人文类书籍封面\04”文件，单击“导入”按钮。在页面中单击导入的图片，调整图片的大小和位置，效果如图 4-131 所示。

STEP 2 选择“透明度”工具，在“交互式均匀透明度”属性栏的“透明度类型”选项中选择“标准”，其他选项的设置如图 4-132 所示。按 Enter 键，效果如图 4-133 所示。

图 4-131

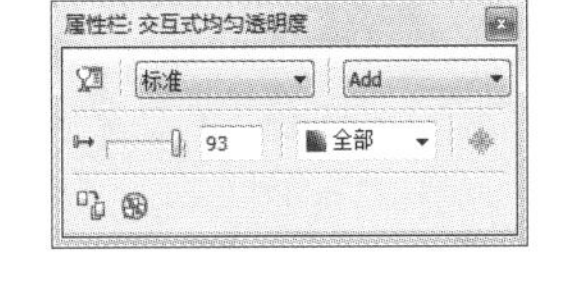

图 4-132

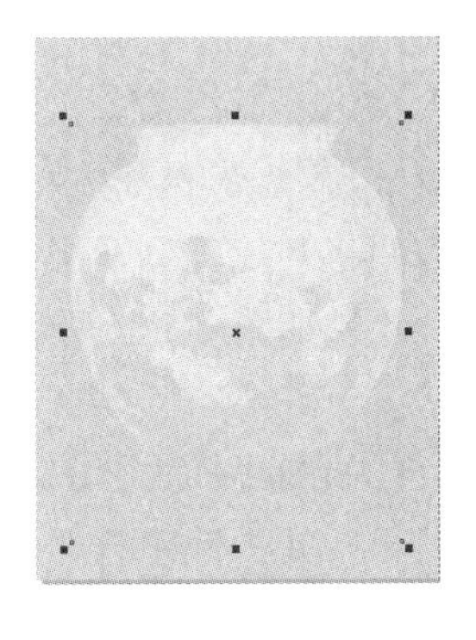

图 4-133

STEP 3 再次导入“素材文件\项目四\任务二 制作人文类书籍封面\04”文件，并将其拖曳到适当的位置，效果如图 4-134 所示。选择“选择”工具，选取右侧页面中需要的文字，按数字键盘上的＋键，复制文字，并将其拖曳到适当的位置，如图 4-135 所示。

STEP 4 选择“文本”工具字，在适当的位置拖曳文本框，输入需要的文字。选择“选择”工具，在其属性栏中选择合适的字体并设置适当的文字大小，单击属性栏中的“将文本更改为垂直方向”按钮，如图 4-136 所示。选取需要的文字，设置文字颜色的 CMYK 值为 55、97、97、14，填充文字，效果如图 4-137 所示。

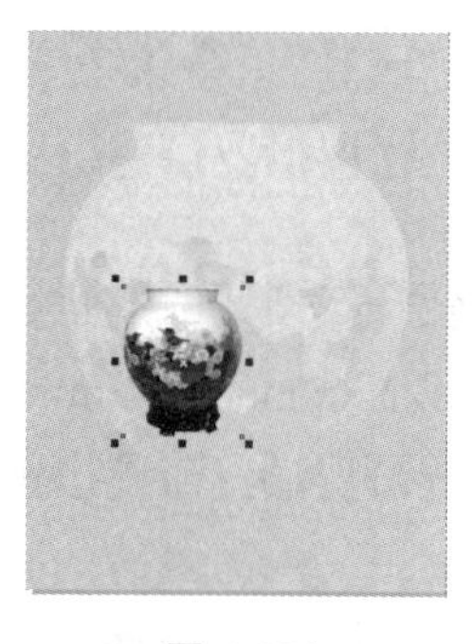
图 4-134

图 4-135

图 4-136

图 4-137

STEP 5 选择“贝塞尔”工具，在适当的位置绘制直线。设置轮廓色的 CMYK 值为 64、94、93、27，填充轮廓线。在属性栏中的“轮廓宽度”框中设置数值为 1mm，按 Enter 键，效果如图 4-138 所示。

STEP 6 按 Ctrl+I 组合键，弹出“导入”对话框。选择资源包中的“素材文件\项目四\任务二 制作人文类书籍封面\05”文件，单击“导入”按钮。在页面中单击导入的图片，调整图片的位置，效果如图 4-139 所示。选择“文本”工具，在适当的位置分别输入需要的文字，选择“选择”工具，分别在属性栏中选择合适的字体并设置适当的文字大小，效果如图 4-140 所示。

图 4-138

图 4-139

图 4-140

4. 制作书脊

STEP 1 选择“选择”工具，分别选取右侧页面中需要的文字，按数字键盘上的+键，复制文字，并将其拖曳到适当的位置。选取需要的文字，单击属性栏中的“将文本更改为垂直方向”按钮，效果如图 4-141 所示。

STEP 2 选择“文本>插入符号字符”命令，弹出“插入字符”面板，设置需要的字体，选取需要的字符，如图 4-142 所示，单击“插入”按钮插入字符。设置字符颜色的 CMYK 值为 60、79、89、65，填充字符，并去除字符的轮廓色，效果如图 4-143 所示。人文类书籍封面制作完成。

图 4-141

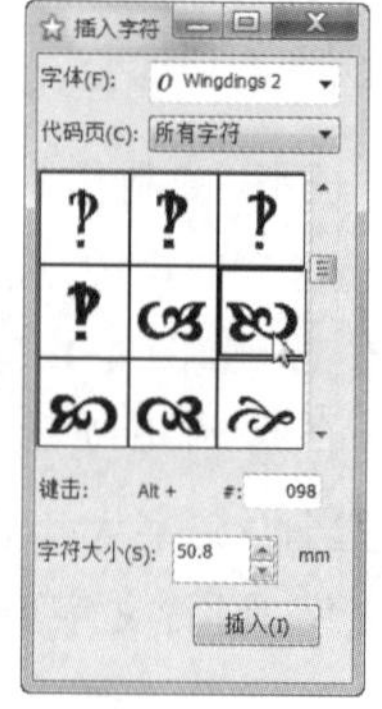

图 4-142

图 4-143

知识讲解

1.设置间距

输入美术字文本或段落文本，效果如图 4-144 所示。使用“形状”工具选中文本，文本的节点将处于编辑状态，如图 4-145 所示。

图 4-144

图 4-145

用鼠标拖曳图标，可以调整文本中字符和字的间距；拖曳图标，可以调整文本中行的间距，如图 4-146 所示。使用键盘上的方向键，可以对文本进行微调。按住 Shift 键，将段落中第二行文字左下角的节点全部选中，如图 4-147 所示。

图 4-146

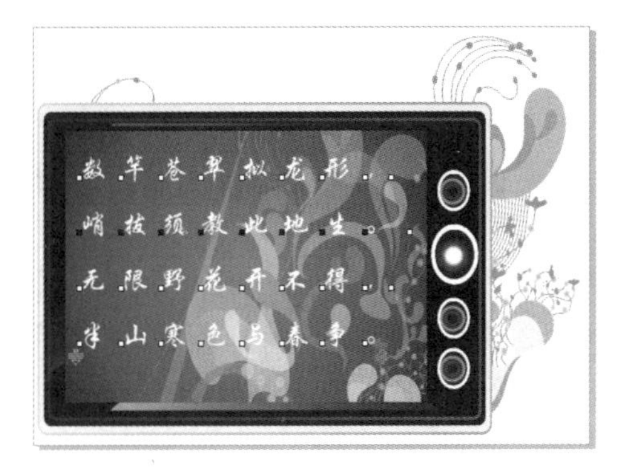

图 4-147

将鼠标放在黑色的节点上并拖曳，如图 4-148 所示。可以将第二行文字移动到需要的位置，效果如图 4-149 所示。使用相同的方法可以对单个字进行移动调整。

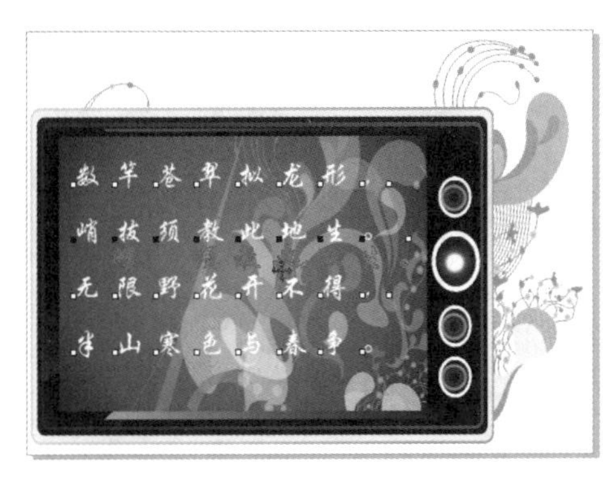

图 4-148

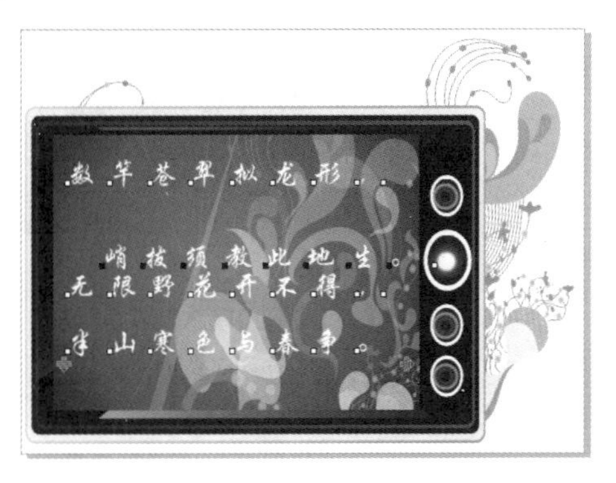

图 4-149

提示

单击“文本”属性栏中的“文本属性”按钮，或选择“文本>文本属性”命令，弹出“文本属性”面板，在“字距调整范围”选项的数值框中可以设置字符的间距，在“段落”设置区的“行距”选项中可以设置行的间距。

2.插入字符

选择“文本”工具，在文本中需要的位置单击插入字符，如图 4-150 所示。选择“文本>插入符号字符”命令，或按 Ctrl+F11 组合键，弹出“插入字符”面板，在需要的字符上双击，或选中字符后单击“插入”按钮，如图 4-151 所示。字符插入文本中，效果如图 4-152 所示。

图 4-150

图 4-151

图 4-152

课堂演练——制作旅游攻略书籍封面

使用“矩形”工具和“透明度”工具制作背景效果；使用“椭圆形”工具、“贝塞尔”工具、“合并”命令和“轮廓笔”命令制作装饰图形；使用“文本”工具添加文字；使用“形状”工具调整文字间的间距。（最终效果参看资源包中的“源文件\项目四\课堂演练 制作旅游攻略书籍封面.cdr”，见图 4-153。）

微视频

制作旅游攻略
书籍封面2

图 4-153

实战演练——制作药膳书籍封面

案例分析

药膳发源于我国传统的饮食和中医食疗文化，既将药物作为食物，又将食物赋予药用，二者相辅相成，相得益彰。药膳既具有较高的营养价值，又可防病治病、保健强身。本案例是制作一本药膳书籍的封面，要求封面设计能够传达出本书的内容，体现药膳的价值。

设计理念

在设计过程中，白色的背景给人干净整洁的印象；食物、药材与文字的结合充分展示出书籍宣传的主题，体现出丰富全面的内容和均衡营养的饮食方式。整体设计在用色上清新淡雅，内容上丰富全面，主次分明，让人一目了然。

制作要点

使用“转换为位图”命令和“高斯式模糊”命令制作文字阴影；使用“色度/饱和度/亮度”命令调整图片饱和度；使用“文本”工具添加文字；使用“对齐和分布”命令调整图片位置；使用“贝塞尔”工具绘制不规则图形。（最终效果参看资源包中的“源文件\项目四\实战演练 制作药膳书籍封面.cdr”，见图 4-154。）

图 4-154

实战演练——制作创意家居书籍封面

案例分析

《温馨小居》是一本介绍创意家居的书籍。本案例是进行书籍封面设计，用于书籍的出版发售。在制作中需要针对家居装饰爱好者的喜好来进行设计，在封面上充分体现书籍“创意”的特色，并能赢得消费者的关注。

设计理念

在设计制作过程中，首先用精致的室内装饰照片作为书籍封面的装饰，在突出主题的同时，增加画面的美感；粉色调的背景衬托出温馨雅致从而使人心生向往；通过对书名文字的艺术化处理，在增加画面活泼感的同时，增加书籍的艺术性；简洁大气的设计给人无限的想象空间。

制作要点

使用“辅助线”命令添加辅助线；使用“矩形”工具、“椭圆形”工具、“贝塞尔”工具和“图框精确剪裁”命令制作灯罩；使用“文本”工具制作文字效果；使用“流程图形状”工具和“椭圆形”工具绘制标识；使用“插入条码”命令制作书籍条形码。(最终效果参看资源包中的“源文件\项目四\实战演练制作创意家居书籍封面.cdr”，见图 4-155。)

微视频
制作创意家居
书籍封面2

图 4-155

项目五

杂志设计

杂志是比较专项的宣传媒介之一，它具有目标受众准确、实效性强、宣传力度大、效果明显等特点。时尚生活类杂志可以设计得轻松活泼、色彩丰富，图文编排可以灵活多变，但要注意把握风格的整体性。本项目以多个杂志栏目为例，讲解杂志的设计思路和过程、制作方法和技巧。

项目目标

- 掌握杂志栏目的设计思路和过程
- 掌握杂志栏目的制作方法和技巧

任务一 制作旅游杂志封面

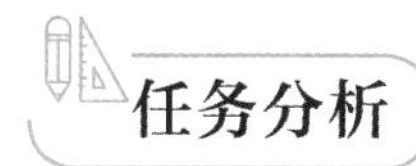

任务分析

《享受旅行》是一本为爱好旅行的人制作的旅行类杂志。杂志主要介绍的是旅行的相关景区、重要景点、主要节庆日等信息。本杂志在封面设计上要求体现出旅行生活的多姿多彩，让人在享受旅行生活的同时，感受大自然的美。

设计理念

在设计制作中，首先用迷人的自然风景照片作为杂志封面的背景，表现出旅游景区的真实美景；通过艺术化处理，杂志名称醒目直观又不失活泼感，给人强烈的视觉冲击；通过不同样式的栏目标题展示出多姿多彩的旅行生活，给人无限的想象空间，让人产生旅行的欲望；封面中，文字与图形的编排布局相对集中紧凑，使页面布局合理有序。（最终效果参看资源包中的“源文件\项目五\任务一 制作旅游杂志封面.cdr”，见图 5-1。）

图 5-1

任务实施

1.制作杂志标题

STEP 1 选择“文件>打开”命令，弹出“打开绘图”对话框。选择资源包中的“素材文件\项目五\任务一 制作旅游杂志封面\01”文件，单击“打开”按钮，效果如图 5-2 所示。

STEP 2 选择“文本”工具字，分别输入需要的文字，选择“选择”工具，分别在属性栏中选择合适的字体并设置文字大小。将文字颜色的 CMYK 值设置为 0、100、100、0，填充文字，效果如图 5-3 所示。选择“选择”工具，选择文字“Enjoy Travel”。在其属性栏中单击“粗体”按钮B和“斜体”按钮I，效果如图 5-4 所示。

图 5-2

图 5-3

图 5-4

STEP 3 选择“文本>文本属性”命令，弹出“文本属性”面板，各选项的设置如图 5-5 所示。按 Enter 键，文字效果如图 5-6 所示。选择“选择”工具，用圈选的方法选取所有文字，如图 5-7 所示。

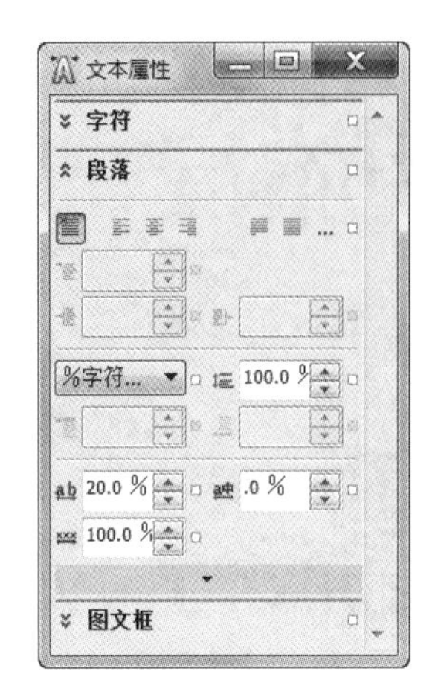

图 5-5 图 5-6 图 5-7

STEP 4 向上拖曳文字下方中间的控制手柄到适当的位置，效果如图 5-8 所示。按 Ctrl+Q 组合键，将文字转换为曲线。选择“选择”工具，选择文字“Enjoy Travel”。选择“形状”工具，选择需要的节点，如图 5-9 所示。将其向下拖曳到适当的位置，效果如图 5-10 所示。用相同的方法调整其他文字的节点，效果如图 5-11 所示。

图 5-8 图 5-9 图 5-10 图 5-11

STEP 5 选择“选择”工具，选择文字“Enjoy Travel”并右击，在弹出的菜单中选择“拆分曲线”命令，文字效果如图 5-12 所示。按住 Shift 键的同时，选取需要的文字，如图 5-13 所示。按住 Shift+Page Down 组合键，将该图形置于所有图形的最下层。

图 5-12 图 5-13

STEP 6 选择“选择”工具，按住 Shift 键的同时，选取需要的图形，如图 5-14 所示。在“CMYK 调色板”中的“白”色块上单击，填充图形，效果如图 5-15 所示。

图 5-14 图 5-15

STEP 7 选择“矩形”工具，在页面中绘制一个矩形，填充为红色，并去除图形的轮廓线，效果如图 5-16 所示。选择“选择”工具，选取需要的图形，如图 5-17 所示。单击属性栏中的“合并”按钮■，将两个图形合并为一个图形，效果如图 5-18 所示。将文字“E”和合并图形同时选取，单击属性栏中的“合并”按钮■，将两个图形合并为一个图形，效果如图 5-19 所示。

图 5-16

图 5-17

图 5-18

图 5-19

STEP 8 选择“选择”工具，选取所有的文字，并将其拖曳到页面中适当的位置，效果如图 5-20 所示。按 F12 键，弹出“轮廓笔”对话框，将“颜色”选项设为白色，其他选项的设置如图 5-21 所示。单击“确定”按钮，效果如图 5-22 所示。

图 5-20

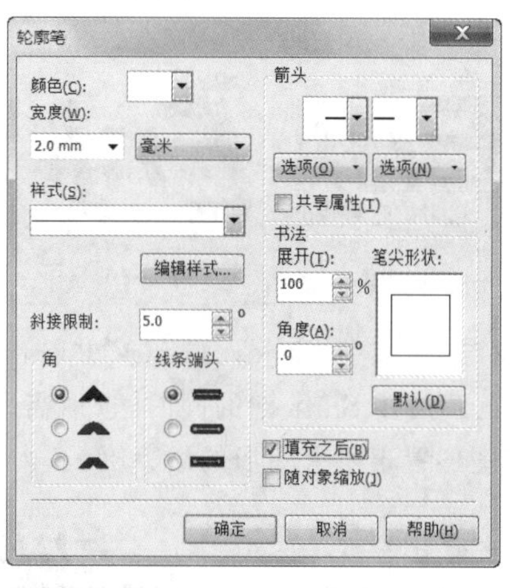

图 5-21

图 5-22

2. 制作出版刊号

STEP 1 选择“椭圆形”工具，按住 Ctrl 键的同时，绘制一个圆形，填充为黄色，并去除图形的轮廓线，效果如图 5-23 所示。

STEP 2 选择“矩形”工具，在页面中绘制两个矩形，如图 5-24 所示。选择“选择”工具，用圈选的方法选取矩形和圆形。单击属性栏中的“移除前面对象”按钮，剪切图形，效果如图 5-25 所示。

图 5-23

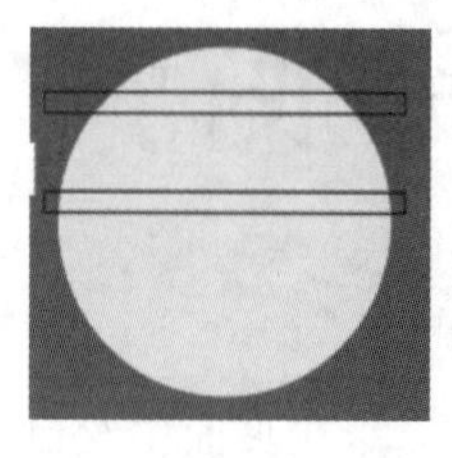
图 5-24

图 5-25

STEP 3 选择“文本”工具，分别输入需要的文字。选择“选择”工具，在属性栏中分别选择合适的字体并设置文字大小，填充适当的颜色，效果如图 5-26 所示。选择文字“2018.10.15”，在属性栏中单击“粗体”按钮和“斜体”按钮。选择“文本>文本属性”命令，弹出“文本属性”面板，将“字符间距”设置为 0，文字效果如图 5-27 所示。再次单击文字，使其处于旋转状态，向右拖曳文字上方中间的控制手柄到适当的位置，效果如图 5-28 所示。

图 5-26

图 5-27

图 5-28

STEP 4 选择“选择”工具，选择文字“特刊”。按 F12 键，弹出“轮廓线”对话框，将“颜色”选项设为白色，其他选项的设置如图 5-29 所示。单击“确定”按钮，效果如图 5-30 所示。

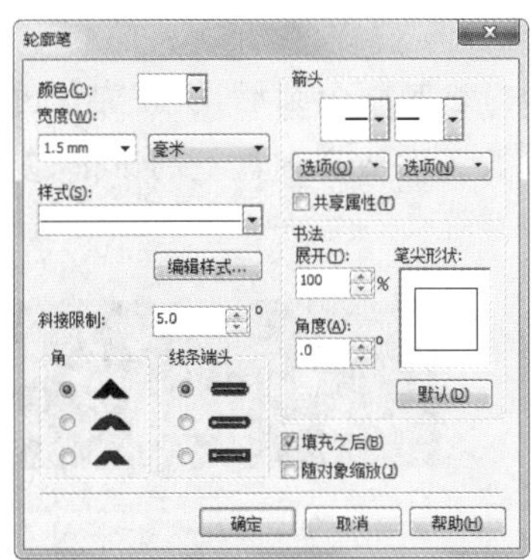

图 5-29

图 5-30

3.添加栏目标题和内容

STEP 1 选择“文本”工具，在适当的位置输入需要的文字。选择“选择”工具，在其属性栏中选择合适的字体并设置文字大小，填充文字为黄色，效果如图 5-31 所示。向左拖曳文字右侧中间的控制手柄到适当的位置，效果如图 5-32 所示。将文字拖曳到页面中适当的位置，如图 5-33 所示。

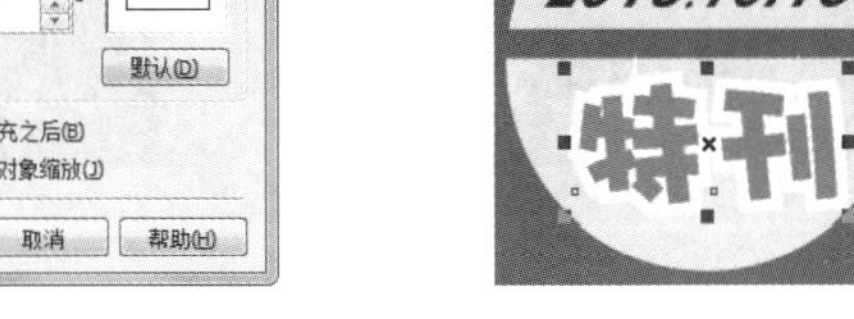

图 5-31

图 5-32

图 5-33

STEP 2 选择“矩形”工具，在页面中绘制一个矩形，如图 5-34 所示。选择“选择”工具，用圈选的方法同时选取文字和矩形，单击其属性栏中的“移除前面对象”按钮，对文字进行裁切，效果如图 5-35 所示。

图 5-34

图 5-35

STEP 3 选择“文本”工具，分别输入需要的文字。选择“选择”工具，分别在其属性栏中选择合适的字体并设置文字大小，填充文字为黄色，效果如图 5-36 所示。

图 5-36

STEP 4 选择“椭圆形”工具，按住 Ctrl 键的同时，绘制一个圆形，填充为黄色，并去除图形的轮廓线，效果如图 5-37 所示。选择“选择”工具，连续按 3 次数字键盘上的+键，复制 3 个圆形，并分别将其拖曳到适当的位置，效果如图 5-38 所示。

图 5-37

图 5-38

STEP 5 选择“文本”工具，输入需要的文字。选择“选择”工具，在其属性栏中选择合适的字体并设置文字大小，填充文字为白色，效果如图 5-39 所示。在“文本属性”面板中，各选项的设置如图 5-40 所示。按 Enter 键，效果如图 5-41 所示。

图 5-39

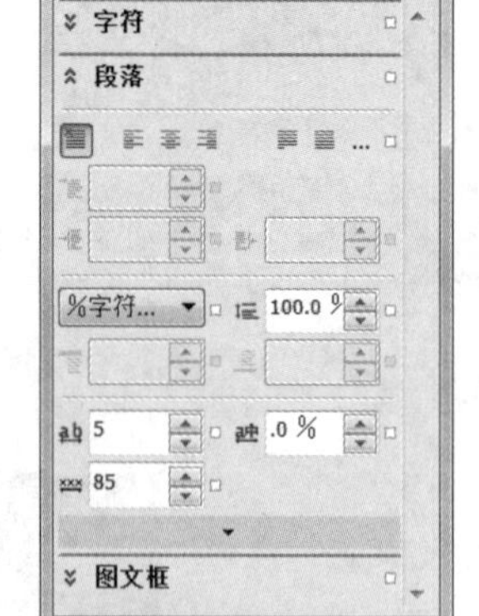

图 5-40

图 5-41

STEP 6 选择“矩形”工具，在页面中绘制两个矩形，如图 5-42 所示。选择“选择”工具，选取上方的矩形，设置图形颜色的 CMYK 值为 20、80、0、20，填充图形，并去除图形的轮廓线，效果如图 5-43 所示。选择下方的矩形，设置图形颜色的 CMYK 值为 100、0、0、0，填充图形，并去除图形的轮廓线，效果如图 5-44 所示。

图 5-42

图 5-43

图 5-44

STEP 7 选择“文本”工具字，分别输入需要的文字。选择“选择”工具，分别在其属性栏中选择合适的字体并设置文字大小。填充文字为白色，效果如图 5-45 所示。

STEP 8 选择“选择”工具，选择文字“去野象谷……热带丛林”。在“文本属性”面板中，各选项的设置如图 5-46 所示。按 Enter 键，效果如图 5-47 所示。用相同的方法调整其他文字的行间距，效果如图 5-48 所示。

图 5-45

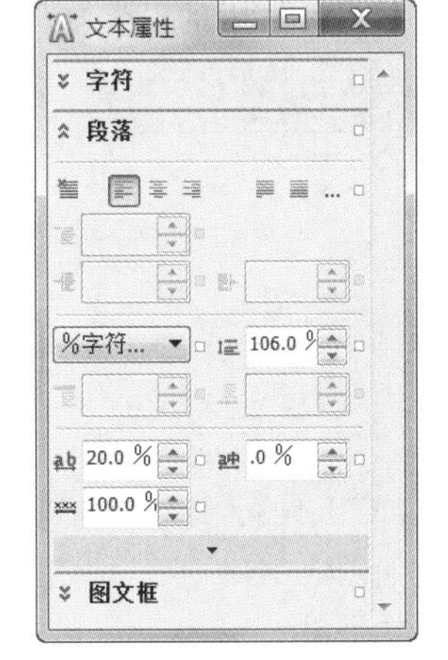

图 5-46

图 5-47

图 5-48

STEP 9 选择“文件>导入”命令，弹出“导入”对话框。选择资源包中的“素材文件\项目五\任务一 制作旅游杂志封面\02”文件，单击“导入”按钮，在页面中单击导入图片，并将其拖曳到适当的位置，效果如图 5-49 所示。

STEP 10 选择“贝塞尔”工具，在页面中适当的位置绘制一个图形，如图 5-50 所示。在“CMYK 调色板”中“黄”色块上右击，填充图形，并去除图形的轮廓线，效果如图 5-51 所示。

图 5-49

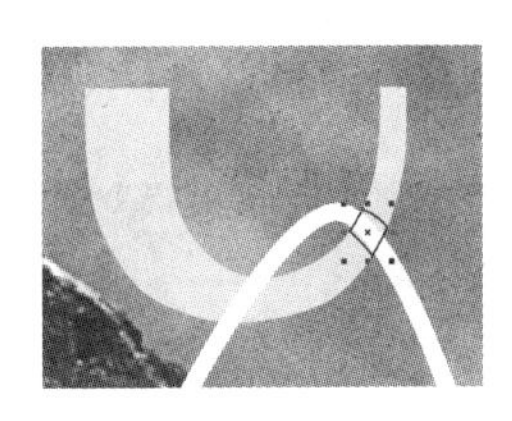

图 5-50

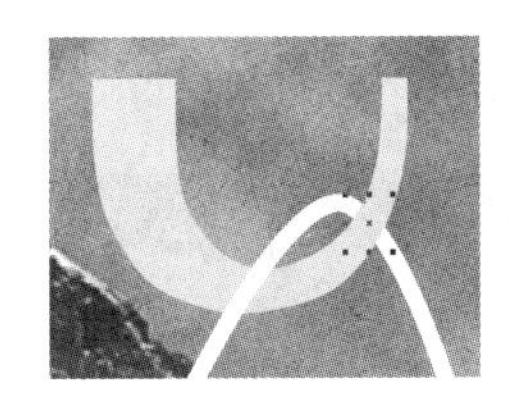

图 5-51

STEP 11 选择“文本”工具，分别输入需要的文字。选择“选择”工具，在其属性栏中分别选择合适的字体并设置文字大小，分别填充适当的颜色，效果如图 5-52 所示。

STEP 12 选择“选择”工具，选取文字“青海湖”。选择“阴影”工具，在文字上由上向下拖曳光标，为文字添加阴影效果，在“交互式阴影”属性栏中的设置如图 5-53 所示。按 Enter 键，文字效果如图 5-54 所示。

图 5-52

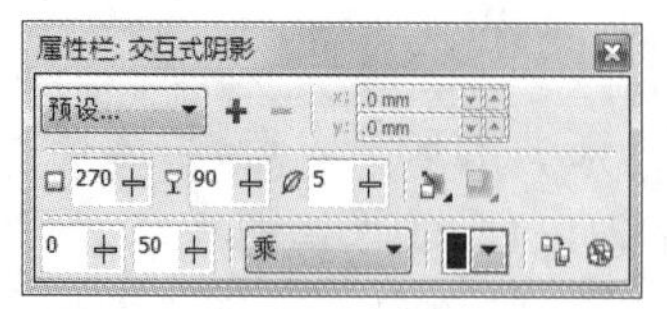
图 5-53

图 5-54

STEP 13 选取文字“千岛湖”。选择“阴影”工具，在文字上由左向右拖曳光标，为文字添加阴影效果，在“交互式阴影”属性栏中的设置如图 5-55 所示。按 Enter 键，文字效果如图 5-56 所示。

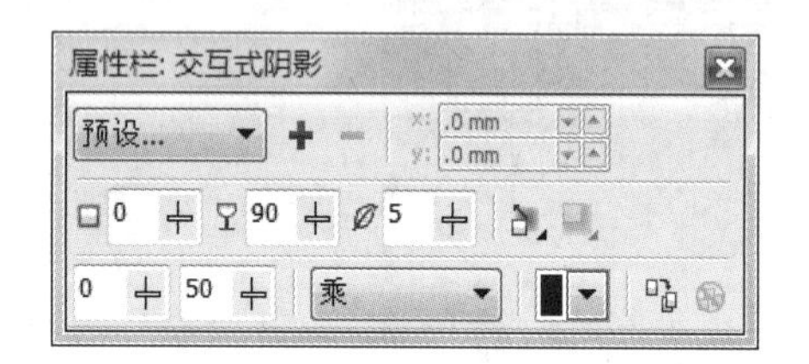

图 5-55

图 5-56

STEP 14 选择“选择”工具，选取文字“神龙岛”“三潭岛”“桂花岛”“五龙岛”。在“文本属性”面板中，各选项的设置如图 5-57 所示。按 Enter 键，文字效果如图 5-58 所示。

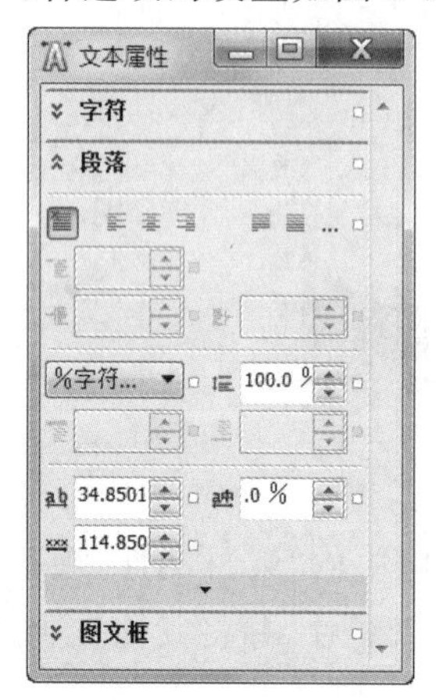

图 5-57

图 5-58

STEP 15 选择“椭圆形”工具，按住 Ctrl 键的同时，绘制一个圆形。设置图形颜色的 CMYK 值为 0、100、100、0，填充图形，并去除图形的轮廓线，效果如图 5-59 所示。连续单击 3 次数字键盘上的＋键，复制 3 个圆形，并分别拖曳到适当的位置，填充适当的颜色，效果如图 5-60 所示。

STEP 16 选择“选择”工具，同时选取 4 个圆形，连续 4 次按 Ctrl＋Page Down 组合键，将 4 个圆形置于文字下方，效果如图 5-61 所示。

图 5-59

图 5-60

图 5-61

STEP 17 选择“选择”工具，选取文字“三亚”。按 F12 键，弹出“轮廓笔”对话框，在“颜色”选项中设置轮廓线颜色为“白”，其他选项的设置如图 5-62 所示。单击“确定”按钮，文字效果如图 5-63 所示。

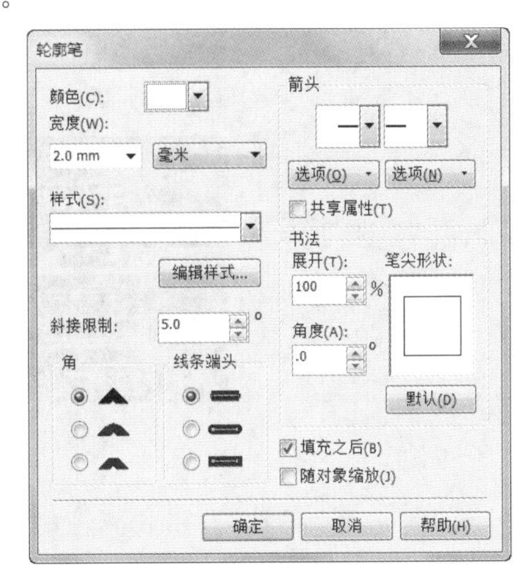

图 5-62

图 5-63

STEP 18 选择“矩形”工具，在其属性栏中将“圆角半径”选项设为 1mm，在适当的位置绘制一个圆角矩形。设置图形颜色的 CMYK 值为 0、60、100、0，填充图形，并去除图形的轮廓线，效果如图 5-64 所示。连续按 3 次数字键盘上的＋键，复制 3 个圆角矩形，并分别拖曳到适当的位置，填充适当的颜色，效果如图 5-65 所示。

STEP 19 选择“选择”按钮，同时选取 4 个圆角矩形，连续 4 次按 Ctrl＋Page Down 组合键，将图形置于文字下方，效果如图 5-66 所示。

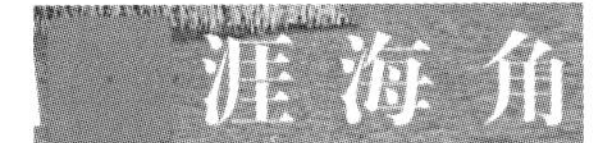

图 5-64

图 5-65

图 5-66

STEP 20 选择“文本”工具，分别输入需要的文字。选择“选择”工具，在其属性栏中分别选择合适的字体并设置文字大小，分别填充适当的颜色，效果如图 5-67 所示。

STEP 21 选择“选择”工具，选取文字“每年 9 月……的气息”。在“文本属性”面板中，各选项的设置如图 5-68 所示。按 Enter 键，文字效果如图 5-69 所示。

图 5-67

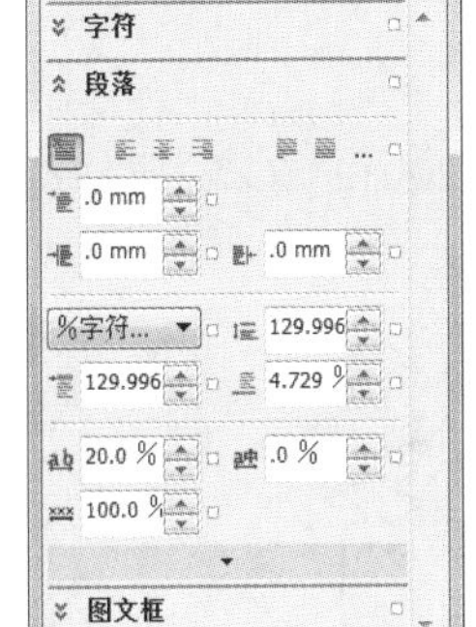

图 5-68

图 5-69

STEP 22 选择“贝塞尔”工具，在适当的位置绘制一个三角形，如图 5-70 所示。按 F11 键，弹出“渐变填充”对话框。选中“双色”单选按钮，将“从”选项颜色的 CMYK 值设置为 0、100、0、0，

“到”选项颜色的 CMYK 值设置为 0、0、0、0，其他选项的设置如图 5-71 所示。单击“确定”按钮，填充文字，效果如图 5-72 所示。

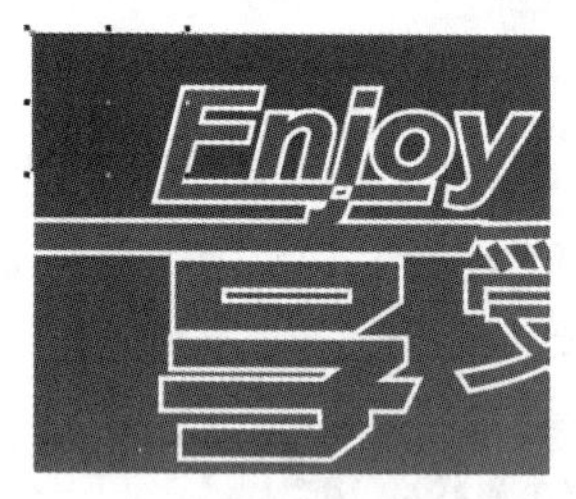
图 5-70

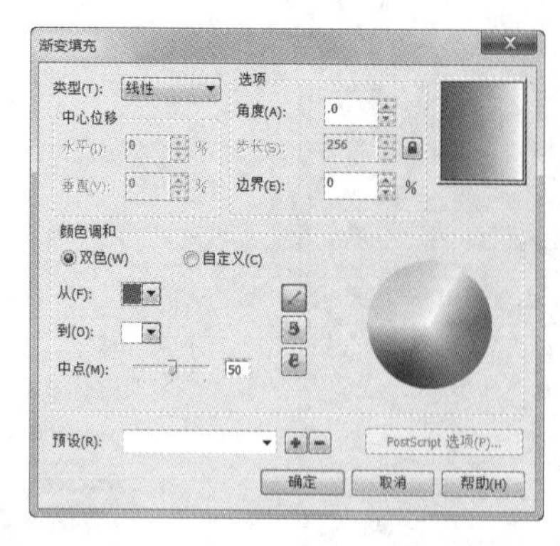

图 5-71

图 5-72

 选择“文本”工具，输入需要的文字。选择“选择”工具，在其属性栏中选择合适的字体并设置文字大小，调整其角度。将文字颜色的 CMYK 值设置为 100、0、0、0，填充文字，效果如图 5-73 所示。旅游杂志封面制作完成，效果如图 5-74 所示。

图 5-73

图 5-74

知识讲解

1. 设置文本嵌线

选中需要处理的文本，如图 5-75 所示。在“文本”属性栏中单击“文本属性”按钮，弹出“文本属性”面板，如图 5-76 所示。

图 5-75

图 5-76

单击“下画线”按钮，在弹出的下拉列表中选择线型，如图 5-77 所示，文本下画线的效果如图 5-78 所示。

图 5-77

图 5-78

选中需要处理的文本，如图 5-79 所示。单击“文本属性”面板右侧的按钮，弹出更多选项，在“字符删除线”选项的下拉列表中选择线型，如图 5-80 所示。文本删除线的效果如图 5-81 所示。

图 5-79

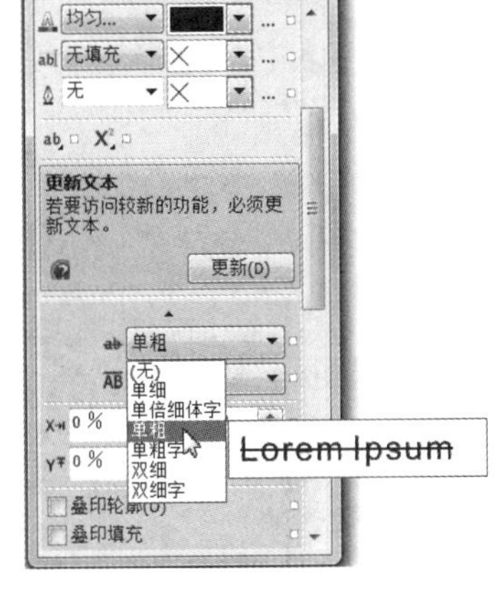

图 5-80

图 5-81

选中需要处理的文本，如图 5-82 所示。在“字符上画线”选项的下拉列表中选择线型，如图 5-83 所示。文本上画线的效果如图 5-84 所示。

图 5-82

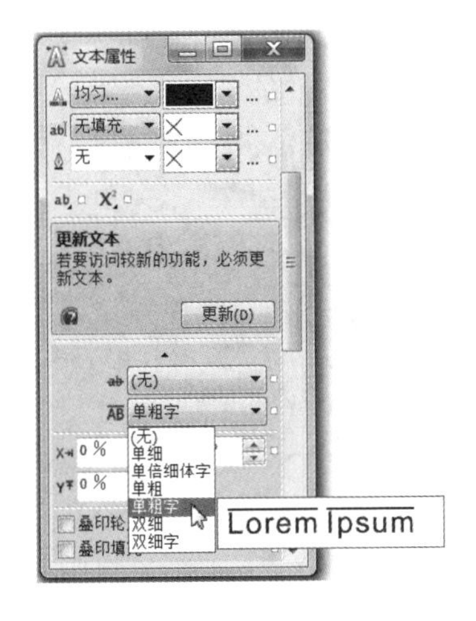

图 5-83

图 5-84

2. 设置文本上下标

选中需要制作上标的文本，如图 5-85 所示。单击“文本”属性栏中的“文本属性”按钮，弹出“文本属性”面板，如图 5-86 所示。

图 5-85

图 5-86

单击“位置”按钮，在弹出的下拉列表中选择“上标(合成)”选项，如图 5-87 所示。设置上标的效果如图 5-88 所示。

图 5-87

图 5-88

选中需要制作下标的文本，如图 5-89 所示。单击“位置”按钮，在弹出的下拉列表中选择“下标(合成)”选项，如图 5-90 所示。设置下标的效果如图 5-91 所示。

图 5-89

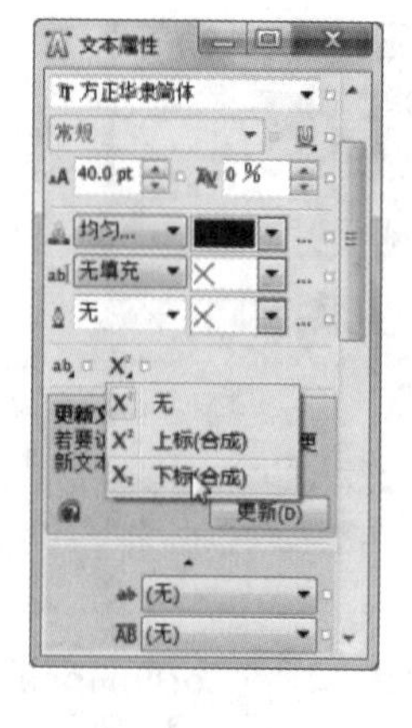

图 5-90

图 5-91

3.设置文本的排列方向

选中文本，如图 5-92 所示。在“文本”属性栏中单击“将文本更改为垂直方向”按钮，可以垂直排列文本，效果如图 5-93 所示。单击“将文字更改为水平方向”按钮，可水平排列文本。

选择“文本>文本属性”命令，弹出“文本属性”面板，在“图文框”选项中选择文本的排列方向，如图 5-94 所示，设置好后，则改变文本的排列方向。

图 5-92

图 5-93

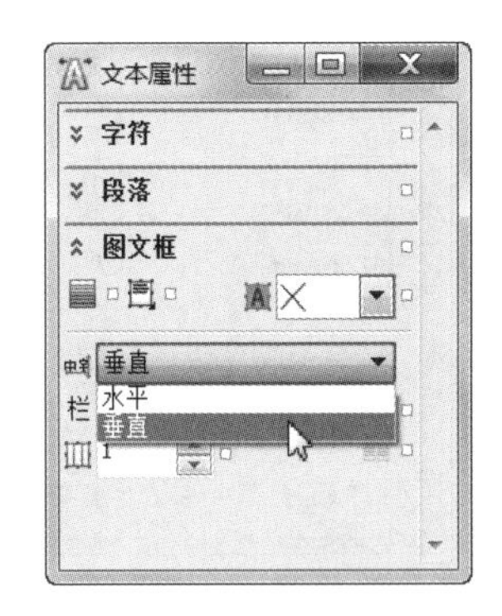

图 5-94

4.设置制表位

1)通过“制表位设置”对话框设置制表位

选择“文本”工具，在绘图页面中绘制一个段落文本框，上方的标尺上出现多个制表位，如图 5-95 所示。选择“文本>制表位”命令，弹出“制表位设置”对话框，在对话框中可以进行制表位的设置，如图 5-96 所示。

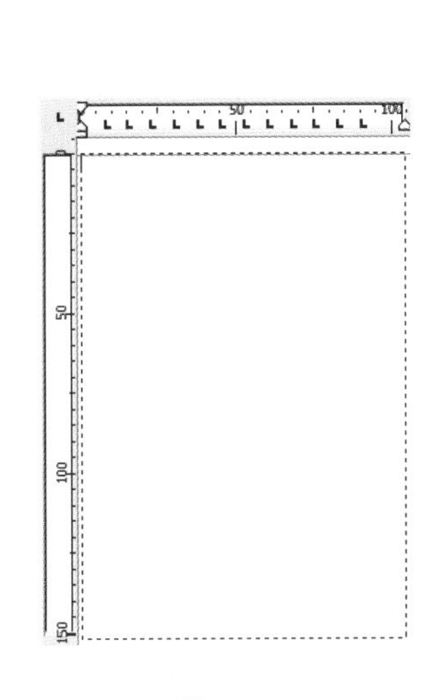

图 5-95

图 5-96

在数值框中输入数值或调整数值，可以设置制表位的距离，如图 5-97 所示。

在“制表位设置”对话框中，单击“对齐”选项，出现制表位对齐方式下拉列表，可以设置字符出现在制表位上的位置，如图 5-98 所示。

在“制表位设置”对话框中，选中一个制表位，单击“移除”或“全部移除”按钮，可以删除制表位；单击“添加”按钮，可以增加制表位。设置好制表位后，单击“确定”按钮。

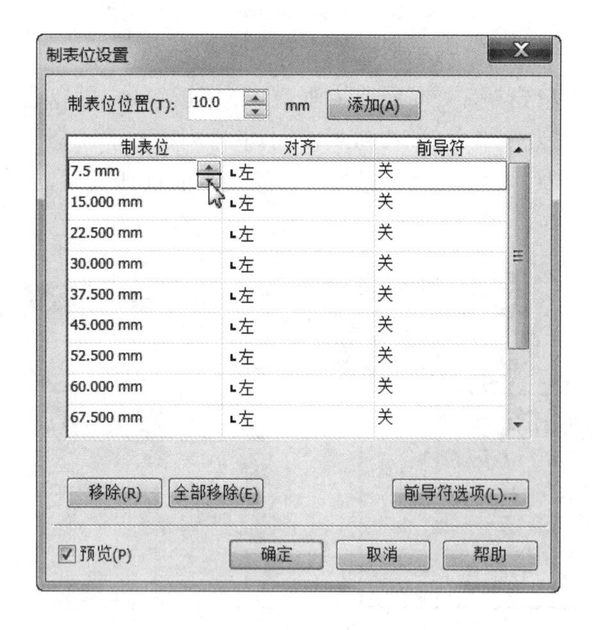

图 5-97

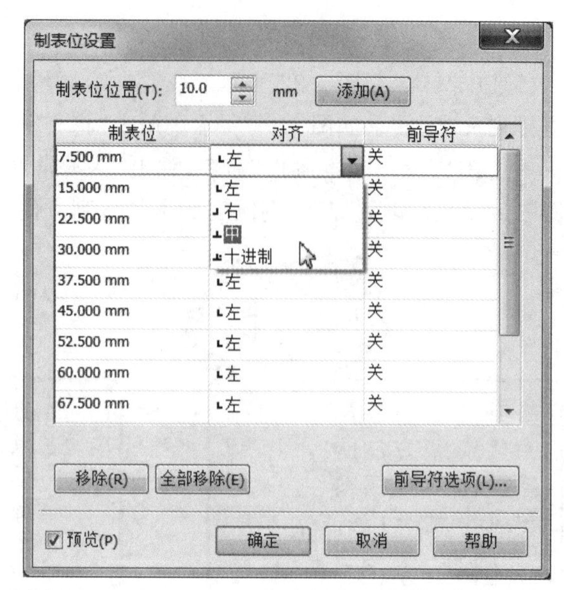

图 5-98

提示

在段落文本框中插入光标，在键盘上按 Tab 键，每按一次 Tab 键，插入的光标就会按新设置的制表位移动。

2)通过快捷菜单或鼠标拖动设置制表位

选择“文本”工具字，在绘图页面中绘制一个段落文本框，效果如图 5-99 所示。

在上方的标尺上出现多个“L”形滑块，就是制表位，效果如图 5-100 所示。在任意一个制表位上右击，弹出快捷菜单，在快捷菜单中可以选择该制表位的对齐方式，如图 5-101 所示，也可以对栅格、标尺和辅助线进行设置。

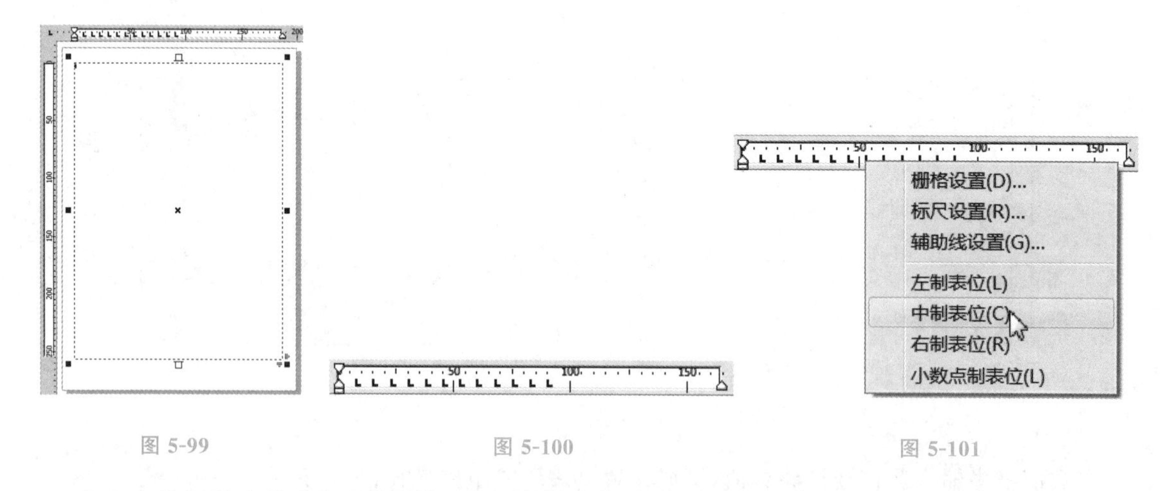

图 5-99　　图 5-100　　图 5-101

在上方的标尺上拖曳“L”形滑块，可以将制表位移动到需要的位置，效果如图 5-102 所示。在标尺上的任意位置单击，可以添加一个制表位，效果如图 5-103 所示。将制表位拖放到标尺外，就可以删除该制表位。

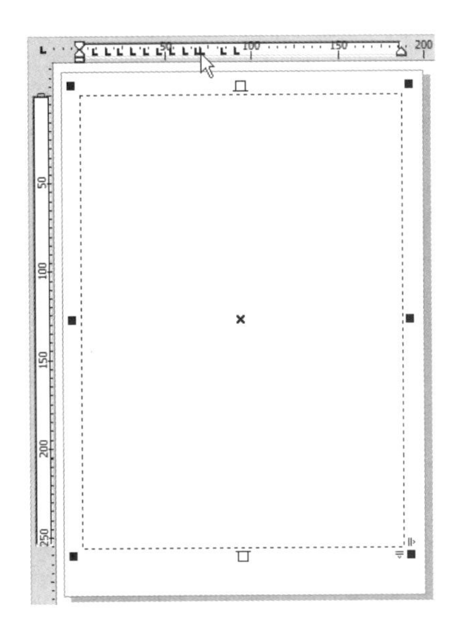

图 5-102

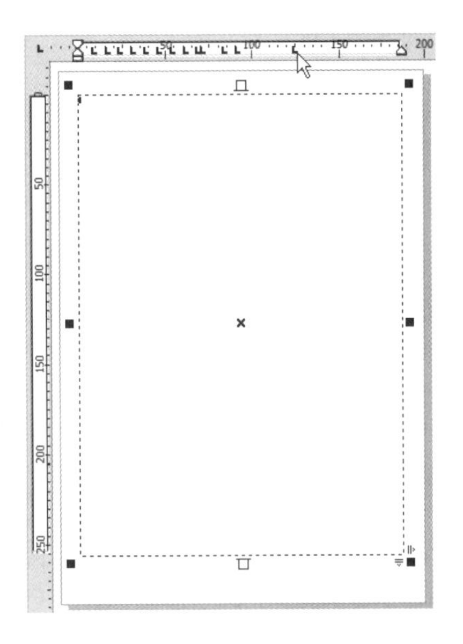

图 5-103

课堂演练——制作时尚杂志封面

使用“文本”工具和对象属性泊坞窗添加需要的封面文字；使用“转换为曲线”命令和“形状”工具编辑杂志名称；使用“刻刀”工具分割文字；使用“插入字符”命令插入需要的字符；使用“插入条码”命令添加封面条形码。（最终效果参看资源包中的“源文件\项目五\制作时尚杂志封面.cdr”，见图 5-104。）

图 5-104

任务二　制作旅游杂志内文 1

任务分析

旅游杂志主要是为热爱旅游的人士设计的，出版意图是令人们的旅游生活更加舒适便捷。杂志主要介绍的内容是旅游景点推荐以及各地风土人情。在页面设计上要抓住杂志的特色，激发人们对旅游的热情。

设计理念

在设计制作过程中，使用大篇幅的摄影图片给人带来视觉上的美感；使用红色的栏目标题，醒目突出，吸引读者的注意；美景图片和介绍性文字合理编排，在展现出宣传主题的同时，激发人们的旅游欲望，达到宣传的效果。整体色彩搭配使画面更加丰富活泼。（最终效果参看资源包中的“源文件\项目五\任务二 制作旅游杂志内文 1. cdr”，见图 5-105。）

图 5-105

任务实施

1. 制作栏目名称和文字

STEP 1 按 Ctrl+N 组合键，新建一个页面。在页面属性的“页面尺寸”选项中设置宽度为 420mm、高度为 278mm，按 Enter 键，页面尺寸显示为设置的大小。

STEP 2 选择“视图>标尺”命令，在视图中显示标尺。选择“选择”工具，在页面中拖曳一条垂直辅助线，在属性栏中将“x 位置”选项设置为 213mm，按 Enter 键，如图 5-106 所示。

STEP 3 选择“文件>导入”命令，弹出“导入”对话框。选择资源包中的“素材文件\项目五\任务二 制作旅游杂志内文 1\01”文件，单击“导入”按钮。在页面中单击导入的图片，将其拖曳到适当的位置，效果如图 5-107 所示。

图 5-106

图 5-107

STEP 4 选择“文本”工具，在适当的位置分别输入需要的文字。选择“选择”工具，在属性栏中分别选择合适的字体并设置文字大小。在“CMYK 调色板”中的“红”色块上单击，填充文字，效果如图 5-108 所示。

STEP 5 选择“选择”工具，选取文字“JIUZHAIGOU”。选择“阴影”工具，在文字上从上向下拖曳光标，为文字添加阴影效果。在“交互式阴影”属性栏中进行设置，如图 5-109 所示。按 Enter 键，效果如图 5-110 所示。用相同的方法制作其他文字的阴影效果，如图 5-111 所示。

图 5-108

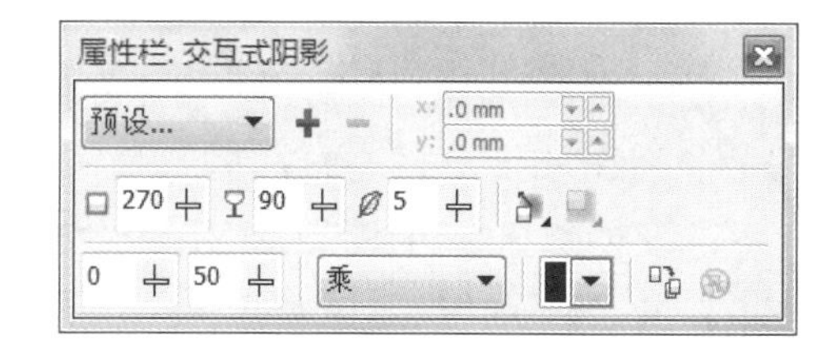

图 5-109

图 5-110

图 5-111

STEP 6 选择“2 点线”工具，在页面中绘制一条直线，如图 5-112 所示。按 F12 键，弹出“轮廓笔”对话框。将“颜色”选项的颜色设置为红色，其他选项的设置如图 5-113 所示。单击“确定”按钮，效果如图 5-114 所示。用上述的方法制作直线的阴影效果，如图 5-115 所示。用相同的方法再制作一条直线，效果如图 5-116 所示。

图 5-112

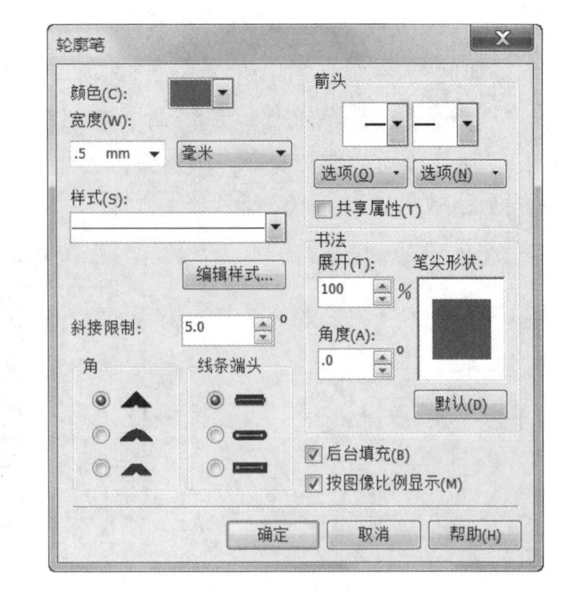

图 5-113

图 5-114

图 5-115

图 5-116

STEP 7 选择“矩形”工具，按住 Ctrl 键的同时，绘制一个正方形。填充图形为黑色，并去除图形的轮廓线，效果如图 5-117 所示。

STEP 8 选择“透明度”工具，在“交互式均匀透明度”属性栏中进行设置，如图 5-118 所示。按 Enter 键，效果如图 5-119 所示。

图 5-117

图 5-118

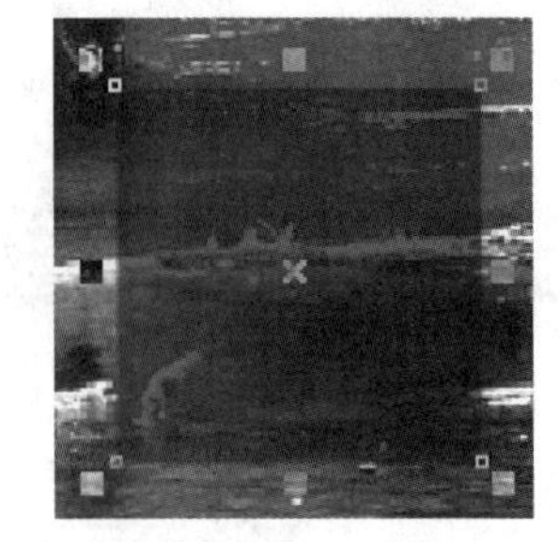

图 5-119

STEP 9 选择“矩形”工具，按住 Ctrl 键的同时，绘制一个正方形。填充图形为黑色，并去除图形的轮廓线，效果如图 5-120 所示。

STEP 10 选择“透明度”工具，在“交互式均匀透明度”属性栏中进行设置，如图 5-121 所示。按 Enter 键，效果如图 5-122 所示。

图 5-120

图 5-121

图 5-122

STEP 11 选择“文本”工具，输入需要的文字。选择“选择”工具，在其属性栏中选择合适的字体并设置文字大小。填充文字为红色，效果如图 5-123 所示。

STEP 12 选择“文本>文本属性”命令，弹出“文本属性”面板，选项的设置如图 5-124 所示。按 Enter 键，效果如图 5-125 所示。再次单击文字，使文字处于旋转状态，向右拖曳上方中间的控制手柄到适当的位置，将文字倾斜，效果如图 5-126 所示。

图 5-123

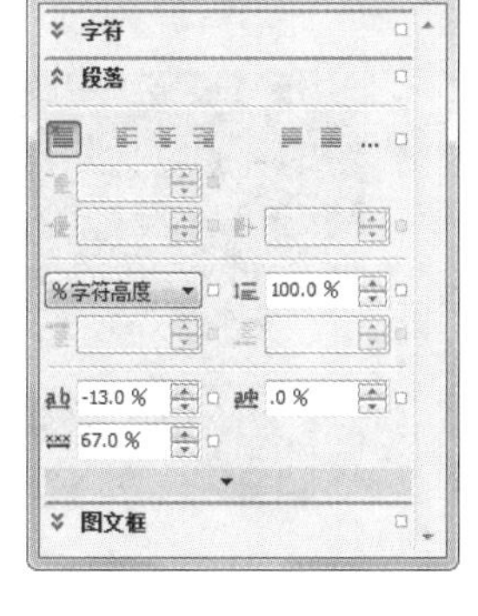

图 5-124

图 5-125

图 5-126

STEP 13 选择“文本”工具，分别输入需要的文字。选择“选择”工具，分别在其属性栏中选择合适的字体并设置文字大小。填充适当的颜色，效果如图 5-127 所示。

STEP 14 选择“椭圆形”工具，按住 Ctrl 键的同时绘制一个圆形。填充图形为黄色，效果如图 5-128 所示。选择“选择”工具，连续按 3 次数字键盘上的＋键复制圆形，分别将复制的图形拖曳到适当的位置，效果如图 5-129 所示。

图 5-127

图 5-128

图 5-129

STEP 15 打开资源包中的“素材文件\项目五\任务二 制作旅游杂志内文 1\文本”文件，选取并复制需要的文字，如图 5-130 所示。返回到正在编辑的 CorelDRAW 软件中，选择“文本”工具，拖曳出一个文本框，按 Ctrl＋V 组合键，将复制的文字粘贴到文本框中。选择“选择”工具，在属性栏中选择合适的字体并设置文字大小，填充文字为白色，效果如图 5-131 所示。在“文本属性”面板中进行设置，如图 5-132 所示。按 Enter 键，效果如图 5-133 所示。

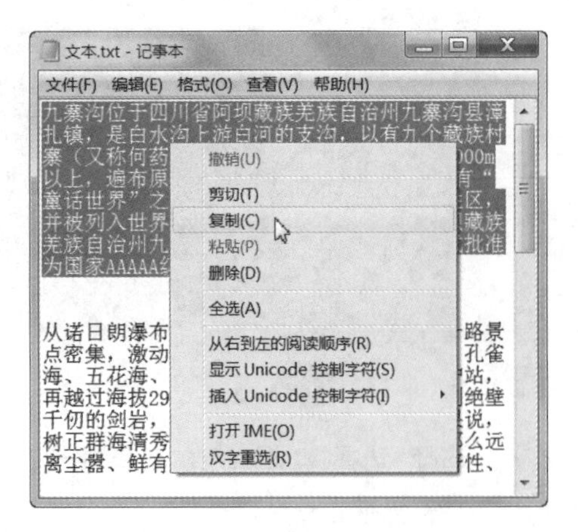

图 5-130

图 5-131

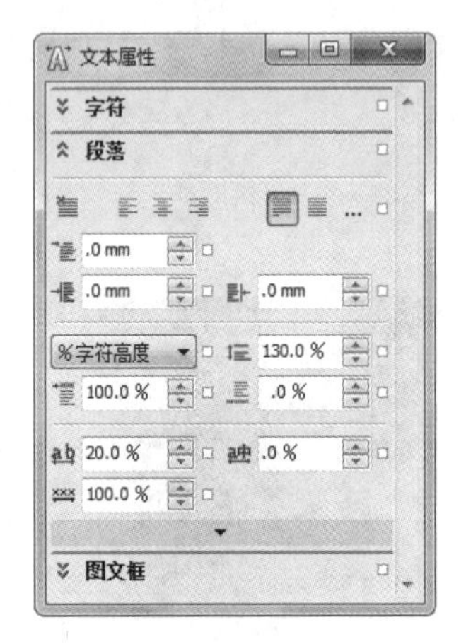

图 5-132

图 5-133

2.编辑景点图片和介绍文字

STEP 1 选择“选择”工具，选取杂志左侧需要的文字。按数字键盘上的＋键，复制文字，并调整其位置和大小，效果如图 5-134 所示。

STEP 2 选择“矩形”工具，绘制一个矩形。在“CMYK 调色板”中的“40％黑”色块上右击，填充矩形轮廓线，效果如图 5-135 所示。

图 5-134

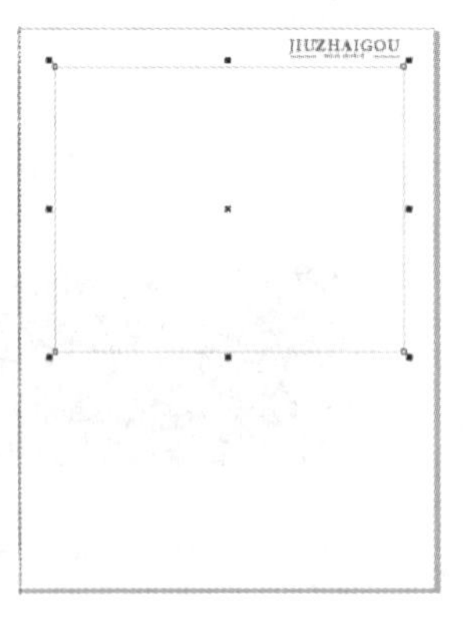

图 5-135

STEP 3 选择“文件>导入”命令，弹出“导入”对话框。选择资源包中的“素材文件\项目五\任务二 制作旅游杂志内文 1\02”文件，单击“导入”按钮。在页面中单击导入的图片，并将其拖曳到适当的位置，效果如图 5-136 所示。

STEP 4 选择"文本"工具，分别输入需要的文字。选择"选择"工具，分别在其属性栏中选择合适的字体并设置文字大小，填充适当的颜色，效果如图 5-137 所示。

图 5-136

图 5-137

STEP 5 选择"文本>插入符号字符"命令，弹出"插入字符"面板，在面板中按需要进行设置并选择需要的字符，如图 5-138 所示。单击"插入"按钮，插入字符，拖曳字符到适当的位置并调整其大小，效果如图 5-139 所示。填充字符为红色并去除字符的轮廓线，效果如图 5-140 所示。用相同的方法插入其他符号字符，并填充相同的颜色，效果如图 5-141 所示。

STEP 6 选取并复制文本文件中需要的文字。选择"文本"工具，拖曳出一个文本框，粘贴复制的文字。选择"选择"工具，在属性栏中选择合适的字体并设置文字大小。在"CMYK 调色板"中的"70%黑"色块上单击，填充文字，效果如图 5-142 所示。

图 5-138

日则沟

图 5-139

日则沟

图 5-140

日则沟 风光绝美，变化多端

图 5-141

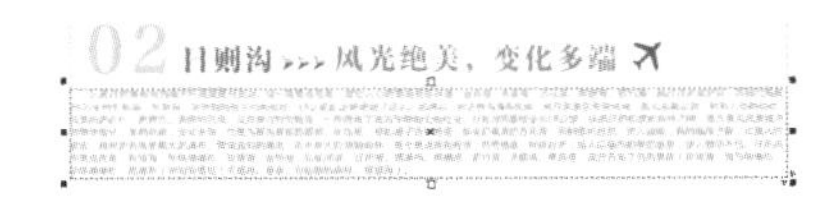

图 5-142

STEP 7 选择"文本>栏"命令，弹出"栏设置"对话框，选项的设置如图 5-143 所示。单击"确定"按钮，效果如图 5-144 所示。

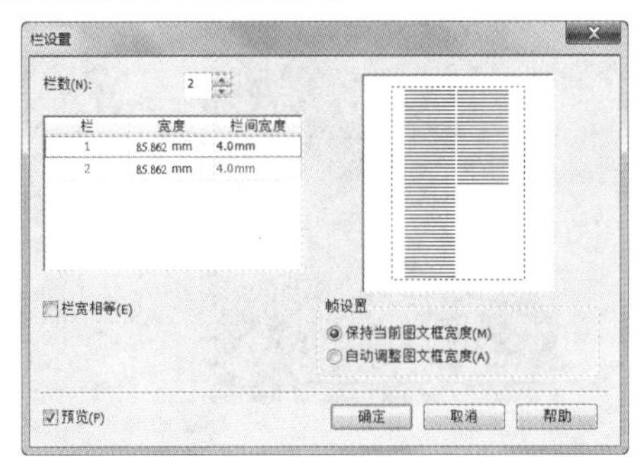

图 5-143

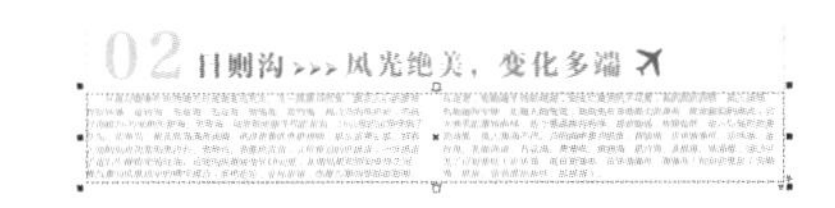

图 5-144

STEP 8 选择“矩形”工具，绘制一个矩形，如图 5-145 所示。按 F12 键，弹出“轮廓笔”对话框。在“颜色”选项中设置轮廓线颜色的 CMYK 值为 100、0、100、0，其他选项的设置如图 5-146 所示。单击“确定”按钮，效果如图 5-147 所示。

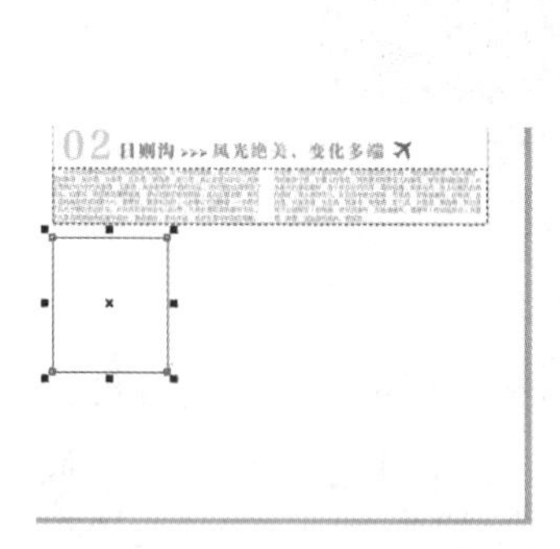

图 5-145

图 5-146

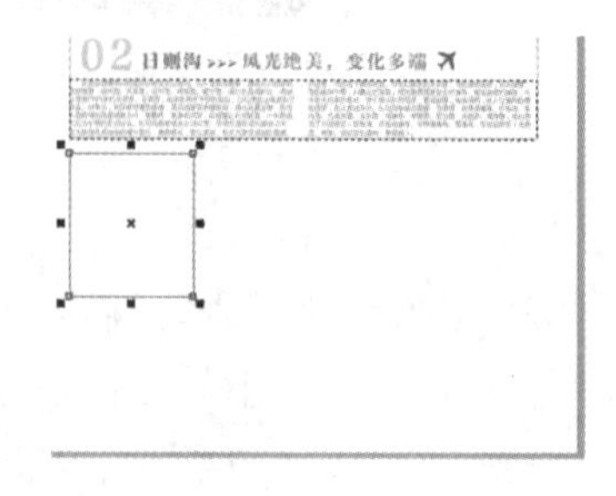

图 5-147

STEP 9 选择“文件>导入”命令，弹出“导入”对话框。选择资源包中的“素材文件\项目五\任务二 制作旅游杂志内文 1\03”文件，单击“导入”按钮。在页面中单击导入的图片，将其拖曳到适当的位置，效果如图 5-148 所示。

STEP 10 按 Ctrl+Page Down 组合键，将图片向下移动一层，效果如图 5-149 所示。选择“效果>图框精确剪裁>放置在容器中”命令，鼠标指针变为黑色箭头形状，在矩形图形上单击，如图 5-150 所示，将图形置于矩形中，效果如图 5-151 所示。

图 5-148　　图 5-149　　图 5-150　　图 5-151

STEP 11 选择“文本”工具，分别输入需要的文字。选择“选择”工具，在其属性栏中分别选择合适的字体并设置文字大小，填充适当的颜色，效果如图 5-152 所示。

STEP 12 选取并复制文本文件中需要的文字。选择“文本”工具，拖曳出一个文本框，粘贴需要的文字。选择“选择”工具，在其属性栏中选择合适的字体并设置文字大小。在“CMYK 调色板”中的“70%黑”色块上单击，填充文字，效果如图 5-153 所示。

图 5-152

图 5-153

STEP 13 在"文本属性"面板中进行设置，如图 5-154 所示。按 Enter 键，效果如图 5-155 所示。用上述相同的方法分别制作其他图片和文字效果，如图 5-156 所示。

图 5-154

图 5-155

图 5-156

STEP 14 选择"星形"工具，在其属性栏中将"点数或边数"选项设为 12，"锐度"选项设为 25。在适当的位置绘制一个图形，填充图形为红色，并去除图形的轮廓线，效果如图 5-157 所示。

STEP 15 选择"文本"工具，输入需要的文字。选择"选择"工具，在属性栏中选择合适的字体并设置文字大小，填充文字为白色，效果如图 5-158 所示。

图 5-157

图 5-158

STEP 16 用相同的方法再绘制一个图形，输入需要的文字，并填充相同的颜色，效果如图 5-159 所示。旅游杂志内文 1 制作完成，效果如图 5-160 所示。

图 5-159

图 5-160

知识讲解

1. 文本绕路径

选择"文本"工具，在绘图页面中输入美术字文本。使用"椭圆形"工具绘制一个椭圆路径，选中美术字文本，效果如图 5-161 所示。

选择"文本>使文本适合路径"命令，出现箭头图标。将箭头放在椭圆路径上，文本自动绕路径排列，如图 5-162 所示。单击确定，效果如图 5-163 所示。

图 5-161

图 5-162

图 5-163

选中绕路径排列的文本，如图 5-164 所示。"曲线/对象上的文字"属性栏如图 5-165 所示。在该属性栏中可以设置"文字方向""与路径距离"和"水平偏移"，通过设置可以产生多种文本绕路径的效果，如图 5-166 所示。

图 5-164

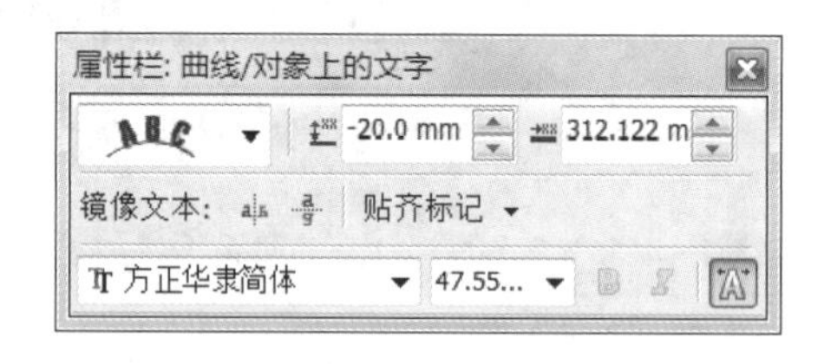

图 5-165

图 5-166

2. 文本绕图

在 CorelDRAW X6 中提供了多种文本绕图的形式，应用好文本绕图可以使设计制作的杂志或报刊更加生动美观。

选择"文件>导入"命令，或按 Ctrl+I 组合键，弹出"导入"对话框。在对话框的"查找范围"列表框中选择需要的文件夹，在文件夹中选取需要的位图文件，单击"导入"按钮，在页面中单击，位图被导入页面中，将位图调整到段落文本中的适当位置，效果如图 5-167 所示。

在位图上右击，在弹出的快捷菜单中选择"段落文本换行"命令，如图 5-168 所示。文本绕图效果如图 5-169 所示。在其属性栏中单击"文本换行"按钮，在弹出的下拉菜单中可以设置换行样式，在"文本换行偏移"选项的数值框中可以设置偏移距离，如图 5-170 所示。

图 5-167

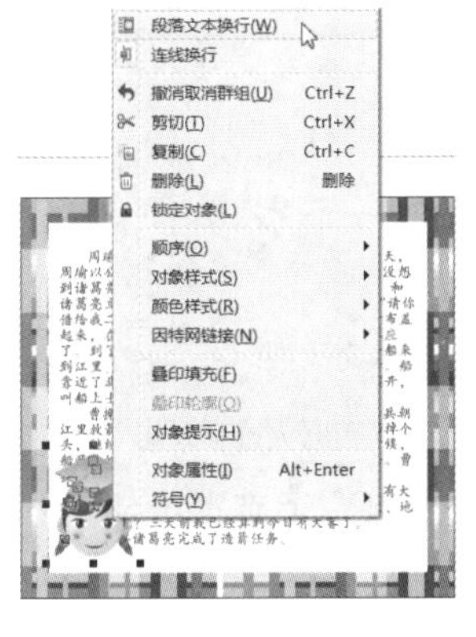

图 5-168

图 5-169

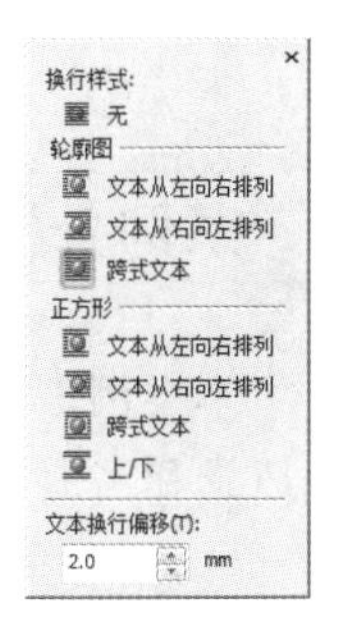

图 5-170

3. 段落分栏

选择一个段落文本，如图 5-171 所示。选择“文本>栏”命令，弹出“栏设置”对话框。将“栏数”选项设置为 2，“栏间宽度”设置为 12.7mm，如图 5-172 所示。设置完成后，单击“确定”按钮，段落文本被分为两栏，效果如图 5-173 所示。

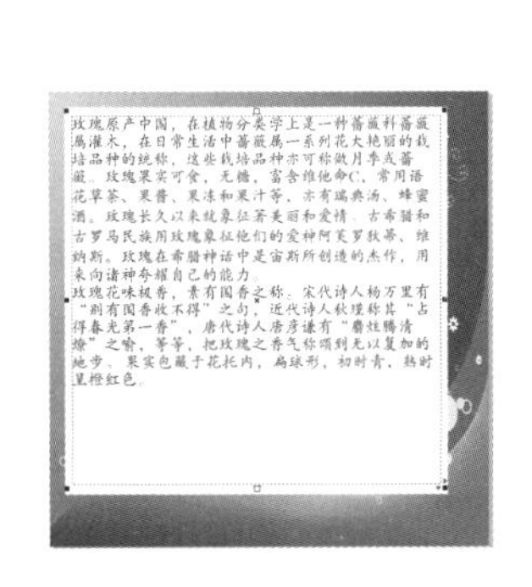
图 5-171

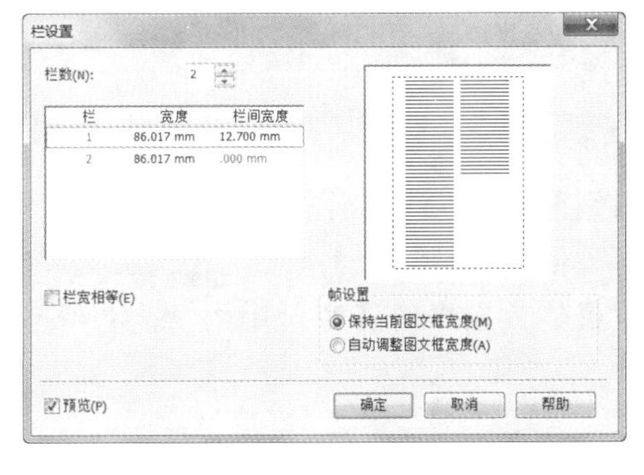

图 5-172

图 5-173

课堂演练——制作旅游杂志内文 2

使用“矩形”工具、“图框精确剪裁”命令和“阴影”工具制作相框效果；使用“文本”工具添加文字；使用“椭圆形”工具绘制装饰图形；使用“项目符号”命令插入图形；使用“文本绕图”命令制作文字效果。（最终效果参看资源包中的“源文件\项目五\课堂演练 制作旅游杂志内文 2. cdr”，见图 5-174。）

图 5-174

实战演练——制作旅游杂志内文 3

案例分析

本案例是为旅游杂志设计杂志内页。该杂志是帮助人们初步了解外出旅行,向读者介绍各地特色风景和当地文化,栏目精练,内容新鲜。设计要求符合杂志定位,明确主题。

设计理念

在设计制作过程中,使用白色作为主体色,给人洁净爽利的感觉;风景各异的图片在带给人视觉美感的同时,让人们对各地美景有了大致的了解,引发人们的出游的欲望;文字、图片与表格编排合理、新颖突出,能抓住人们的视线,增加画面的活泼感。

制作要点

使用"钢笔"工具和"图框精确剪裁"命令制作图片效果;使用"文字"工具添加文字;使用"矩形"工具和"阴影"工具制作相框效果;使用"椭圆形"工具、"手绘"工具和"矩形"工具制作装饰图形;使用"星形"工具制作杂志页码。(最终效果参看资源包中的"源文件\项目五\实战演练 制作旅游杂志内文 3.cdr",见图 5-175。)

图 5-175

实战演练——制作旅游杂志内文 4

案例分析

本案例是为一本旅游杂志制作的内页。该旅游杂志主要介绍世界各地的国家公园、历史古迹、

观景胜地、著名城市以及一些鲜为人知的景点。杂志内载有丰富的彩照和文字说明。设计要求围绕杂志内容，贴合主题。

设计理念

在设计制作过程中，使用图片排列的变化增加画面的活泼感，与前面的版式设计既有区别又有联系；文字和表格的设计多变且有序，给人活而不散、变且不乱的感觉。整个版面的设计简洁直观、明确清晰。

制作要点

使用“透明度”工具编辑图片；使用“矩形”工具和“手绘”工具绘制装饰图形；使用“文本”工具添加文字。使用“表格”工具和“文本”工具制作表格图形；使用“星形”工具制作杂志页码。（最终效果参看资源包中的“源文件\项目五\实战演练 制作旅游杂志内文 4. cdr”，见图 5-176。）

图 5-176

微视频 制作旅游杂志内文4-1

微视频 制作旅游杂志内文4-2

微视频 制作旅游杂志内文4-3

项目六

宣传单设计

宣传单是直销广告的一种，对宣传活动和促销商品有着重要的作用。宣传单通过派送、邮递等形式，可以有效地将信息传达给目标受众。本项目以各种不同主题的宣传单为例，讲解宣传单的设计思路和过程、制作方法和技巧。

项目目标

- 掌握宣传单的设计思路和过程
- 掌握宣传单的制作方法和技巧

任务一 制作鸡肉卷宣传单

任务分析

本任务是为一款墨西哥鸡肉卷制作的宣传单。要求使用独特的设计手法，运用图片和文字，主题鲜明地展现出鸡肉卷的可口。

设计理念

在设计制作过程中，通过绿色渐变背景搭配精美的产品图片，体现出产品选料精良、新鲜可口的特点；通过艺术设计的标题文字，展现出时尚感和现代感，突出宣传主题，让人印象深刻。（最终效果参看资源包中的"源文件\项目六\制作鸡肉卷宣传单.cdr"，见图 6-1。）

图 6-1

任务实施

STEP 1 按 Ctrl+N 组合键,新建一个页面。在页面属性的“页面尺寸”选项中设置宽度为 210mm、高度为 285mm,按 Enter 键,页面尺寸显示为设置的大小。

STEP 2 选择“文件>导入”命令,弹出“导入”对话框。选择资源包中的“素材文件\项目六\任务一 制作鸡肉卷宣传单\01”文件,单击“导入”按钮。在页面中单击导入的图片,按 P 键,图片在页面居中对齐,效果如图 6-2 所示。

STEP 3 选择“文本”工具字,输入需要的文字。选择“选择”工具,在属性栏中选择合适的字体并设置文字大小,效果如图 6-3 所示。

图 6-2

图 6-3

STEP 4 按 Ctrl+K 组合键,将文字进行拆分。选择“选择”工具,选取文字“墨”,将其拖曳到适当的位置,在属性栏中进行设置,如图 6-4 所示。按 Enter 键,效果如图 6-5 所示。用相同的方法分别调整其他文字的大小、角度和位置,效果如图 6-6 所示。

图 6-4

图 6-5　　图 6-6

STEP 5 选择“选择”工具，选取文字“墨”。按 Ctrl＋Q 组合键，将文字转化为曲线，如图 6-7 所示。用相同的方法，将其他文字转化为曲线。选择“贝塞尔”工具，在页面中适当的位置绘制一个不规则图形，如图 6-8 所示。选择“选择”工具，将文字“卷”和不规则图形同时选取，单击属性栏中的“移除前面对象”按钮，对文字进行裁切，效果如图 6-9 所示。

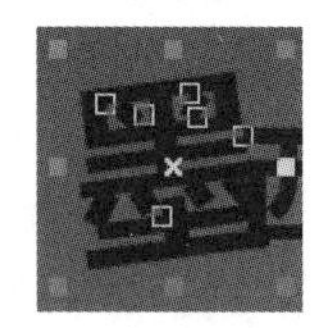

图 6-7

图 6-8

图 6-9

STEP 6 选择“选择”工具，选取文字“墨”。选择“形状”工具，选取需要的节点，如图 6-10 所示。向左上方拖曳节点到适当的位置，效果如图 6-11 所示。用相同的方法调整其他文字节点的位置，效果如图 6-12 所示。

图 6-10

图 6-11

图 6-12

STEP 7 选择“贝塞尔”工具，在适当的位置绘制一个不规则图形，填充图形为黑色，并去除图形的轮廓线，效果如图 6-13 所示。用相同的方法再绘制两个图形，填充图形为黑色，并去除图形的轮廓线，效果如图 6-14 所示。

图 6-13

图 6-14

STEP 8 选择“选择”工具，用圈选的方法将所有文字同时选取。设置图形颜色的 CMYK 值为 0、100、100、20，填充文字。按 Ctrl＋G 组合键，将其群组，效果如图 6-15 所示。按 Ctrl＋C 组合键，复制文字图形。

STEP 9 按 F12 键，弹出“轮廓笔”对话框，在“颜色”选项中设置轮廓线颜色为“白”，其他选项的设置如图 6-16 所示。单击“确定”按钮，效果如图 6-17 所示。

图 6-15

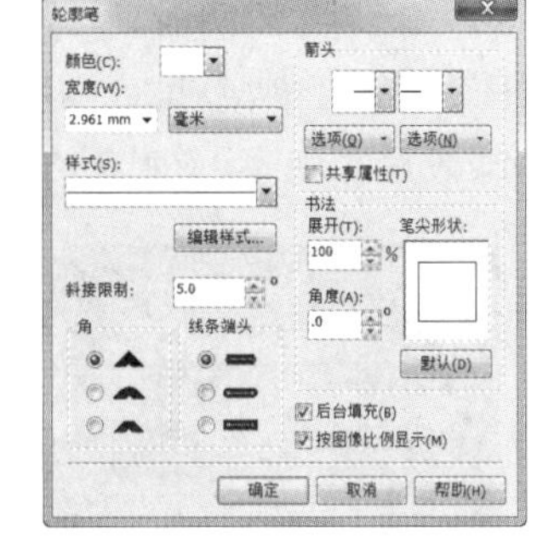

图 6-16

图 6-17

STEP 10 按 Ctrl＋V 组合键，将复制的文字图形原位粘贴。按 F12 键，弹出“轮廓笔”对话框，在“颜色”选项中设置轮廓线颜色为“黑”，其他选项的设置如图 6-18 所示。单击“确定”按钮，效果如图 6-19 所示。

STEP 11 选择“贝塞尔”工具，绘制多个不规则图形和曲线，填充曲线为白色，并去除图形的轮廓线，效果如图 6-20 所示。

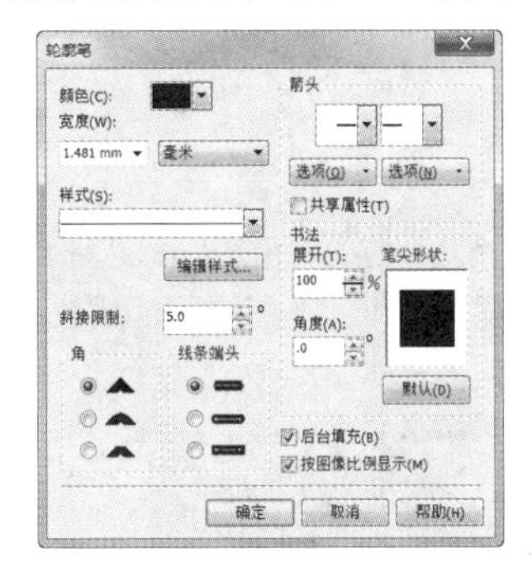

图 6-18

图 6-19

图 6-20

STEP 12 选择“贝塞尔”工具，绘制多个不规则图形和曲线，设置图形颜色的 CMYK 值为 40、0、100、0，填充图形，并去除图形的轮廓线，效果如图 6-21 所示。多次按 Ctrl＋Page Down 组合键将图形向后调整到适当的位置，效果如图 6-22 所示。

STEP 13 选择“文件>导入”命令，弹出“导入”对话框。选择资源包中的“素材文件\项目六\任务一 制作鸡肉卷宣传单\02”和“素材文件\项目六\任务一　制作鸡肉卷宣传单 03”文件，单击“导入”按钮。在页面中分别单击导入的图片，并将其拖曳到适当的位置，效果如图 6-23 所示。

图 6-21

图 6-22

图 6-23

STEP 14 选择“文本”工具，分别输入需要的文字。选择“选择”工具，在其属性栏中分别选择合适的字体并设置文字大小，填充文字为白色，效果如图 6-24 所示。

STEP 15 选择“椭圆形”工具，按住 Ctrl 键的同时，绘制一个圆形。设置图形颜色的 CMYK 值为 0、60、100、0，填充图形，并去除图形的轮廓线，效果如图 6-25 所示。多次按 Ctrl+Page Down 组合键，将图形向后调整到适当的位置，效果如图 6-26 所示。

图 6-24

图 6-25

图 6-26

STEP 16 选择“文本”工具，分别输入需要的文字。选择“选择”工具，在其属性栏中分别选择合适的字体并设置文字大小。设置图形颜色的 CMYK 值为 0、100、100、0，填充文字，效果如图 6-27 所示。

STEP 17 选择“矩形”工具，绘制一个矩形。设置图形颜色的 CMYK 值为 0、100、100、0，填充图形，并去除图形的轮廓线，效果如图 6-28 所示。用相同的方法再绘制一个矩形，并填充相同的颜色，效果如图 6-29 所示。

图 6-27

图 6-28

图 6-29

STEP 18 选择“文本”工具，输入需要的文字。选择“选择”工具，在其属性栏中选择合适的字体并设置文字大小。设置图形颜色的 CMYK 值为 0、100、100、50，填充文字，效果如图 6-30 所示。

STEP 19 选择“文本”工具，输入需要的文字。选择“选择”工具，在其属性栏中选择合适的字体并设置文字大小，填充文字为黑色，效果如图 6-31 所示。鸡肉卷宣传单制作完成。

图 6-30

图 6-31

知识讲解

应用 CorelDRAW X6 的独特功能，可以轻松地创建出计算机字库中没有的汉字，下面介绍具体的创建方法。

选择“文本”工具，输入两个具有创建文字所需偏旁的汉字，如图 6-32 所示。选择“选择”工具选取文字，效果如图 6-33 所示。

按 Ctrl＋Q 组合键，将文字转换为曲线，效果如图 6-34 所示。

图 6-32　　图 6-33　　图 6-34

按 Ctrl＋K 组合键，将转换为曲线的文字打散，选择“选择”工具选中所需偏旁，将其移动到创建文字的位置，如图 6-35 所示。将所需偏旁进行组合，效果如图 6-36 所示。

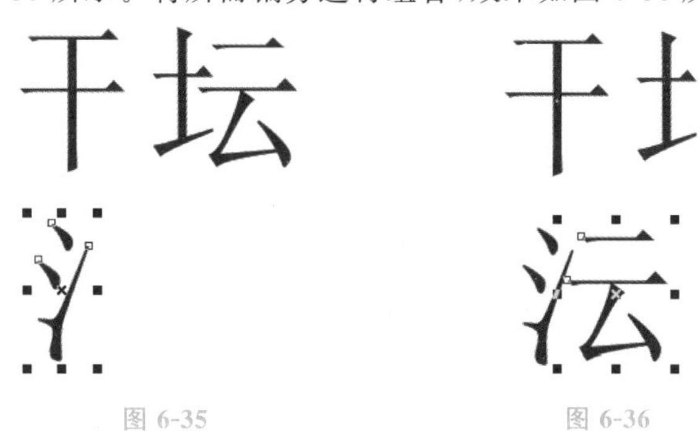

图 6-35　　图 6-36

组合好新文字后，选择“选择”工具选中新文字，效果如图 6-37 所示。再在键盘上按 Ctrl＋G 组合键，将新文字组合，效果如图 6-38 所示。新文字就制作完成了，效果如图 6-39 所示。

图 6-37　　图 6-38　　图 6-39

课堂演练——制作儿童摄影宣传单

使用“导入”命令和“图框精确剪裁”命令制作背景；使用“文本”工具添加文字内容；使用“转化为曲线”命令编辑文字效果；使用“贝塞尔”工具、“椭圆形”工具和“2 点线”工具绘制图形效果。（最终效果参看资源包中的“源文件\项目六\课堂演练 制作儿童摄影宣传单.cdr”，见图 6-40。）

图 6-40

任务二 制作房地产宣传单

任务分析

本任务是为一家房地产公司设计制作宣传单。这家房地产公司主要经营中高档住宅，住宅的环境优美。设计要求宣传单能够通过图片和宣传文字，以独特的设计效果，主题明确地展示房地产公司出售的住宅特色及优势。

设计理念

在设计制作过程中，背景采用深沉的渐变色，突出房地产公司追求产品的高端品质。3 张摄影图片表现出小区环境的舒适和优美。住宅平面图的展示，直观地展示住宅的特征。在设计上突出广告语，点明宣传要点。（最终效果参看资源包中的“源文件\项目六\任务二 制作房地产宣传单.cdr”，见图 6-41。）

图 6-41

任务实施

1.添加家具

STEP 1 按 Ctrl+N 组合键，新建一个页面。在页面属性的“页面尺寸”选项中分别设置宽度为 210mm、高度为 285mm，按 Enter 键，页面尺寸显示为设置的大小。按 Ctrl+I 组合键，弹出“导入”对话框，选择资源包中的“素材文件\项目六\任务二 制作房地产宣传单\01”文件，单击“导入”按钮。在页面中单击导入的图片，按 P 键，图片在页面居中对齐，效果如图 6-42 所示。

STEP 2 按 Ctrl+I 组合键，弹出“导入”对话框。选择资源包中的“素材文件\项目六\任务二制作房地产宣传单\02”文件，单击“导入”按钮。在页面中单击导入的图片，将其拖曳到适当的位置，效果如图 6-43 所示。按 Ctrl+U 组合键取消群组，如图 6-44 所示。

图 6-42

图 6-43

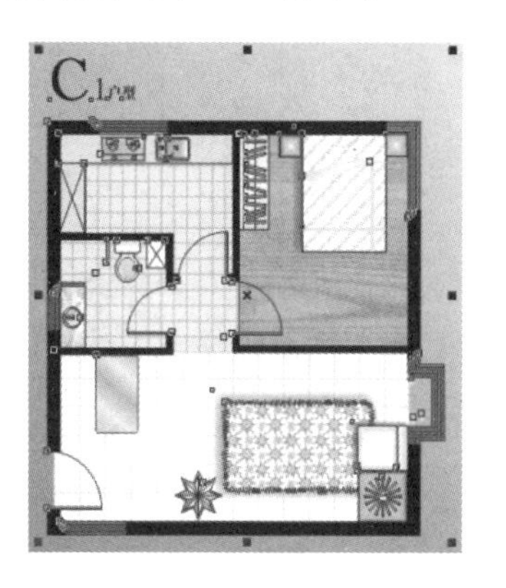

图 6-44

STEP 3 按 Ctrl+I 组合键，弹出“导入”对话框。选择资源包中的“素材文件\项目六\任务二制作房地产宣传单\03”文件，单击“导入”按钮。在页面中单击导入的图片，将其拖曳到适当的位置，效果如图 6-45 所示。按 Ctrl+U 组合键取消群组。选择“选择”工具选取需要的图形，如图 6-46 所示。按住 Shift 键的同时选取另一个图形，单击属性栏中的“对齐与分布”按钮，弹出“对齐与分布”面板，单击“顶端对齐”按钮，如图 6-47 所示，设置完成后的效果如图 6-48 所示。

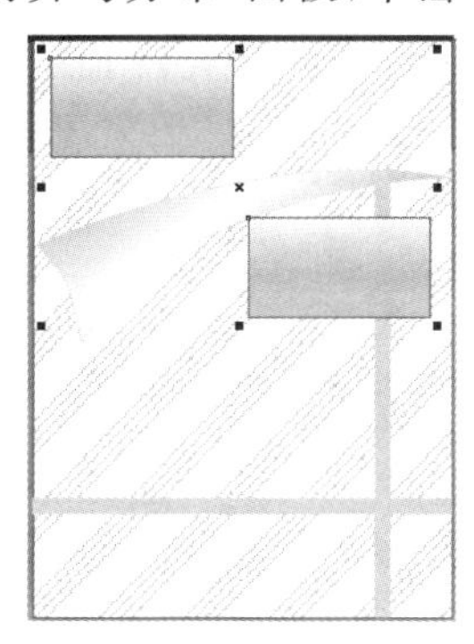

图 6-45

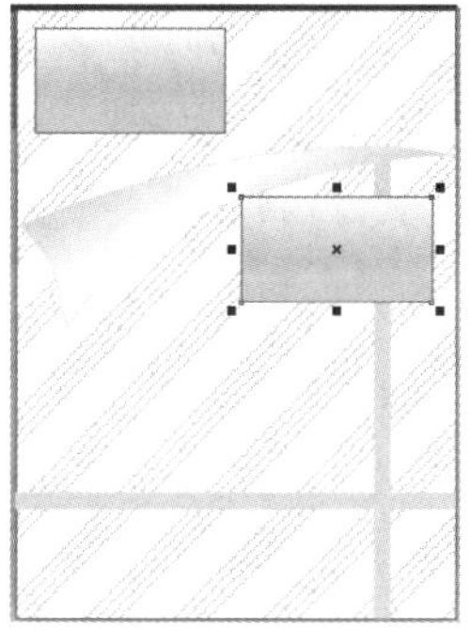

图 6-46

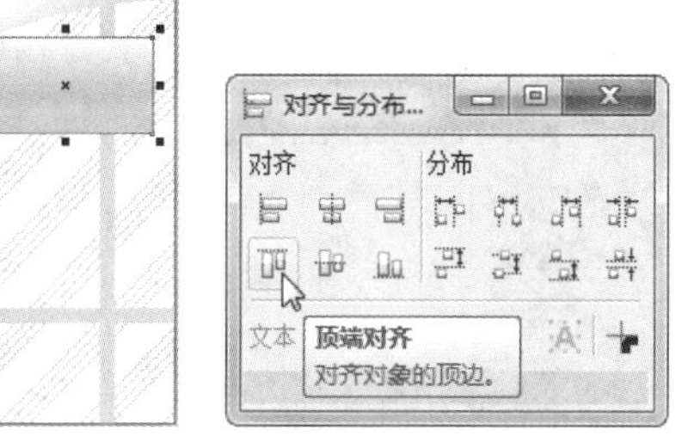

图 6-47

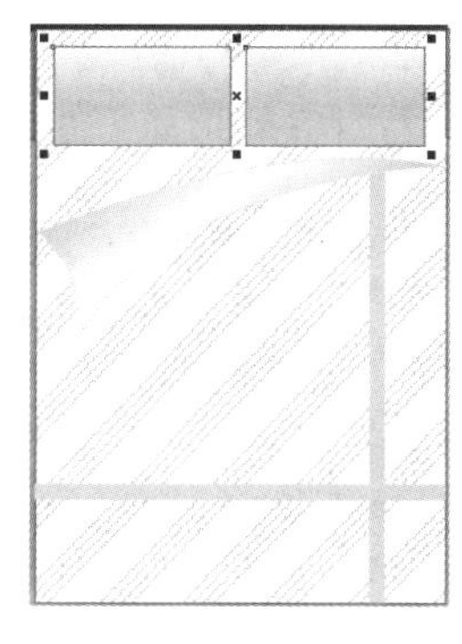

图 6-48

STEP 4 按 Ctrl+I 组合键，弹出“导入”对话框。选择资源包中的“素材文件\项目六\任务二 制作房地产宣传单\04”文件，单击“导入”按钮。在页面中单击导入的图片，将其拖曳到适当的位置，效果如图 6-49 所示。选择“选择”工具，按住 Shift 键的同时选取下方的矩形，如图 6-50 所示。单击属性栏中的“对齐与分布”按钮，弹出“对齐与分布”面板，分别单击“水平居中对齐”按钮和“垂直居中对齐”按钮，如图 6-51 所示。设置完成后的效果如图 6-52 所示。

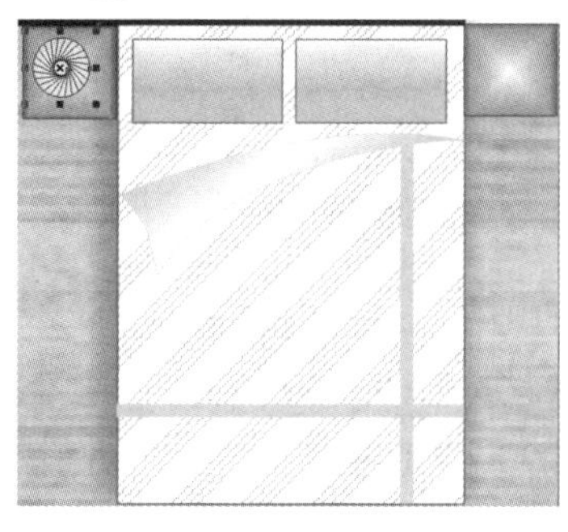

图 6-49

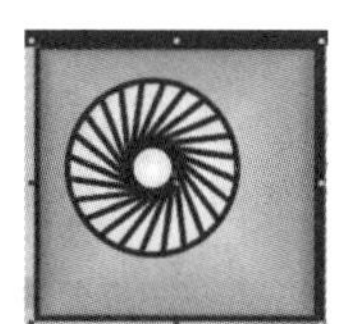

图 6-50

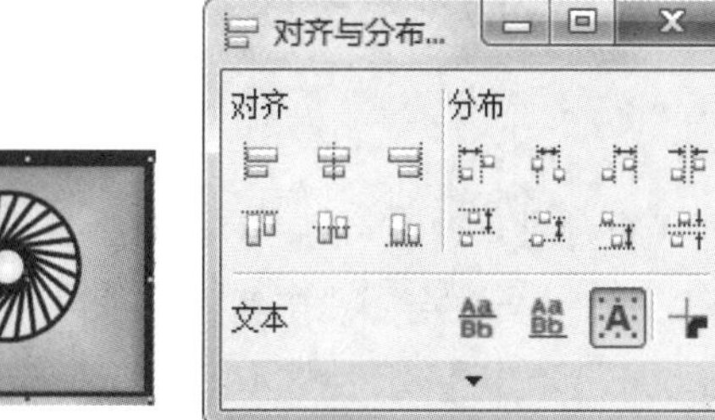

图 6-51

图 6-52

STEP 5 选择“选择”工具，选取置入的图形，按数字键盘上的＋键，复制出一个图形，将其拖曳到适当的位置，并与下方的矩形居中对齐，效果如图 6-53 所示。

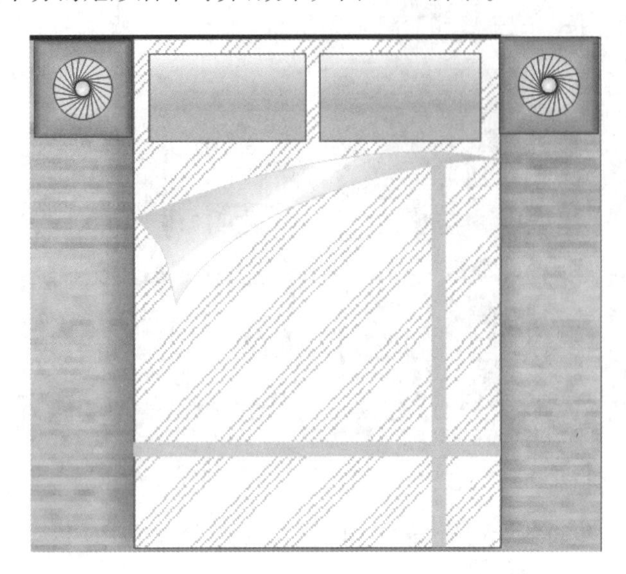

图 6-53

STEP 6 按 Ctrl＋I 组合键，弹出“导入”对话框。选择资源包中的“素材文件\项目六\任务二制作房地产宣传单\05”文件，单击“导入”按钮。在页面中单击导入的图片，将其拖曳到适当的位置，效果如图 6-54 所示。按 Ctrl＋U 组合键取消群组。选择“排列>对齐和分布>右对齐”命令，图形的右对齐效果如图 6-55 所示。

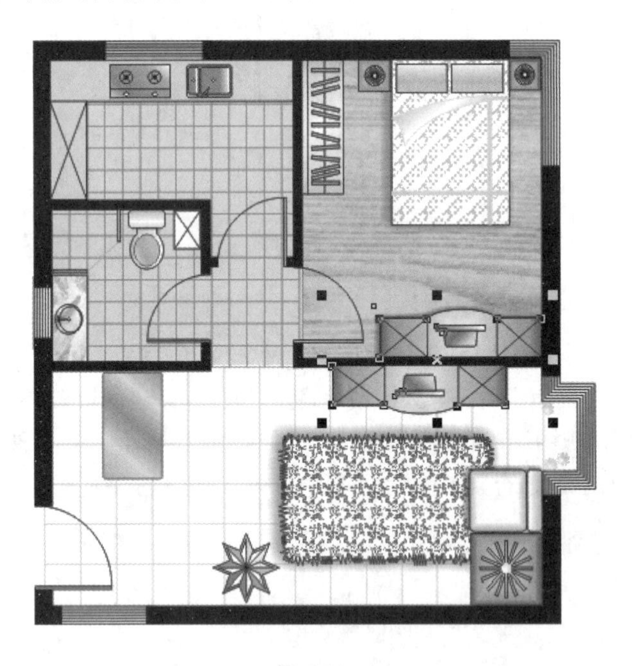

图 6-54

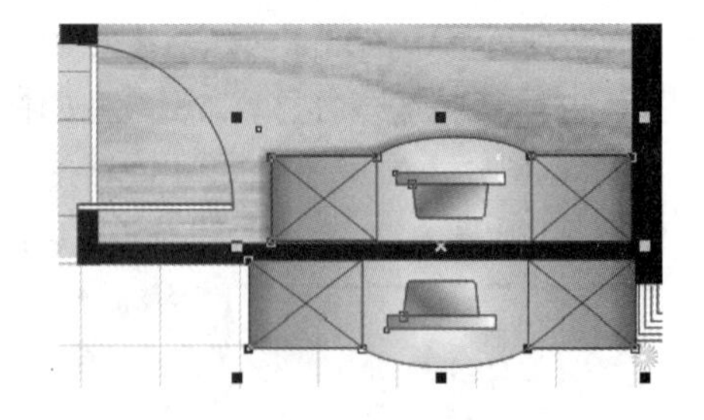

图 6-55

STEP 7 按 Ctrl＋I 组合键，弹出“导入”对话框。选择资源包中的“素材文件\项目六\任务二制作房地产宣传单\06”文件，单击“导入”按钮。在页面中单击导入的图片，将其拖曳到适当的位置，效果如图 6-56 所示。按 Ctrl＋U 组合键取消群组。选择“选择”工具，由下向上圈选两个置入的图形，如图 6-57 所示。选择“排列>对齐和分布>右对齐”命令，图形的右对齐效果如图 6-58 所示。

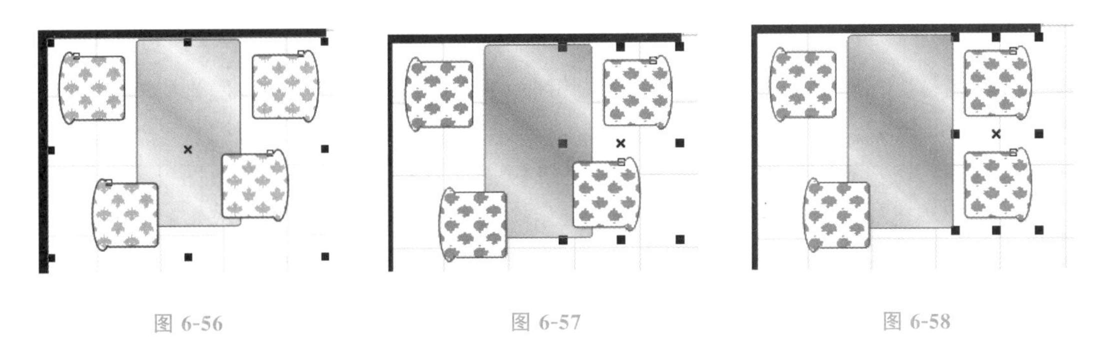

图 6-56　　图 6-57　　图 6-58

STEP 8 选择“选择”工具，由下向上圈选两个置入的图形，如图 6-59 所示。选择“排列>对齐和分布>左对齐”命令，图形的左对齐效果如图 6-60 所示。

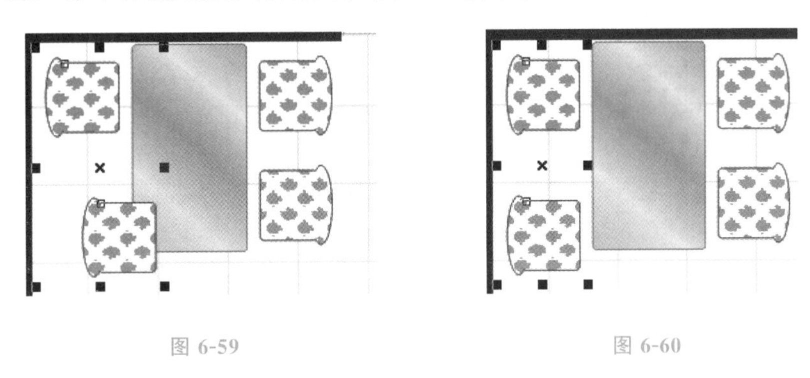

图 6-59　　图 6-60

STEP 9 选择“选择”工具，由下向上圈选两个置入的图形，如图 6-61 所示。选择“排列>对齐和分布>顶端对齐”命令，图形的顶对齐效果如图 6-62 所示。

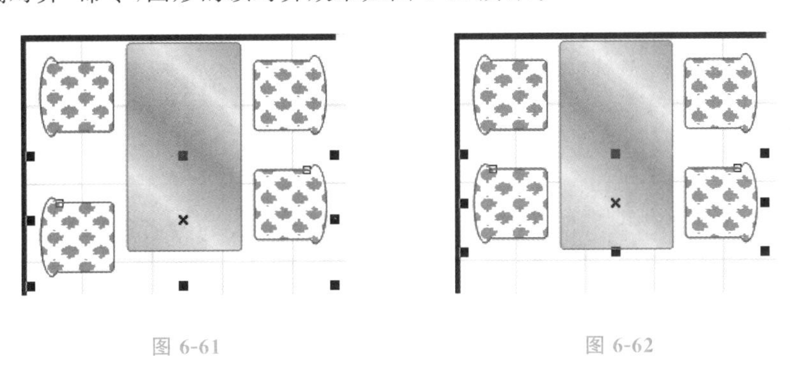

图 6-61　　图 6-62

STEP 10 按 Ctrl+I 组合键，弹出“导入”对话框。选择资源包中的“素材文件\项目六\任务二 制作房地产宣传单\07”文件，单击“导入”按钮。在页面中单击导入的图片，将其拖曳到适当的位置，效果如图 6-63 所示。按 Ctrl+U 组合键取消群组。选择“排列>对齐和分布>底端对齐”命令，图形的底端对齐效果如图 6-64 所示。

图 6-63　　图 6-64

2.标注平面图

STEP 1 选择"平行度量"工具，将鼠标指针移动到平面图左侧墙体的底部并单击，如图 6-65 所示。向右拖曳光标，如图 6-66 所示。将光标移动到平面图右侧墙体的底部后再次单击，如图 6-67 所示。再将鼠标指针移动到线段中间，如图 6-68 所示。再次单击完成标注，效果如图 6-69 所示。选择"选择"工具，选取需要的文字，在属性栏中调整其字体大小，效果如图 6-70 所示。

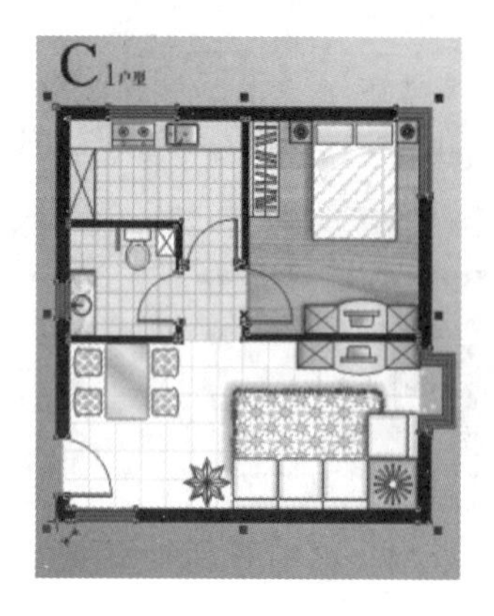

图 6-65

图 6-66

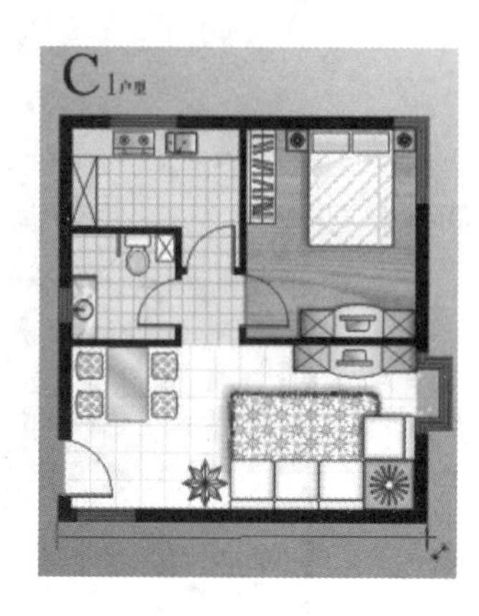

图 6-67

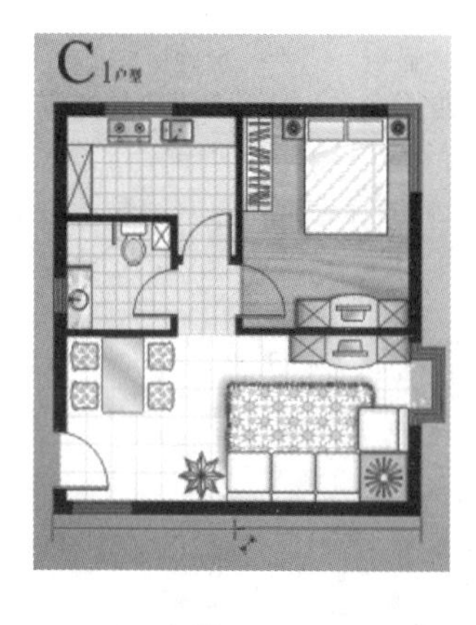

图 6-68

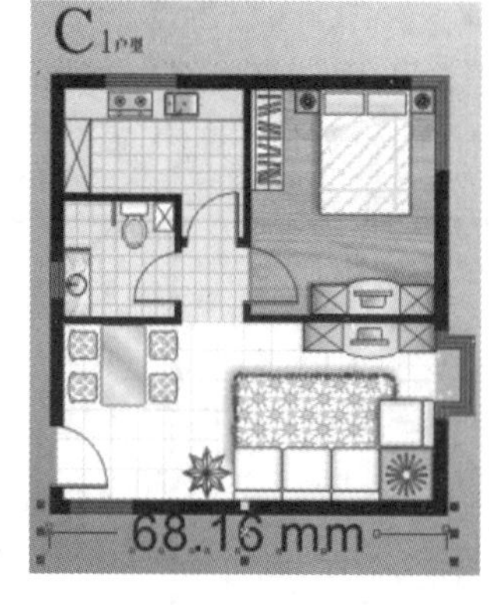

图 6-69

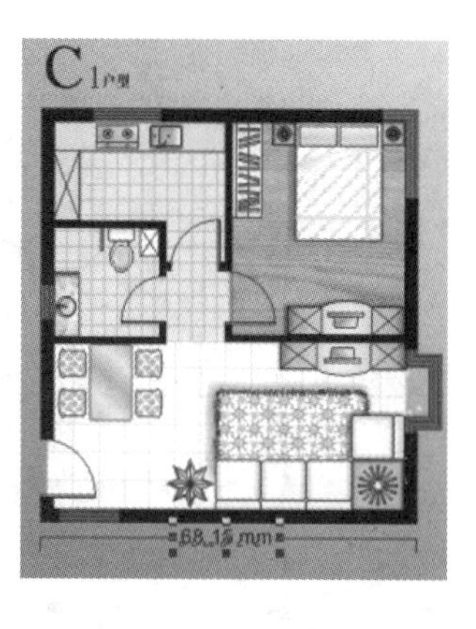

图 6-70

STEP 2 选择"选择"工具，用圈选的方法将需要的图形同时选取，如图 6-71 所示。按 Ctrl+G 组合键将其群组，如图 6-72 所示。按数字键盘上的+键复制图形，并将其拖曳到适当的位置，效果如图 6-73 所示。

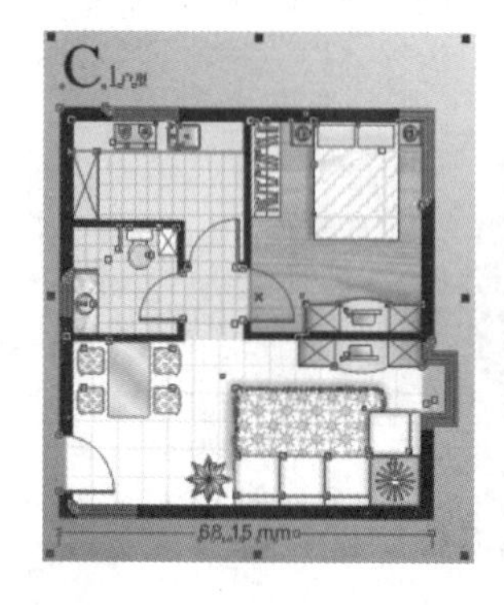

图 6-71

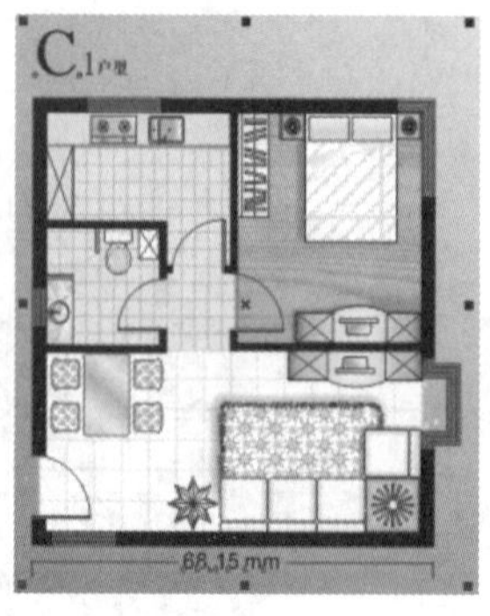

图 6-72

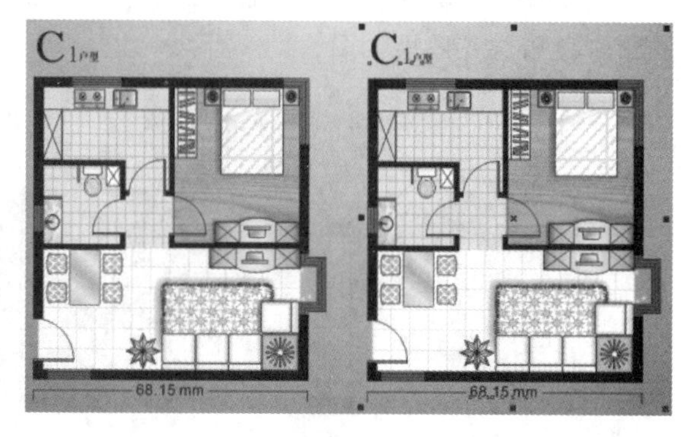

图 6-73

STEP 3 选择"文本"工具字，选取需要的文字进行修改，如图 6-74 所示。按 Esc 键取消图形的选取状态，效果如图 6-75 所示。房地产宣传单制作完成。

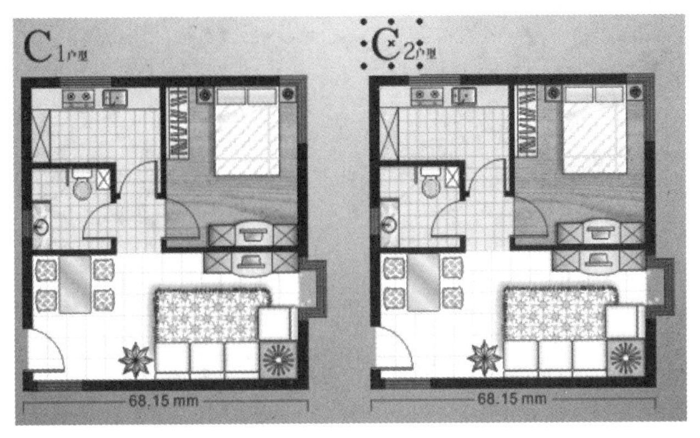

图 6-74

图 6-75

知识讲解

1. 对象的排序

在 CorelDRAW X6 中，很多绘制的图形对象都存在着重叠的关系。如果在绘图页面中的同一位置先后绘制两个不同背景的图形对象，后绘制的图形对象将位于先绘制图形对象的上方。

使用 CorelDRAW X6 的排序功能可以安排多个图形对象的前后顺序，也可以使用图层来管理图形对象。

在绘图页面中先后绘制几个不同的图形对象，如图 6-76 所示。使用"选择"工具选择要进行排序的图形对象，如图 6-77 所示。

选择"排列>顺序"子菜单下的各个命令，如图 6-78 所示，可将已选择的图形对象排序。

选择"到图层前面"命令，可以将背景图形从当前层移动到绘图页面中其他图形对象的最前面，效果如图 6-79 所示。按 Shift＋Page Up 组合键也可以完成这个操作。

选择"到图层后面"命令，可以将背景图形从当前层移动到绘图页面中其他图形对象的最后面，效果如图 6-80 所示。按 Shift＋Page Down 组合键也可以完成这个操作。

选择"向前一层"命令，可以将选定的背景图形从当前位置向前移动一个图层，效果如图 6-81 所示。按 Ctrl＋Page Up 组合键也可以完成这个操作。

图 6-76

图 6-77

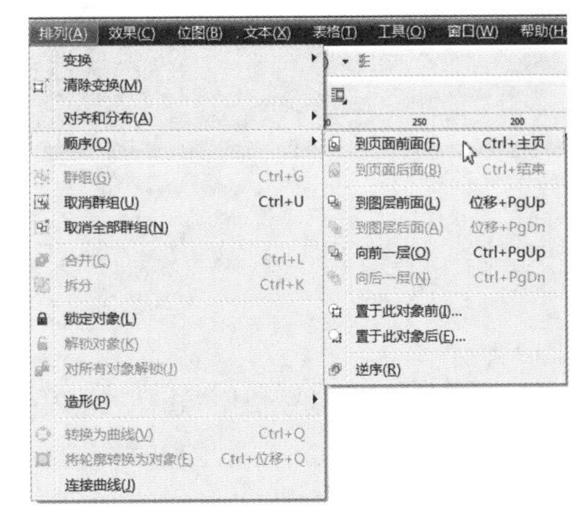

图 6-78

图 6-79　　图 6-80　　图 6-81

当图形位于图层最前面的位置时，选择“向后一层”命令，可以将选定的图形(背景)从当前位置向后移动一个图层，效果如图 6-82 所示。按 Ctrl+Page Down 组合键也可以完成这个操作。

选择“置于此对象前”命令，可以将选择的图形放置到指定图形对象的前面。选择“置于此对象前”命令后，鼠标指针变为黑色箭头，使用黑色箭头单击指定的图形对象，如图 6-83 所示，图形被放置到指定图形对象的前面，效果如图 6-84 所示。

图 6-82　　图 6-83　　图 6-84

选择“置于此对象后”命令，可以将选择的图形放置到指定图形对象的后面。选择“置于此对象后”命令后，鼠标指针变为黑色箭头，使用黑色箭头单击指定的图形对象，如图 6-85 所示，图形被放置到指定图形对象的后面，效果如图 6-86 所示。

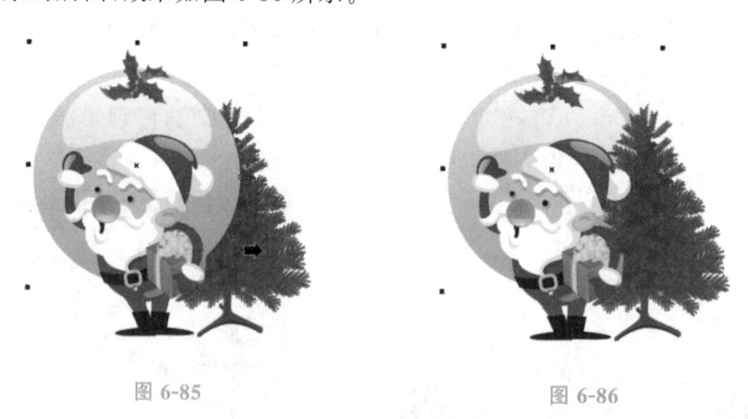

图 6-85　　图 6-86

2. 群组

绘制几个图形对象，使用“选择”工具选中要进行群组的图形对象，如图 6-87 所示。选择“排列>群组”命令，或按 Ctrl+G 组合键，或单击其属性栏中的“群组”按钮，都可以将多个图形对象群组，效果如图 6-88 所示。选择“选择”工具，按住 Ctrl 键，单击需要选取的子对象，松开 Ctrl 键，子对象被选取，效果如图 6-89 所示。

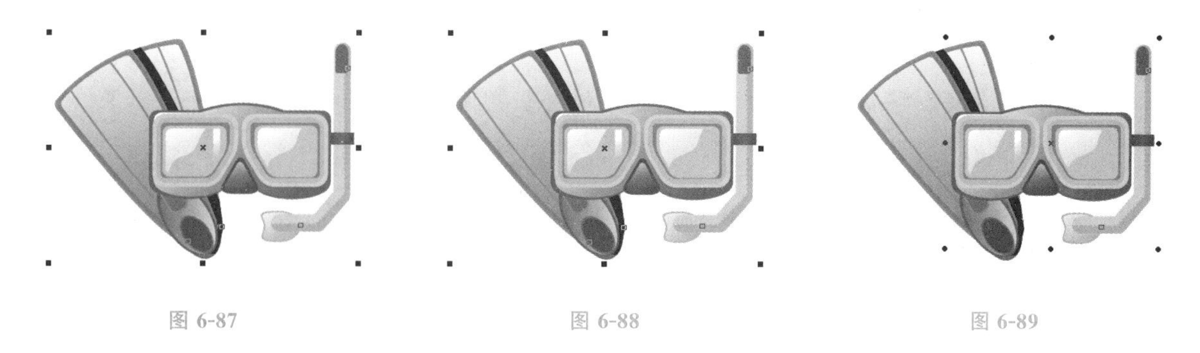

图 6-87　　图 6-88　　图 6-89

群组后的图形对象变成一个整体，移动一个对象，其他的对象将会随着移动，填充一个对象，其他的对象也将随着被填充。

选择"排列>取消群组"命令，或按 Ctrl+U 组合键，或单击其属性栏中的"取消群组"按钮，可以取消对象的群组状态。选择"排列>取消全部群组"命令，或单击其属性栏中的"取消全部群组"按钮，可以取消所有对象的群组状态。

提示

在群组中，子对象可以是单个的对象，也可以是多个对象组成的群组，称为群组的嵌套。使用"群组的嵌套"命令可以管理多个对象之间的关系。

3.结合

绘制几个图形对象，如图 6-90 所示。使用"选择"工具选中要进行结合的图形对象，如图 6-91 所示。

图 6-90　　图 6-91

选择"排列>合并"命令，或按 Ctrl+L 组合键，或单击属性栏中的"合并"按钮，可以将多个图形对象结合，效果如图 6-92 所示。

使用"形状"工具选中结合后的图形对象，可以对图形对象的节点进行调整，改变图形对象的形状，效果如图 6-93 所示。

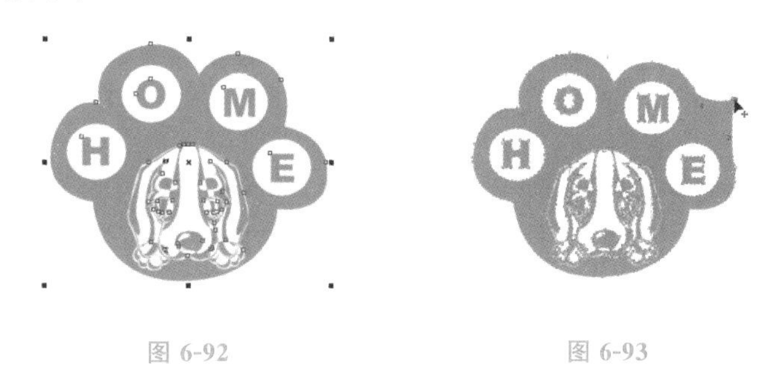

图 6-92　　图 6-93

选择"排列>拆分曲线"命令，或按 Ctrl+K 组合键，或单击其属性栏中的"拆分"按钮，可以取消图形对象的结合状态，原来结合的图形对象将变为多个单独的图形对象。

提示

如果对象结合前有颜色填充，那么结合后的对象将显示最后选取对象的颜色。如果使用圈选的方法选取对象，将显示圈选框最下方对象的颜色。

课堂演练——制作时尚鞋宣传单

使用“矩形”工具、“贝塞尔”工具和“图框精确剪裁”命令制作背景效果；使用“椭圆形”工具、“贝塞尔”工具、“渐变”工具和“文字”工具制作标识；使用“导入”命令导入素材图片；使用“文本”工具添加文字。（最终效果参看资源包中的“源文件\项目六\制作时尚鞋宣传单.cdr”，见图 6-94。）

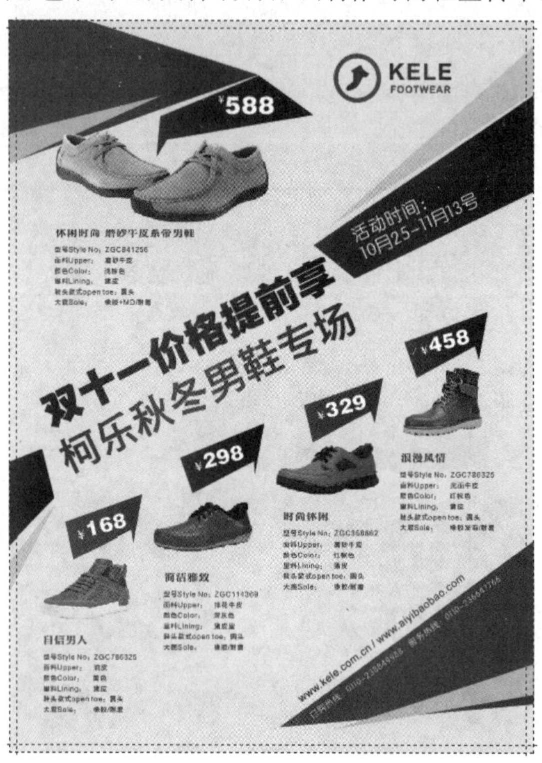

图 6-94

实战演练——制作咖啡宣传单

案例分析

本案例是为星客咖啡制作折扣宣传单。咖啡是人们日常生活中的重要饮品，受到很多人的喜爱。星客咖啡是追求高品质的咖啡品牌，所以宣传单设计要求符合品牌定位。

设计理念

在设计制作过程中，宣传单的背景使用大红色搭配金色底纹，在引起人们注意的同时，展现出

产品较高的品质；独具风格的咖啡杯设计巧妙地将页面分割开来，体现出独具特色的品位，同时增加了画面的活泼感和趣味性；左上角的产品画面在宣传产品的同时引出宣传文字，与上升的热气形成画面的焦点，突出宣传的主题信息，让人一目了然、印象深刻。

制作要点

使用“透明度”工具和“图框精确剪裁”命令制作背景效果；使用“钢笔”工具和“渐变填充”工具制作装饰图形；使用“文本”工具添加文字；使用“表格”工具制作表格。（最终效果参看资源包中的“源文件\项目六\实战演练 制作咖啡宣传单.cdr”，见图 6-95。）

图 6-95

实战演练——制作旅游宣传单

案例分析

本案例是为某旅游网站设计制作的宣传单。该网站主要介绍的是旅行的相关景区、旅游攻略、优惠信息等。在设计上要求体现出丰富多彩的旅行生活和优惠多样的旅行攻略。

设计理念

在设计制作过程中，使用风景照片作为背景，在突出宣传特色的同时衬托出前方的宣传信息，引起人们的向往之情；红色倾斜的攻略背景醒目突出，营造出热烈、奔放的氛围。文字的设计虚实搭配，在突出宣传主题的同时，增强了视觉效果。

制作要点

使用“矩形”工具绘制攻略红色背景；使用“文本”工具和“修剪”命令添加镂空的宣传文字；使用“文本”工具添加内容文字。（最终效果参看资源包中的“源文件\项目六\实战演练 制作旅游宣传单.cdr”，见图 6-96。）

图 6-96

项目七

海报设计

海报是广告艺术中的一种大众化的载体，又名“招贴”或“宣传画”。由于海报具有尺寸大、远视性强、艺术性高的特点，因此，在宣传媒介中占有重要的位置。本项目以各种不同主题的海报为例，讲解海报的设计思路和过程、制作方法和技巧。

项目目标

- 掌握海报的设计思路和过程
- 掌握海报的制作方法和技巧

任务一　制作夜吧海报

任务分析

本任务是为某时尚音乐吧设计制作活动宣传海报。海报以“舞动之夜”为活动主题，要求能够通过对图片和宣传文字的艺术加工，体现活动的激情热辣，激发人们的参与热情。

设计理念

在设计制作过程中，使用银灰色的背景增强画面的神秘感，搭配不同的光影，形成朦胧的氛围；城市和人物剪影的添加增添热烈狂放的气氛，形成画面的视觉中心，突出宣传的主体；文字的运用主次分明，一目了然。整体设计醒目直观，宣传性强。（最终效果参看资源包中的“源文件\项目七\任务一 制作夜吧海报.cdr”，见图 7-1。）

图 7-1

任务实施

1.制作背景图

STEP 1 按 Ctrl+N 组合键,新建一个页面。在属性栏的“页面尺寸”选项中分别设置宽度为130mm,高度为180mm,按 Enter 键,页面尺寸显示为设置的大小。按 Ctrl+I 组合键,弹出“导入”对话框。选择资源包中的“素材文件\项目七\任务一 制作夜吧海报\01”文件,单击“导入”按钮。在页面中单击导入的图片,按 P 键,将图片居中对齐,效果如图 7-2 所示。

STEP 2 选择“文本”工具字,输入需要的文字,选择“选择”工具,在其属性栏中选择合适的字体并设置文字大小,如图 7-3 所示。

图 7-2

图 7-3

STEP 3 选择“形状”工具,向左拖曳文字下方的图标,调整文字的间距,效果如图 7-4 所示。用相同的方法添加其他文字,效果如图 7-5 所示。

图 7-4

图 7-5

STEP 4 选择“矩形”工具,绘制一个矩形,填充图形为黑色,并去除图形的轮廓线,效果如图 7-6 所示。用相同的方法绘制其他图形,并分别填充相同的颜色,效果如图 7-7 所示。

图 7-6

图 7-7

STEP 5 选择“选择”工具，用圈选的方法选取需要的图形和文字，按 Ctrl+G 组合键，将其群组，在属性栏中将“旋转角度”选项设置为 349.8°，按 Enter 键，效果如图 7-8 所示。

STEP 6 选择“透明度”工具，在“交互式均匀透明度”属性栏中将“透明度类型”选项设置为“标准”，其他选项的设置如图 7-9 所示。按 Enter 键，为图形添加透明度效果，如图 7-10 所示。

图 7-8

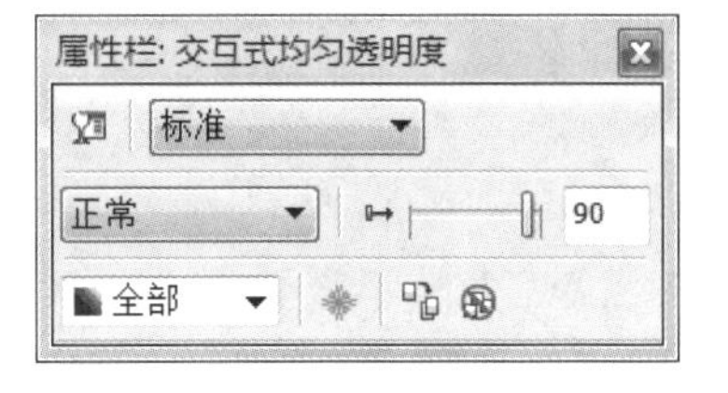

图 7-9

图 7-10

STEP 7 选择“矩形”工具，绘制一个矩形，如图 7-11 所示。在“CMYK 调色板”中的☒按钮上右击，去除图形的轮廓线，效果如图 7-12 所示。

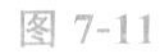

图 7-11

图 7-12

STEP 8 选择“选择”工具，选取需要的文字图形。选择“效果>图框精确剪裁>放置在容器中”命令，鼠标指针变为黑色箭头，在矩形上单击，如图 7-13 所示。将图片置入矩形框中，效果如图 7-14 所示。

图 7-13

图 7-14

STEP 9 按 Ctrl+I 组合键，弹出“导入”对话框。选择资源包中的“素材文件\项目七\任务一制作夜吧海报\02”文件，单击“导入”按钮。在页面中单击导入的图片，将其拖曳到适当的位置，效果如图 7-15 所示。

STEP 10 选择“选择”工具，按数字键盘上的+键，复制图片。选择“位图>模糊>动态模糊”命令，在弹出的“动态模糊”对话框中进行设置，如图 7-16 所示。单击“确定”按钮，效果如图 7-17 所示。按 Ctrl+Page Down 组合键，将图形向下移动到适当的位置，效果如图 7-18 所示。

图 7-15

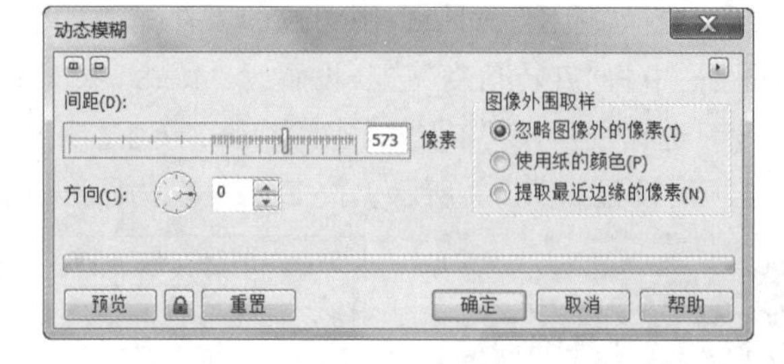

图 7-16

图 7-17

图 7-18

2. 添加活动信息

STEP 1 选择“文本”工具，在适当的位置输入文字，在“文本”属性栏中的设置如图 7-19 所示。填充文字为白色，效果如图 7-20 所示。选择“形状”工具，向下拖曳文字下方的图标，调整文字的行间距，并拖曳到适当的位置，效果如图 7-21 所示。

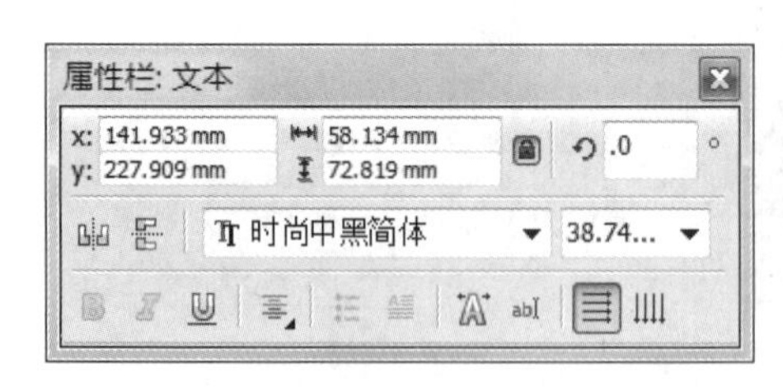

图 7-19

图 7-20

图 7-21

STEP 2 选择“文本”工具，在适当的位置输入文字，选择“选择”工具，在其属性栏中选择合适的字体并设置文字大小。设置文字颜色的 CMYK 值为 0、100、0、0，填充文字，效果如图 7-22 所示。

STEP 3 选择“透明度”工具，在“交互式均匀透明度”属性栏中将“透明度类型”选项设置为“标准”，其他选项的设置如图 7-23 所示。按 Enter 键，为文字添加透明度效果，如图 7-24 所示。用相同的方法添加其他文字，并制作透明效果，如图 7-25 所示。

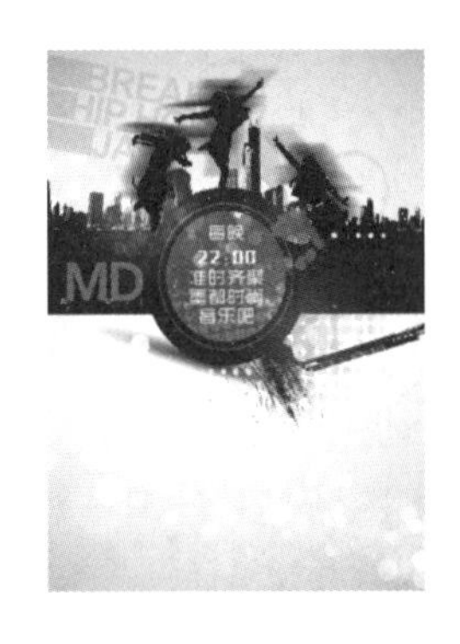

图 7-22　　图 7-23　　图 7-24　　图 7-25

STEP 4 选择“文本”工具字，在适当的位置输入文字，选择“选择”工具，在其属性栏中选择合适的字体并设置文字大小。设置文字颜色的 CMYK 值为 55、100、48、7，填充文字，效果如图 7-26 所示。选择“形状”工具，向左拖曳文字下方的图标，调整文字的字距，效果如图 7-27 所示。

STEP 5 按数字键盘上的＋键，复制文字。选择“选择”工具，将文字拖曳到适当的位置。设置文字颜色的 CMYK 值为 54、100、49、36，填充文字，效果如图 7-28 所示。按 Ctrl＋C 组合键复制文字。

图 7-26　　图 7-27　　图 7-28

STEP 6 选择“调和”工具，在文字之间拖曳光标，为文字添加调和效果。在“交互式调和工具”属性栏中进行设置，如图 7-29 所示。按 Enter 键，效果如图 7-30 所示。按 Ctrl＋V 组合键，将文字原位粘贴，填充文字为白色，效果如图 7-31 所示。

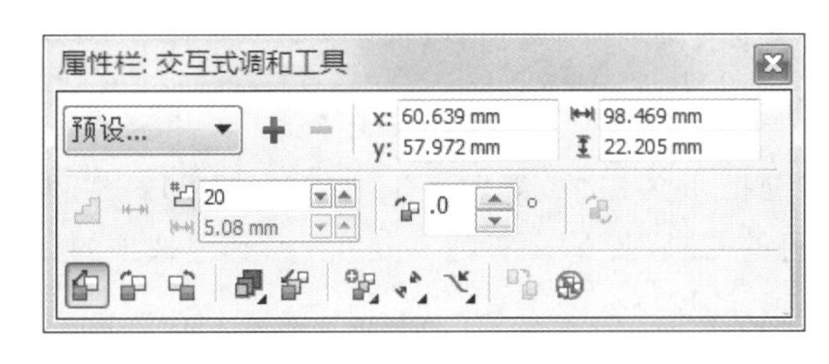

图 7-29　　图 7-30　　图 7-31

STEP 7 按 F12 键，弹出“轮廓笔”对话框。在“颜色”选项中设置轮廓线颜色的 CMYK 值为 20、80、0、20，其他选项的设置如图 7-32 所示。单击“确定”按钮，效果如图 7-33 所示。

STEP 8 选择“文本”工具字，在页面中输入需要的文字，选择“选择”工具，在其属性栏中选择合适的字体并设置文字大小。单击“将文本更改为垂直方向”按钮，更改文字方向。设置文字颜色的 CMYK 值为 54、100、50、39，填充文字，效果如图 7-34 所示。

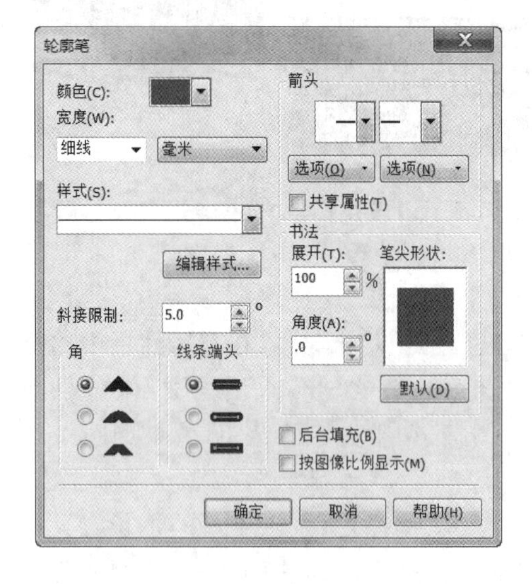

图 7-32

图 7-33

图 7-34

STEP 9 选择“文本”工具字，单击“将文本更改为水平方向”按钮，更改文字方向。在页面中输入需要的文字，在其属性栏中选择合适的字体并设置文字大小，效果如图 7-35 所示。按 F11 键，弹出“渐变填充”对话框，选中“双色”单选按钮，将“从”选项颜色的 CMYK 值设置为 0、100、0、0，“到”选项颜色的 CMYK 值设置为 0、60、100、0，其他选项的设置如图 7-36 所示。单击“确定”按钮填充文字，效果如图 7-37 所示。

图 7-35

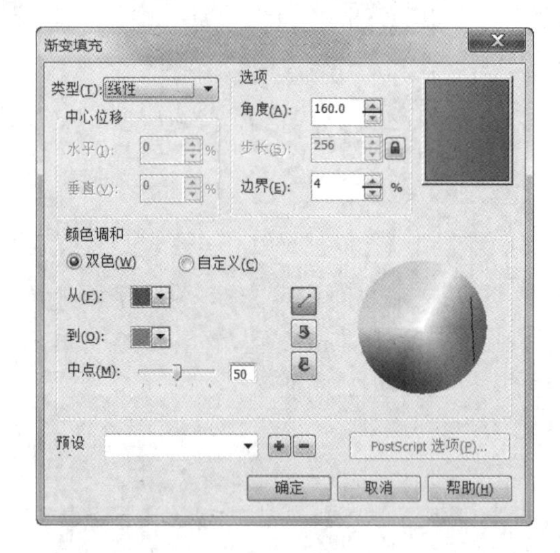

图 7-36

图 7-37

STEP 10 选择“矩形”工具，绘制一个矩形，填充图形为白色，如图 7-38 所示。按 F12 键，弹出“轮廓笔”对话框，在“颜色”选项中设置轮廓线颜色的 CMYK 值设置为 0、0、0、20，其他选项的设置如图 7-39 所示。单击“确定”按钮，效果如图 7-40 所示。

STEP 11 选择“矩形”工具，绘制一个矩形，设置图形颜色的 CMYK 值为 9、97、4、0，填充图形并去除图形的轮廓线，效果如图 7-41 所示。

STEP 12 选择“文本”工具字，在页面中分别输入文字，选择“选择”工具，在其属性栏中分别选择合适的字体并设置文字大小，填充适当的颜色，效果如图 7-42 所示。

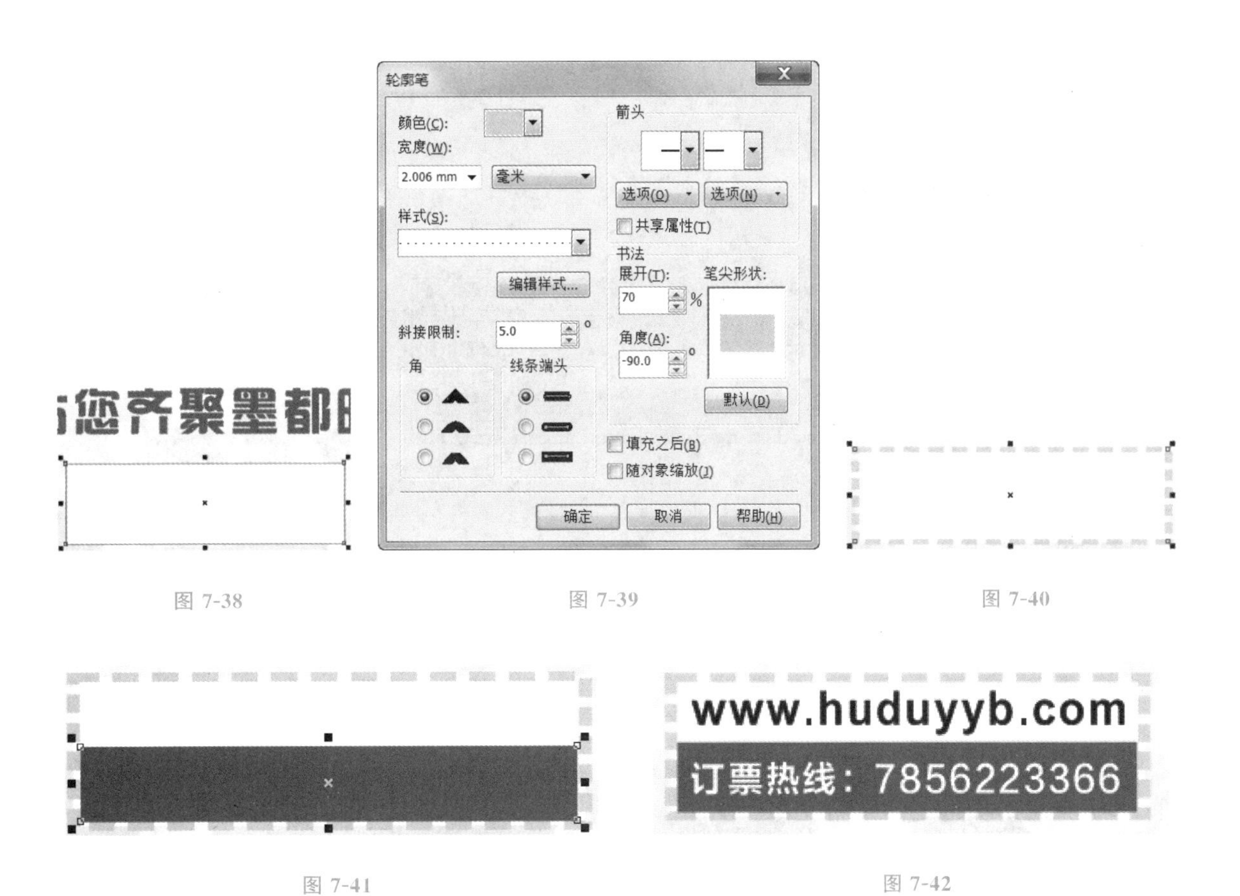

图 7-38　　图 7-39　　图 7-40

图 7-41　　图 7-42

STEP 13 选择“文本”工具，在页面中输入需要的文字，选择“选择”工具，在其属性栏中选择合适的字体并设置文字大小。设置文字颜色的 CMYK 值为 4、85、29、0，填充文字。选择“轮廓图”工具，按住鼠标左键向外侧拖曳光标，为文字添加轮廓化效果。在“交互式轮廓线工具”属性栏中进行设置，如图 7-43 所示。按 Enter 键，效果如图 7-44 所示。

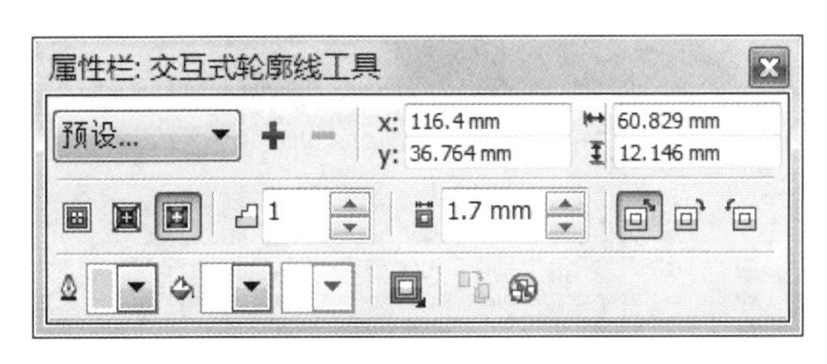

图 7-43　　图 7-44

STEP 14 选择“文本”工具，在页面中分别输入需要的文字，选择“选择”工具，在属性栏中分别选择合适的字体并设置文字大小。设置文字颜色的 CMYK 值为 4、85、29、0，填充文字，效果如图 7-45 所示。

STEP 15 选择“轮廓图”工具，按住鼠标左键向外侧拖曳光标，为文字添加轮廓化效果。在“交互式轮廓线工具”属性栏中进行设置，如图 7-46 所示。按 Enter 键，效果如图 7-47 所示。夜吧海报制作完成。

图 7-45

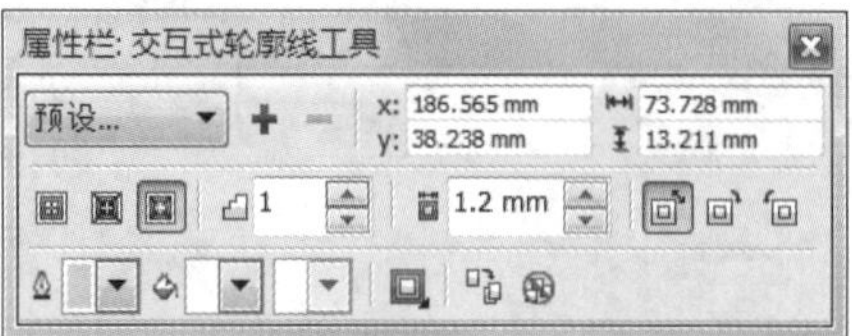

图 7-46

图 7-47

知识讲解

1.使用调和效果

交互式调和工具是 CorelDRAW X6 中应用最广泛的工具之一。制作出的调和效果可以在绘图对象间产生形状、颜色的平滑变化。

绘制两个需要制作调和效果的图形，如图 7-48 所示。选择“调和”工具，将鼠标的光标放在左边的图形上，鼠标的光标变为，按住鼠标左键并拖曳光标到右边的图形上，如图 7-49 所示，释放鼠标左键，两个图形的调和效果如图 7-50 所示。

图 7-48

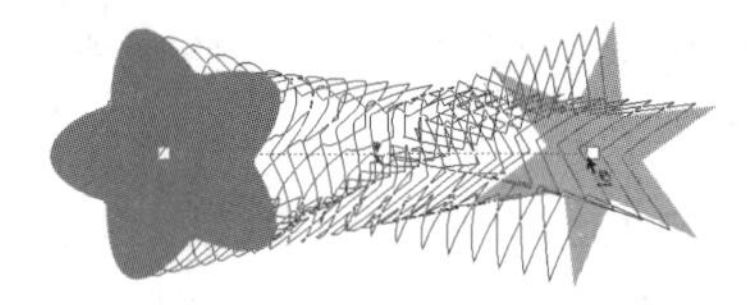

图 7-49

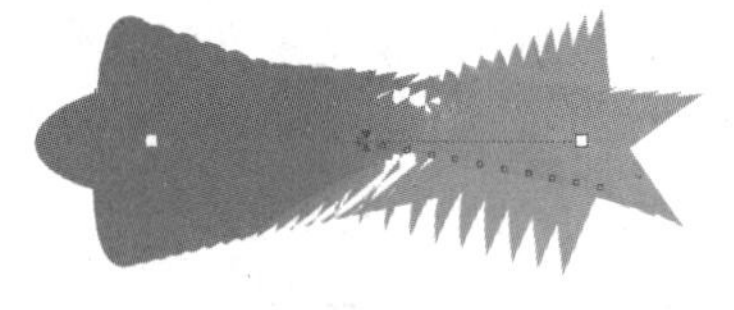

图 7-50

“调和”工具的“交互式调和工具”属性栏如图 7-51 所示。

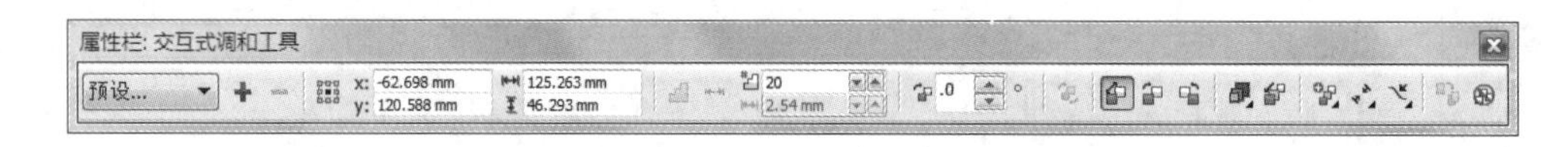

图 7-51

该属性栏各选项的含义如下。

“调和步长”选项 20 ：可以设置调和的步数，效果如图 7-52 所示。

“调和方向”选项 .0 ° ：可以设置调和的旋转角度，效果如图 7-53 所示。

图 7-52

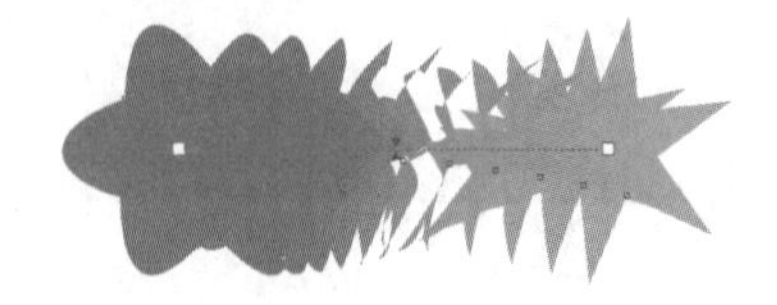

图 7-53

“环绕调和”按钮：调和的图形除了自身旋转，将同时以起点图形和终点图形的中间位置为旋转中心做旋转分布，如图 7-54 所示。

“直接调和”按钮、“顺时针调和”按钮、“逆时针调和”按钮：设定调和对象之间颜色过渡的方向，效果如图 7-55 所示。

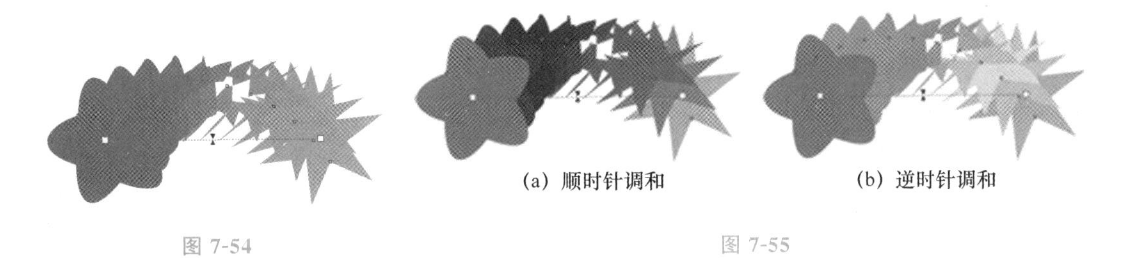

图 7-54　　图 7-55

“对象和颜色加速”按钮：调整对象和颜色的加速属性。单击此按钮弹出如图 7-56 所示的对话框，拖曳滑块到需要的位置，对象加速调和效果如图 7-57 所示，颜色加速调和效果如图 7-58 所示。

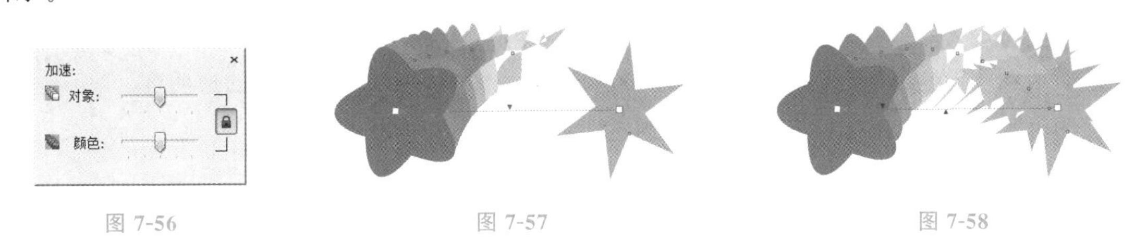

图 7-56　　图 7-57　　图 7-58

“调整加速大小”按钮：可以控制调和的加速属性。

“起始和结束属性”按钮：可以显示或重新设定调和的起始及终止对象。

“路径属性”按钮：使调和对象沿绘制好的路径分布。单击此按钮弹出如图 7-59 所示的菜单，选择“新路径”选项，鼠标的光标变为。在新绘制的路径上右击，如图 7-60 所示，沿路径进行调和的效果如图 7-61 所示。

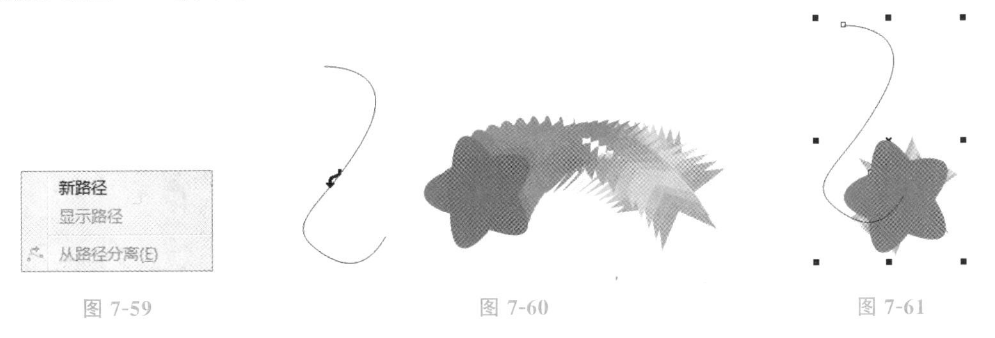

图 7-59　　图 7-60　　图 7-61

“更多调和选项”按钮：可以进行更多的调和设置。单击此按钮弹出如图 7-62 所示的菜单。“映射节点”按钮可指定起始对象的某一节点与终止对象的某一节点对应，以产生特殊的调和效果。“拆分”按钮可将过渡对象分割成独立的对象，并可与其他对象再次进行调和。勾选“沿全路径调和”复选框，可以使调和对象自动充满整个路径。勾选“旋转全部对象”复选框，可以使调和对象的方向与路径一致。

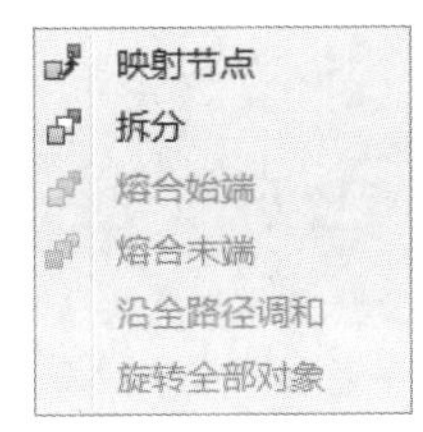

图 7-62

2. 制作透明效果

使用“透明度”工具可以制作出如均匀、渐变、图案和底纹等许多漂亮的透明效果。

选择“选择”工具，选择上方的图形，如图 7-63 所示。选择“透明度”工具，在“交互式均匀透明度”属性栏的“透明度类型”选项下拉列表中选择一种透明度类型，属性设置如图 7-64 所示，图形透明效果如图 7-65 所示。

图 7-63

图 7-64

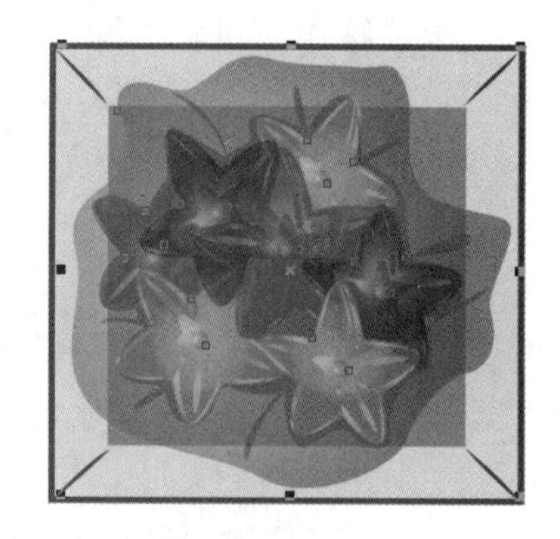

图 7-65

该属性栏中各选项的含义如下。

标准/常规：选择透明度类型和透明度样式。

“开始透明度”选项 53：拖曳滑块或直接输入数值，可以改变对象的透明度。

“透明度目标”选项 全部：设置应用透明度到“填充”“轮廓”或“全部”效果。

“冻结透明度”按钮：进一步调整透明度。

“编辑透明度”按钮：打开“均匀透明度”对话框，可以对均匀透明度进行具体的设置。

“复制透明度属性”按钮：可以复制对象的透明效果。

“清除透明度”按钮：可以清除对象中的透明效果。

课堂演练——制作 MP3 宣传海报

使用“矩形”工具、“透明度”工具和“图框精确剪裁”命令制作背景效果；使用“文本”工具和“轮廓笔”工具添加标题文字；使用“垂直镜像”命令和“透明度”工具制作 MP3 投影效果；使用“添加符号字符”命令添加装饰图形。（最终效果参看资源包中的“源文件\项目七\课堂演练 制作 MP3 宣传海报.cdr”，见图 7-66。）

图 7-66

任务二　制作房地产海报

任务分析

本任务是为一家房地产公司设计制作宣传海报。公司的新楼房即将开盘,想要进行宣传。要求围绕“大城市小爱情”这一主题进行制作,画面温馨,能够表现宣传主题。

设计理念

在设计制作中,首先使用浅色的背景营造出温馨舒适的环境,起到衬托画面主题的作用。清新独立的楼房图案搭配装饰花边,增加了画面的活泼感。文字的设计清晰明了,醒目突出,让人一目了然,印象深刻。(最终效果参看资源包中的“源文件\项目七\任务二 制作房地产海报.cdr”,见图 7-67。)

图 7-67

任务实施

1. 制作背景效果

STEP 1 按 Ctrl+N 组合键,新建一个页面。在页面属性的“页面尺寸”选项中设置宽度为 300mm、高度为 400mm,按 Enter 键,页面尺寸显示为设置的大小。

STEP 2 双击“矩形”工具□,绘制一个与页面大小相等的矩形,设置图形填充颜色的 CMYK 值为 0、5、10、0,填充图形,并去除图形的轮廓线,效果如图 7-68 所示。

STEP 3 选择“文件>导入”命令，弹出“导入”对话框。选择资源包中的“素材文件\项目七\任务二 制作房地产海报\01”文件，单击“导入”按钮，在页面中单击导入图片，将其拖曳到适当的位置，效果如图 7-69 所示。

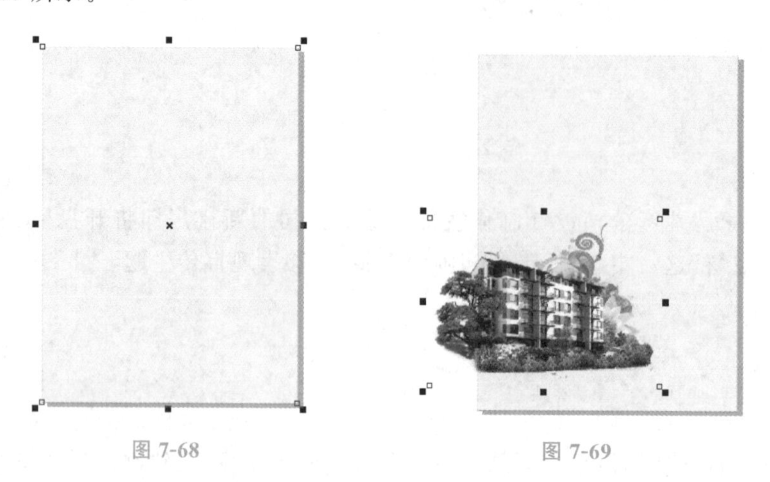

图 7-68　　图 7-69

STEP 4 选择“选择”工具，选取需要的图形，选择“效果>图框精确剪裁>置于图文框内部”命令，鼠标的光标变为黑色箭头形状，在矩形上单击，如图 7-70 所示。将图片置于矩形中，效果如图 7-71 所示。

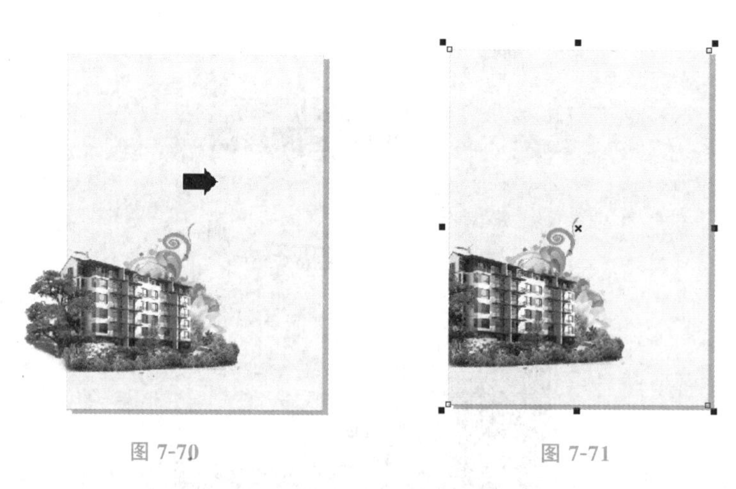

图 7-70　　图 7-71

STEP 5 选择“矩形”工具，在页面中绘制一个矩形，如图 7-72 所示。按 Ctrl+Q 组合键，将矩形转化为曲线。选择“形状”工具，选取需要的节点，向下拖曳节点，如图 7-73 所示。设置图形填充颜色的 CMYK 值为 0、40、60、40，填充图形，并去除图形的轮廓线，效果如图 7-74 所示。

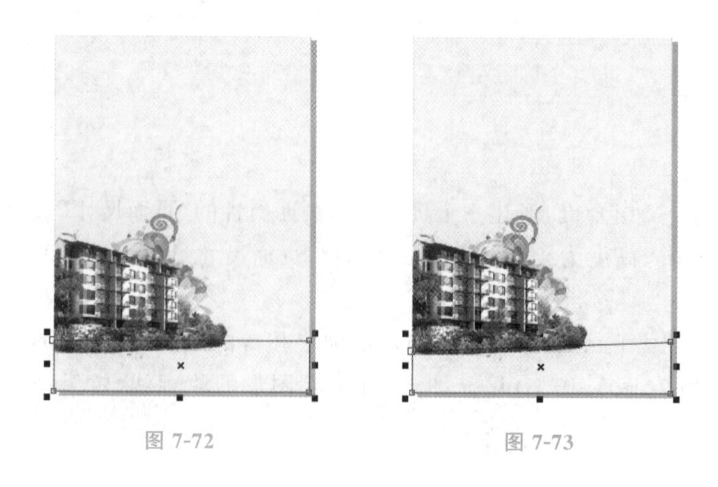

图 7-72　　图 7-73

STEP 6 选择“矩形”工具，在页面中绘制一个矩形，设置图形填充颜色的 CMYK 值为 0、40、60、60，填充图形，并去除图形的轮廓线，效果如图 7-75 所示。

图 7-74

图 7-75

2. 制作宣传语

STEP 1 选择“文本”工具，在页面中输入需要的文字。选择“选择”工具，在该属性栏中选择适当的字体并设置文字大小，效果如图 7-76 所示。保持文字的选取状态，再次单击文字，使其处于旋转状态，向右拖曳上侧中间的控制手柄到适当的位置，将文字倾斜，效果如图 7-77 所示。

图 7-76

大城市小爱情

图 7-77

★ 微视频

制作房地产海报2

STEP 2 按 Ctrl+Q 组合键，将矩形转化为曲线，效果如图 7-78 所示。选择“形状”工具，选取所需节点，拖曳节点到适当的位置，效果如图 7-79 所示。

大城市小爱情

图 7-78

图 7-79

STEP 3 用相同方法调整其他节点，效果如图 7-80 所示。选择“选择”工具，圈选需要的文字，按 Ctrl+G 组合键，将文字群组。选择“文本”工具，在页面中分别输入需要的文字。选择“选择”工具，在该属性栏中分别选择适当的字体并设置文字大小，效果如图 7-81 所示。

图 7-80

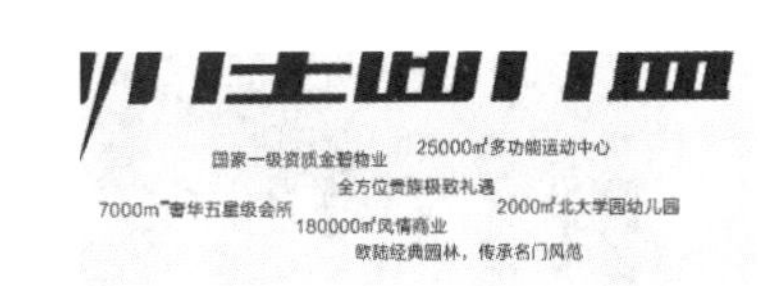

图 7-81

3.制作标志图形

STEP 1 选择"矩形"工具，在页面中绘制一个矩形，设置图形填充颜色的 CMYK 值为 0、20、40、40，填充图形，并去除图形的轮廓线，效果如图 7-82 所示。选择"星形"工具，在"星形"属性栏中的设置如图 7-83 所示。绘制一个三角形，如图 7-84 所示。

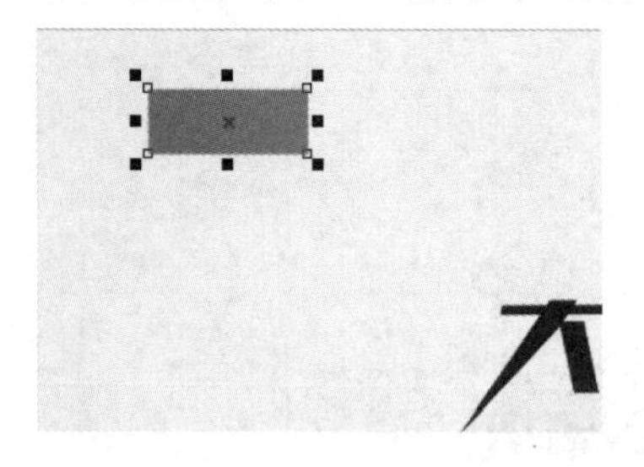

图 7-82

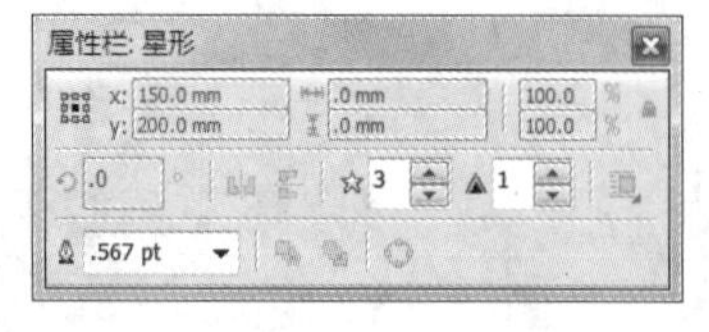

图 7-83

图 7-84

STEP 2 按 F12 键，弹出"轮廓笔"对话框，在"颜色"选项中设置轮廓线颜色的 CMYK 值为 60、73、100、36，其他选项的设置如图 7-85 所示。单击"确定"按钮，效果如图 7-86 所示。

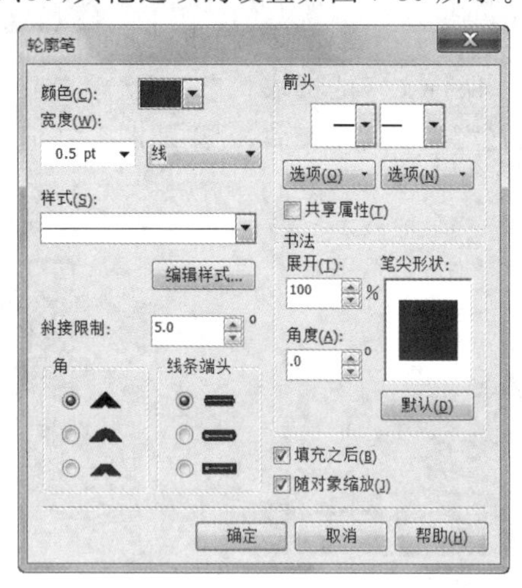

图 7-85

图 7-86

STEP 3 选择"选择"工具，选取绘制的三角形，拖曳到适当的位置右击，复制图形，效果如图 7-87 所示。连续按 Ctrl+D 组合键，连续复制图形，效果如图 7-88 所示。

图 7-87

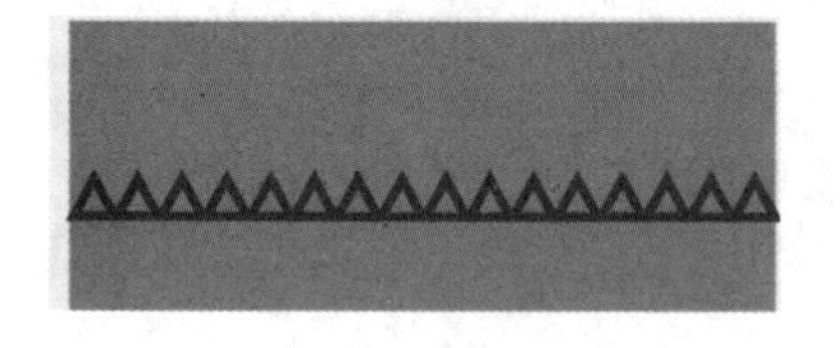

图 7-88

STEP 4 选择"选择"工具，圈选绘制的三角形，按 Ctrl+G 组合键，将三角形群组，将群组图形拖曳至需要的位置右击，复制图形，效果如图 7-89 所示。用上述方法绘制其他图形，并填充适当的轮廓线颜色，效果如图 7-90 所示。

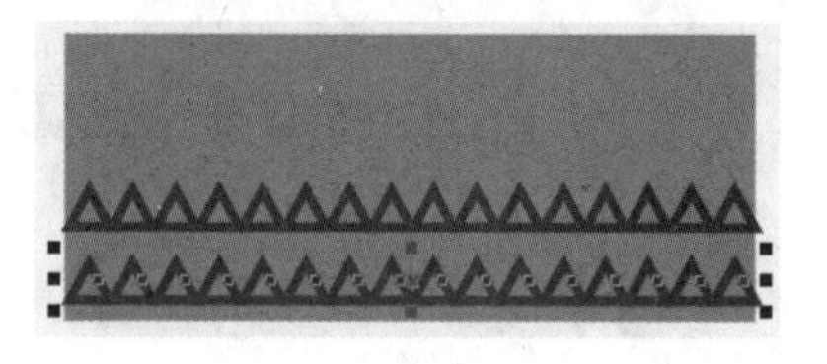

图 7-89

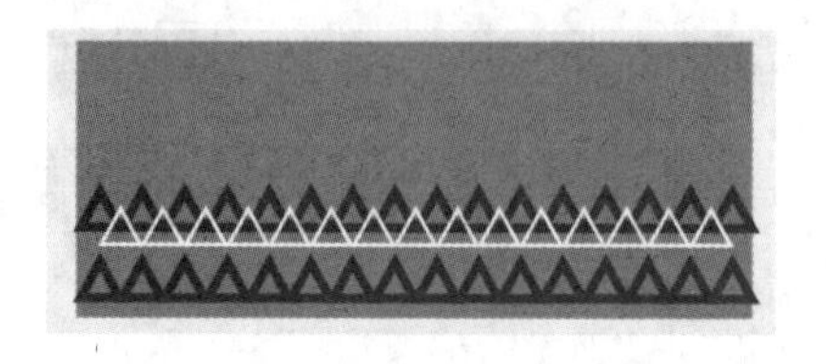

图 7-90

STEP 5 选择“选择”工具，选取所需的图形，如图 7-91 所示。选择“效果>图框精确剪裁>置于图文框内部”命令，鼠标的光标变为黑色箭头形状，在矩形上单击，如图 7-92 所示。将图片置于矩形中，效果如图 7-93 所示。

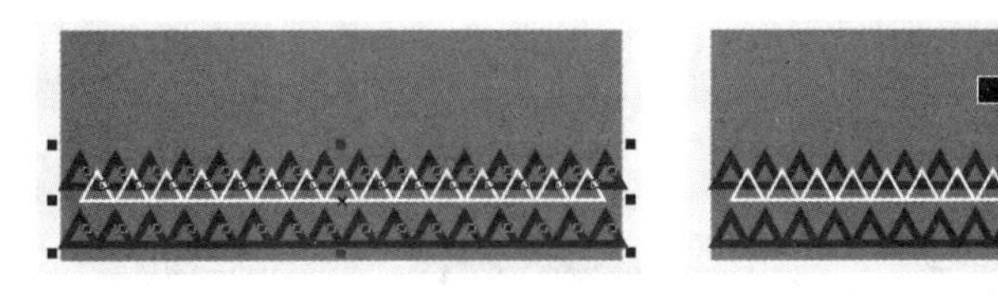

图 7-91　　图 7-92

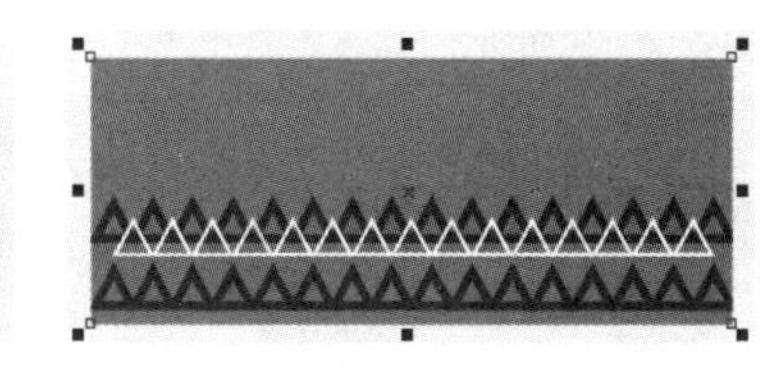

图 7-93

STEP 6 选择“文本”工具，在页面中输入需要的文字。选择“选择”工具，在其属性栏中选择适当的字体并设置文字大小，设置文字填充颜色的 CMYK 值为 0、0、0、0，填充文字，效果如图 7-94 所示。用相同方法添加其他文字，效果如图 7-95 所示。

图 7-94

图 7-95

STEP 7 选择“文本”工具，在页面中输入需要的文字。选择“选择”工具，在其属性栏中选择适当的字体并设置文字大小，效果如图 7-96 所示。用相同方法添加其他文字，效果如图 7-97 所示。

图 7-96

图 7-97

STEP 8 选择“矩形”工具，在页面中绘制一个矩形，填充图形为黑色，并去除图形的轮廓线，效果如图 7-98 所示。选择“选择”工具，圈选需要的图形和文字，按 Ctrl+G 组合键，将图形和文字群组，效果如图 7-99 所示。

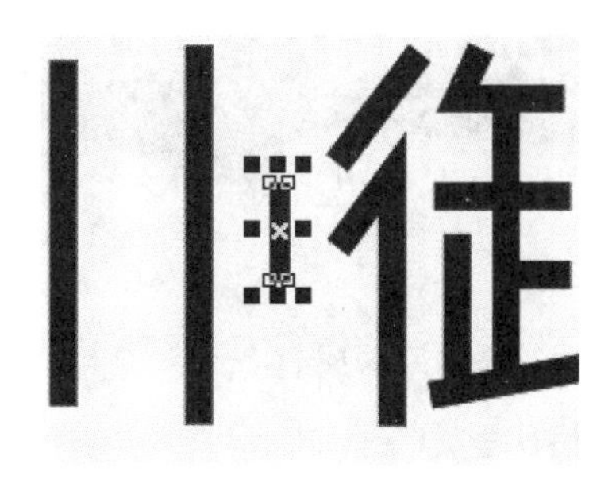

图 7-98

图 7-99

4.添加其他介绍文字

STEP 1 选择“贝塞尔”工具，绘制一个不规则图形，设置图形填充颜色的 CMYK 值为 0、100、100、20，填充图形，并去除图形的轮廓线，效果如图 7-100 所示。再次绘制一个图形，如图 7-101 所示。

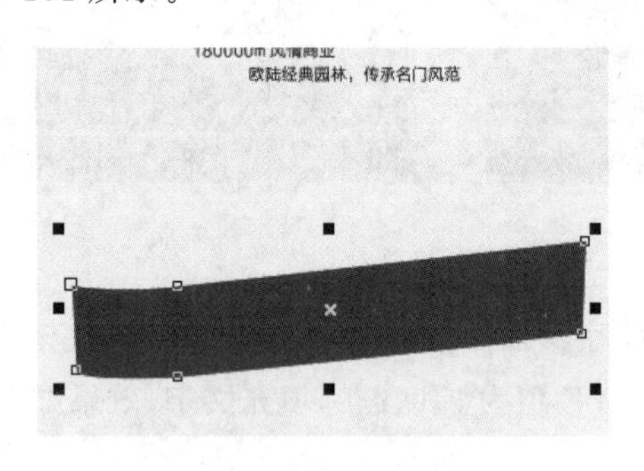

图 7-100

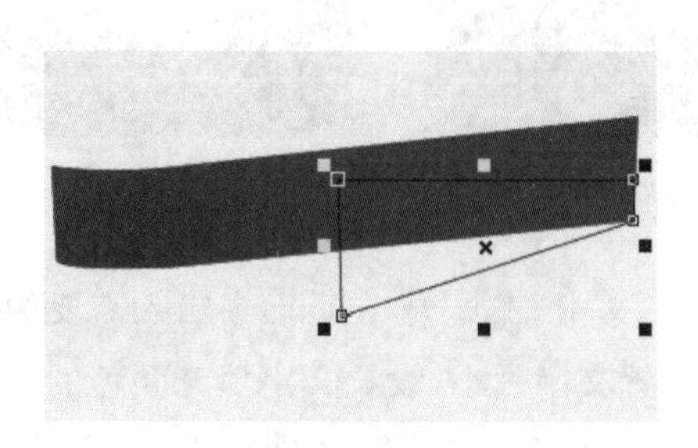

图 7-101

STEP 2 按 F11 键，弹出“渐变填充”对话框，选中“双色”单选按钮，将“从”选项颜色的 CMYK 值设置为 0、100、100、80，“到”选项颜色的 CMYK 值设置为 0、100、100、50，其他选项的设置如图 7-102 所示。单击“确定”按钮，填充图形，并去除图形的轮廓线，效果如图 7-103 所示。选择“排列>顺序>向后一层”命令，调整图形顺序，效果如图 7-104 所示。

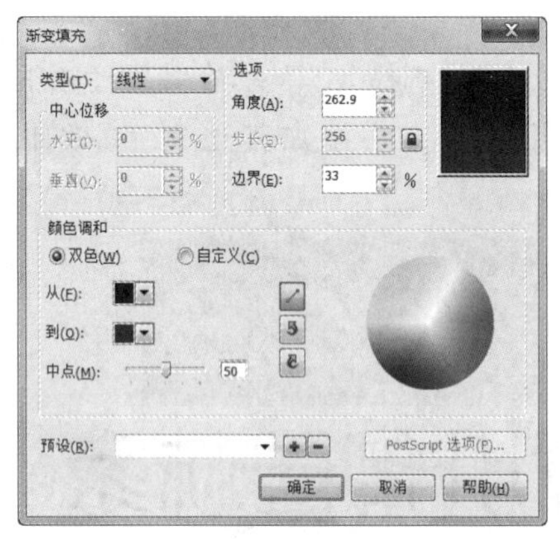

图 7-102

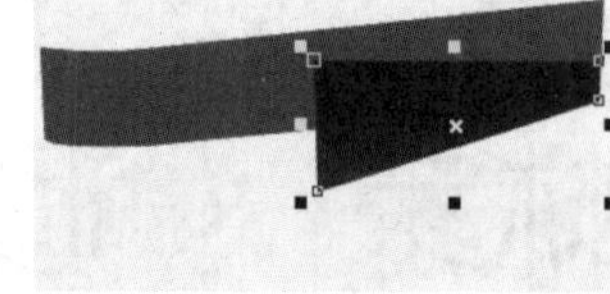

图 7-103

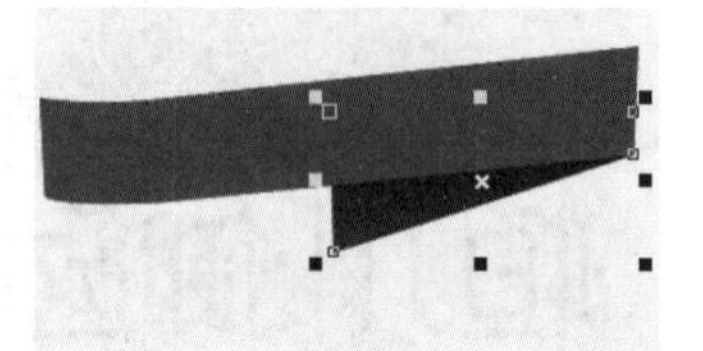

图 7-104

STEP 3 选择“文本”工具，在页面中分别输入需要的文字。选择“选择”工具，在其属性栏中分别选择适当的字体并设置文字大小，填充文字为白色，效果如图 7-105 所示。将文字同时选取，再次单击文字，使其处于旋转状态，向右拖曳上方中间的控制手柄到适当的位置，倾斜文字，效果如图 7-106 所示。

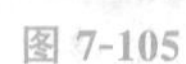
图 7-105

图 7-106

STEP 4 选择“选择”工具，选取上方的文字。选择“文本>文本属性”命令，弹出“文本属性”面板，设置如图 7-107 所示，按 Enter 键，效果如图 7-108 所示。

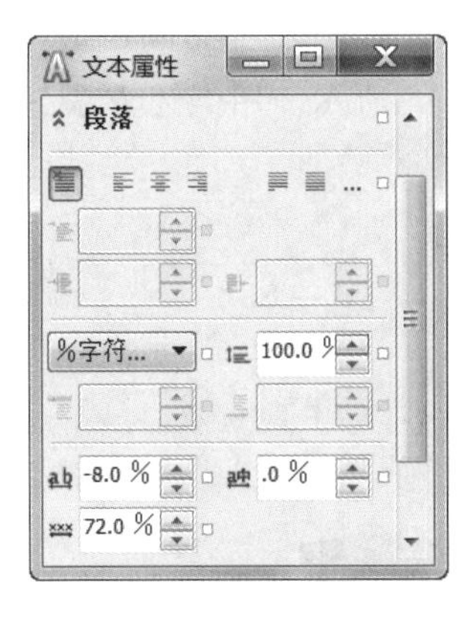

图 7-107

图 7-108

STEP 5 选择"文本"工具，选取需要的文字，如图 7-109 所示。设置文字填充颜色的 CMYK 值为 0、0、100、0，填充文字，效果如图 7-110 所示。

图 7-109

图 7-110

STEP 6 选择"选择"工具，选取所需文字，效果如图 7-111 所示。在属性栏中将"旋转角度"选项设置为 5.0°，旋转文字，效果如图 7-112 所示。

图 7-111

图 7-112

STEP 7 按 Ctrl+I 组合键，弹出"导入"对话框，选择资源包中的"素材文件\项目七\任务二 制作房地产海报\02"文件，单击"导入"按钮，在页面中单击导入图片，将其拖曳到适当的位置并调整其大小，如图 7-113 所示。

STEP 8 选择"选择"工具，选取导入的图片，拖曳到适当的位置并单击鼠标右键，复制图片，效果如图 7-114 所示。在属性栏中将"旋转角度"选项设置为 7.8°，旋转图形，效果如图 7-115 所示。

图 7-113

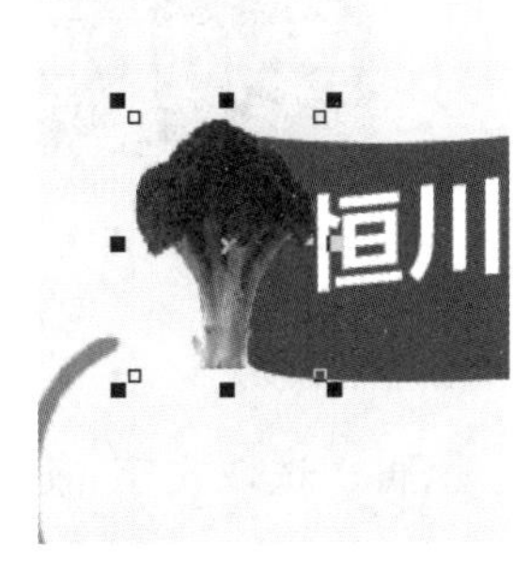

图 7-114

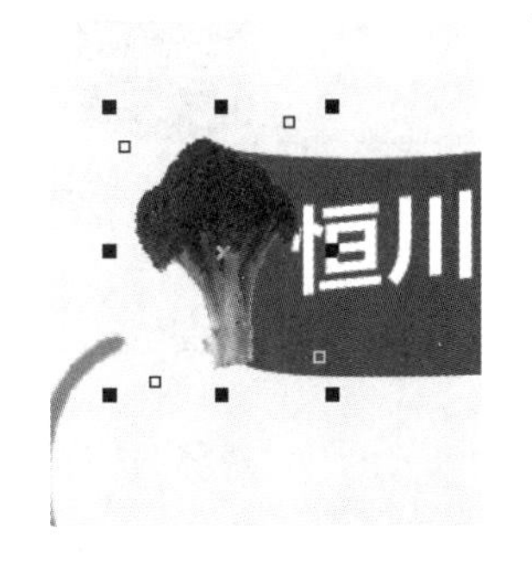

图 7-115

STEP 9 选择“贝塞尔”工具，绘制一个不规则图形，设置图形填充颜色的 CMYK 值为 0、100、100、20，填充图形，并去除图形的轮廓线，效果如图 7-116 所示。用上述方法分别绘制其他图形，并分别填充适当的颜色，效果如图 7-117 所示。

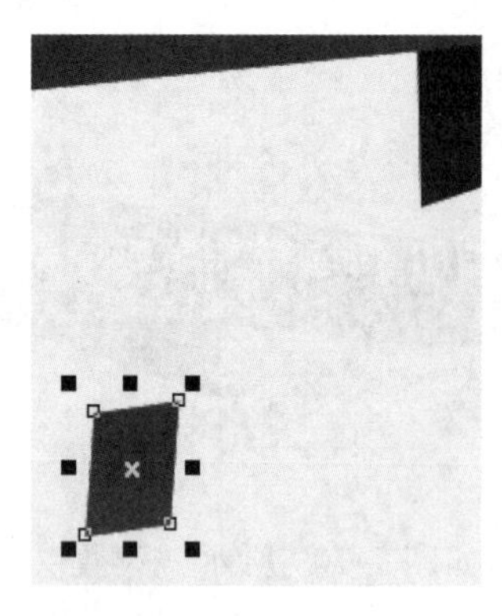
图 7-116

图 7-117

STEP 10 选择“选择”工具，选取需要的图形，如图 7-118 所示。连续按两次 Ctrl＋Page Down 组合键，调整图层顺序，效果如图 7-119 所示。选择“选择”工具，圈选需要的图形，按 Ctrl＋G 组合键，将图形群组，效果如图 7-120 所示。

图 7-118

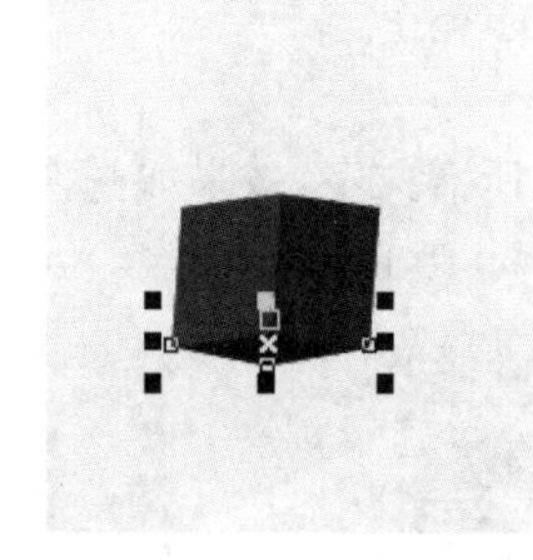
图 7-119

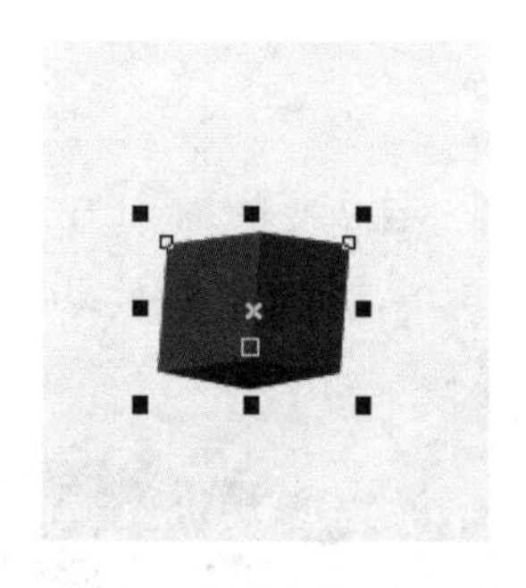
图 7-120

STEP 11 选择“文本”工具，在页面中输入需要的文字。选择“选择”工具，在其属性栏中选择适当的字体并设置文字大小，填充文字为白色，效果如图 7-121 所示。

STEP 12 选择“文本”工具，在页面中输入需要的文字。选择“选择”工具，在其属性栏中选择适当的字体并设置文字大小，设置文字填充颜色的 CMYK 值为 0、100、100、20，填充文字，效果如图 7-122 所示。

图 7-121

图 7-122

STEP 13 选择“选择”工具，再次选取文字，使文字处于旋转状态，向右拖曳上侧中间的控制手柄到适当的位置，将文字倾斜，效果如图 7-123 所示。用相同方法添加其他文字，效果如图 7-124 所示。

图 7-123

图 7-124

STEP 14 选择“选择”工具，选取文字和图形，按 Ctrl+G 组合键，将图形和文字群组，效果如图 7-125 所示。在属性栏中将“旋转角度”选项设置为 4.4°，旋转图形，效果如图 7-126 所示。

图 7-125

图 7-126

STEP 15 用上述方法添加其他文字，效果如图 7-127 所示。选择“文本”工具，在页面中输入需要的文字。选择“选择”工具，在属性栏中选择适当的字体并设置文字大小，设置文字填充颜色的 CMYK 值为 0、0、20、0，填充文字。将输入的两行文字选取，选择“排列>对齐和分布>右对齐”命令，对齐文字，效果如图 7-128 所示。房地产海报制作完成。

图 7-127

图 7-128

知识讲解

1. 图框精确剪裁效果

在 CorelDRAW X6 中，使用图框精确剪裁可以将一个对象内置于另外一个容器对象中。内置的对象可以是任意的，但容器对象必须是创建的封闭路径。

打开一张图片，再绘制一个图形作为容器对象，使用“选择”工具选中要用来内置的图形，如图 7-129 所示。

图 7-129

选择“效果>图框精确剪裁>置于图文框内部”命令，鼠标的光标变为黑色箭头，将箭头放在容器对象内并单击，如图 7-130 所示。完成的图框精确剪裁对象效果如图 7-131 所示，内置图形的中心和容器对象的中心是重合的。

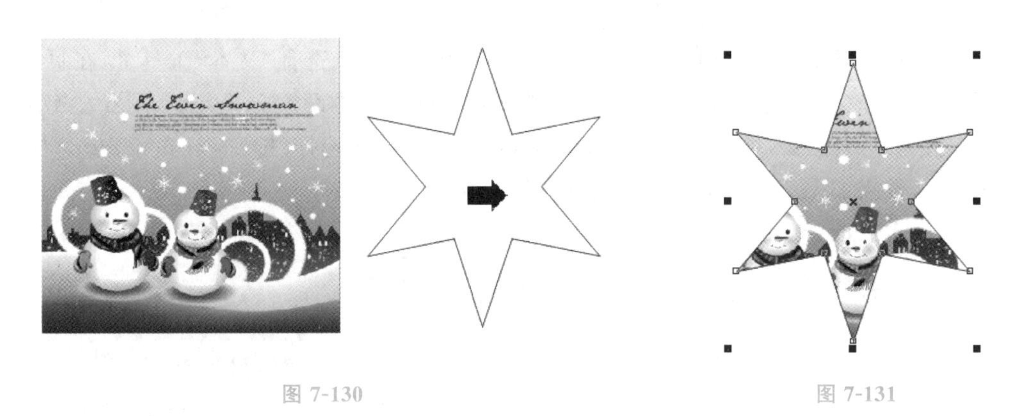

图 7-130　　图 7-131

选择“效果>图框精确剪裁>提取内容”命令，可以将容器对象内的内置位图提取出来。选择“效果>图框精确剪裁>编辑 PowerClip”命令，可以修改内置对象。选择“效果>图框精确剪裁>结束编辑”命令，完成内置位图的重新选择。选择“效果>复制效果>图框精确剪裁自”命令，鼠标的光标变为黑色箭头，将箭头放在图框精确剪裁对象上并单击，可复制内置对象。

2. 调整亮度、对比度和强度

打开一个图形，如图 7-132 所示。选择“效果>调整>亮度/对比度/强度”命令，或按 Ctrl+B 组合键，弹出“亮度/对比度/强度”对话框，拖曳滑块可以设置各项的数值，如图 7-133 所示。调整好后，单击“确定”按钮，图形色调的调整效果如图 7-134 所示。

图 7-132

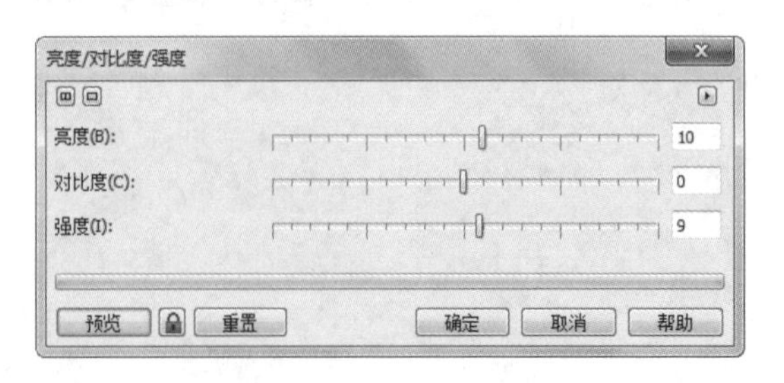

图 7-133

图 7-134

该属性栏各选项的含义如下。

“亮度”选项：可以调整图形颜色的深浅变化，也就是增加或减少所有像素值的色调范围。

“对比度”选项：可以调整图形颜色的对比，也就是调整最浅和最深像素值之间的差。

“强度”选项：可以调整图形浅色区域的亮度，同时不降低深色区域的亮度。

“预览”按钮：可以预览色调的调整效果。

“重置”按钮：可以重新调整色调。

3.调整颜色通道

打开一个图形，如图 7-135 所示。选择“效果>调整>颜色平衡”命令，或按 Ctrl＋Shift＋B 组合键，弹出“颜色平衡”对话框，拖曳滑块可以设置各项的数值，如图 7-136 所示。调整好后，单击“确定”按钮，图形色调的调整效果如图 7-137 所示。

图 7-135

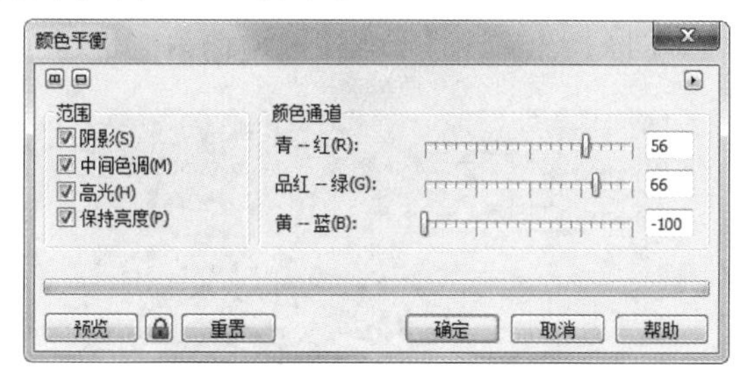

图 7-136

图 7-137

在该对话框的“范围”设置区中有 4 个复选框，可以共同或分别设置对象的颜色调整范围。

“阴影”复选框：可以对图形阴影区域的颜色进行调整。

“中间色调”复选框：可以对图形中间色调的颜色进行调整。

“高光”复选框：可以对图形高光区域的颜色进行调整。

“保持亮度”复选框：可以在对图形进行颜色调整的同时保持图形的亮度。

“青－红”选项：可以在图形中添加青色和红色。向右移动滑块将添加红色，向左移动滑块将添加青色。

“品红－绿”选项：可以在图形中添加品红色和绿色。向右移动滑块将添加绿色，向左移动滑块将添加品红色。

“黄－蓝”选项：可以在图形中添加黄色和蓝色。向右移动滑块将添加蓝色，向左移动滑块将添加黄色。

4.调整色度、饱和度和亮度

打开一个要调整色调的图形，如图 7-138 所示。选择“效果>调整>色度/饱和度/亮度”命令，或按 Ctrl＋Shift＋U 组合键，弹出“色度/饱和度/亮度”对话框，拖曳滑块可以设置其数值，如图 7-139 所示。调整好后，单击“确定”按钮，图形色调的调整效果如图 7-140 所示。

图 7-138

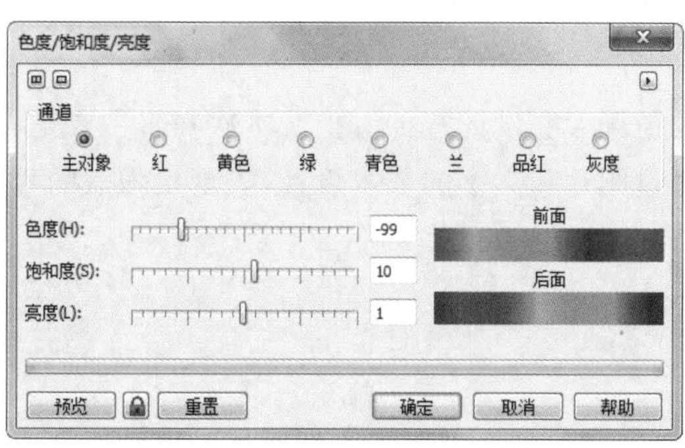

图 7-139

图 7-140

该对话框中各选项的含义如下。

"通道"选项组:可以选择要调整的主要颜色。

"色度"选项:可以改变图形的颜色。

"饱和度"选项:可以改变图形颜色的深浅程度。

"亮度"选项:可以改变图形的明暗程度。

课堂演练——制作商城促销海报

使用"亮度/对比度/强度"命令和"图框精确剪裁"命令制作背景效果;使用"添加透视"命令并拖曳节点制作文字透视变形效果;使用"渐变填充"工具为文字填充渐变色;使用"阴影"工具为文字添加阴影;使用"轮廓图"工具为文字添加轮廓化效果;使用"文本"工具输入其他说明文字。(最终效果参看资源包中的"源文件\项目七\课堂演练 制作商城促销海报.cdr",见图 7-141。)

图 7-141

实战演练——制作街舞大赛海报

案例分析

本案例是为即将开展的街舞大赛设计宣传海报。本次赛事主要是以"时尚"为主题来表现街舞这种艺术形式。海报要求通过图片和文字的艺术设计,表现出强烈的号召力和街舞的艺术感染力。

设计理念

在设计制作过程中,通过渐变的黑白方框背景图增加画面的立体感;通过对广告语的艺术编排点明主题;通过文字传递出舞蹈大赛的相关信息。整个海报设计年轻时尚,活力四射。

制作要点

使用“文本”工具和“形状”工具添加并调整文字；使用“渐变”工具填充文字；使用“椭圆形”工具绘制装饰圆形；使用“形状”工具和“转换为曲线”命令编辑宣传语；使用“轮廓图”工具和“阴影”工具制作宣传语立体效果。（最终效果参看资源包中的“源文件\项目七\实战演练 制作街舞大赛海报.cdr”，见图 7-142。）

图 7-142

★ 微视频
制作街舞大赛海报1

★ 微视频
制作街舞大赛海报2

实战演练——制作冰激凌海报

案例分析

冰激凌是许多人喜爱的食物，它顺滑美味，清凉爽口，是夏天的首选冷饮。本案例是为某冰激凌品牌制作宣传海报，要求展现“青春活泼”的产品特点。

设计理念

在设计制作过程中，使用粉红色的背景营造出浪漫、温馨的氛围；食物融化的设计给人甜蜜的感觉；不同产品的展示在突出产品丰富种类的同时，引发人们的食欲；冰蓝色的艺术宣传文字醒目突出，给人以冰爽的感觉。整个海报色彩丰富、主题突出、充满诱惑力。

制作要点

使用“贝塞尔”工具、“调和”工具和“图框精确剪裁”命令制作装饰图形；使用“导入”命令导入图片；使用“文本”工具添加文字；使用“轮廓图”工具制作文字效果。（最终效果参看资源包中的“源文件\项目七\实战演练 制作冰激凌海报.cdr”，见图 7-143。）

图 7-143

微视频

制作冰激凌海报1

微视频

制作冰激凌海报2

项目八

广告设计

广告以多样的形式出现在城市中，是城市商业发展的写照。广告通过电视、报纸等媒体来发布。好的户外广告要强化视觉冲击力，抓住观众的视线。本项目以多种题材的广告为例，讲解广告的设计思路和过程、制作方法和技巧。

项目目标

- 掌握广告的设计思路和过程
- 掌握广告的制作方法和技巧

任务一 制作情人节广告

任务分析

本任务是为情人节特价销售制作宣传广告。广告的设计要体现出情人节浪漫甜蜜的氛围，使人们在轻松愉悦的环境中购买到适合自己的产品。

设计理念

在设计制作过程中，使用粉红色的背景烘托出浪漫幸福的气氛，给人温暖雅致的印象；心形图案和小熊图片的添加增加了甜蜜可爱的感觉，使人感觉亲切温馨；对广告语和宣传文字进行艺术加工，与整体设计相呼应，使宣传主题更加鲜明突出。（最终效果参看资源包中的“源文件\项目八\任务一 制作情人节广告.cdr”，见图 8-1。）

图 8-1

任务实施

1.添加并编辑标题

STEP 1 选择“文件>打开”命令,弹出“打开绘图”对话框。选择资源包中的“素材文件\项目八\任务一 制作情人节广告\01”文件,单击“打开”按钮,打开文件,效果如图 8-2 所示。

STEP 2 选择“文本”工具字,分别输入需要的文字。选择“选择”工具,在其属性栏中分别选取适当的字体并设置文字大小。设置文字颜色的 CMYK 值为 0、100、0、0,填充文字,效果如图 8-3 所示。

图 8-2

图 8-3

STEP 3 选择“选择”工具,选取文字“甜蜜蜜”。选择“形状”工具,文字的编辑状态如图 8-4 所示。向左拖曳文字下方的图标,调整字距,释放鼠标后,效果如图 8-5 所示。

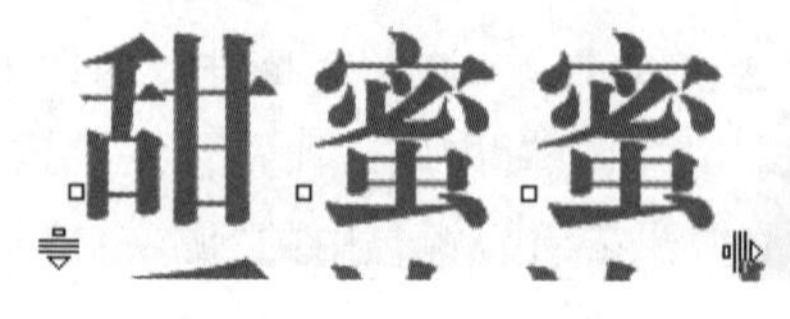

图 8-4

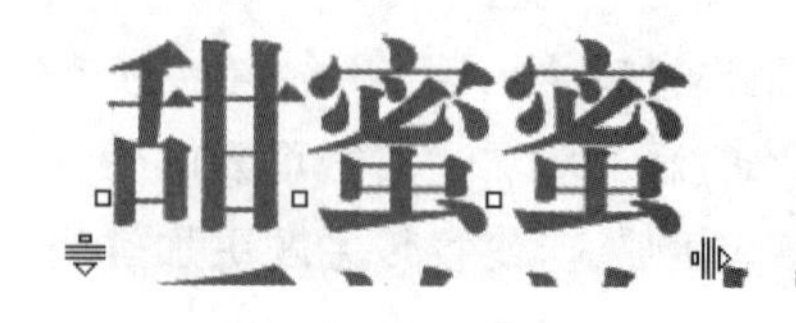

图 8-5

STEP 4 选择“文本”工具字,选取中间的文字“蜜”。选择“文本>文本属性”命令,在弹出的“文本属性”面板中进行设置,如图 8-6 所示。按 Enter 键,文字效果如图 8-7 所示。用相同的方法制作其他文字效果,如图 8-8 所示。

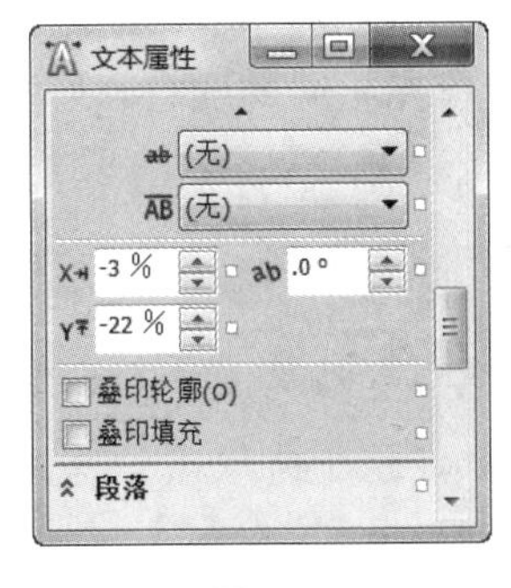

图 8-6

图 8-7

图 8-8

STEP 5 选择“贝塞尔”工具，绘制一个图形，如图 8-9 所示。设置图形颜色的 CMYK 值为 0、100、0、0，填充图形，并去除图形的轮廓线，效果如图 8-10 所示。用相同的方法绘制其他图形，并填充相同的颜色，效果如图 8-11 所示。

STEP 6 选择“选择”工具，用圈选的方法同时选取文字和图形，单击属性栏中的“合并”按钮，将文字和图形合并为一个图形，效果如图 8-12 所示。

图 8-9　　图 8-10

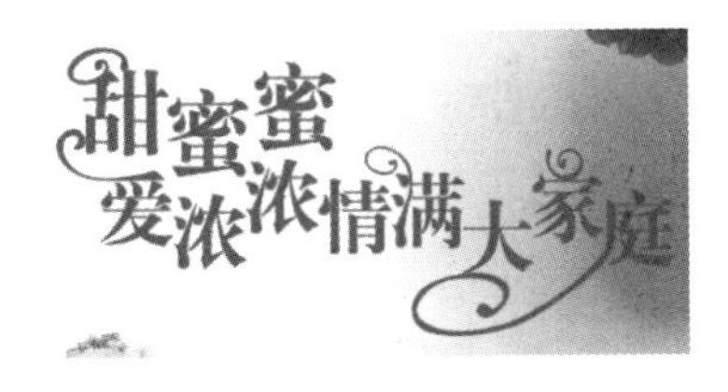

图 8-11

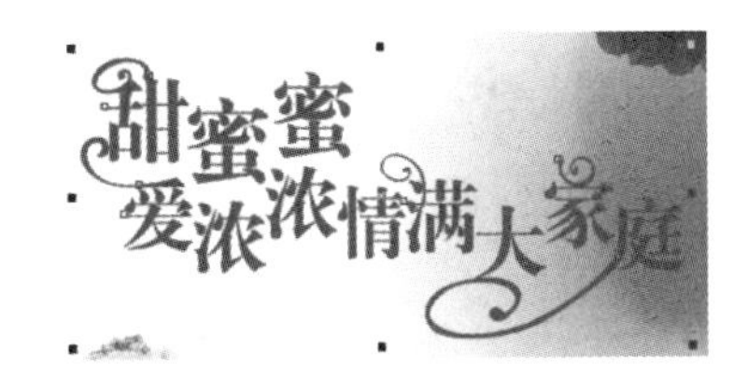

图 8-12

STEP 7 选择“阴影”工具，在图形对象中从上向下拖曳光标，为文字添加阴影效果。在“交互式阴影”属性栏中进行设置，如图 8-13 所示。按 Enter 键，效果如图 8-14 所示。

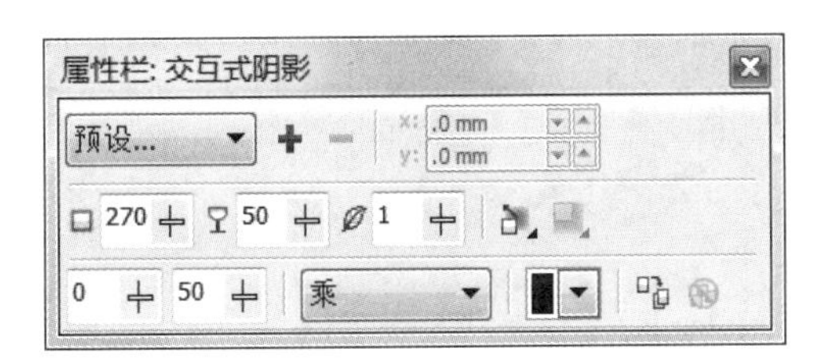

图 8-13

图 8-14

2. 添加内容文字

STEP 1 选择“文本”工具，分别输入需要的文字。选择“选择”工具，在属性栏中分别选择合适的字体并设置文字大小。设置文字颜色的 CMYK 值为 0、100、0、0，填充文字，效果如图 8-15 所示。

STEP 2 选择“选择”工具，选取文字“活动时间:”。选择“形状”工具，向左拖曳文字下方的图标调整字距，释放鼠标后，效果如图 8-16 所示。

图 8-15

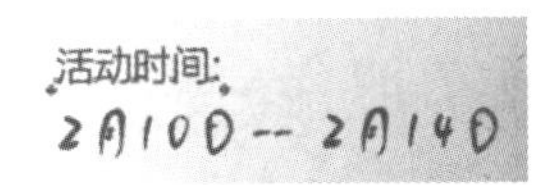

图 8-16

STEP 3 选择“文本”工具，选取需要的文字，如图 8-17 所示。设置文字颜色的 CMYK 值为 20、80、0、20，填充文字，效果如图 8-18 所示。用相同的方法选取其他文字，填充相同的颜色，效果如图 8-19 所示。

图 8-17　　图 8-18　　图 8-19

STEP 4 选择“文本”工具，输入需要的文字。选择“选择”工具，在属性栏中选择合适的字体并设置文字大小，效果如图 8-20 所示。选择“形状”工具，向左拖曳文字下方的图标调整字距，释放鼠标后，效果如图 8-21 所示。

图 8-20

图 8-21

STEP 5 选择“渐变填充”工具，弹出“渐变填充”对话框。选中“自定义”单选按钮，在“位置”选项中分别添加 0、51、100 三个位置点，单击右下角的“其他”按钮，分别设置三个位置点颜色的 CMYK 值为 0(60、80、0、0)、51(0、100、0、0)、100(60、80、0、0)，其他选项的设置如图 8-22 所示。单击“确定”按钮，填充文字，效果如图 8-23 所示。

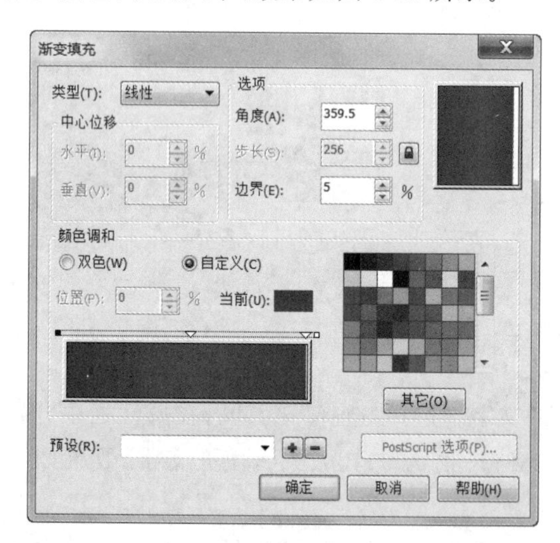

图 8-22

图 8-23

STEP 6 选择“2 点线”工具，绘制一条直线。在“CMYK 调色板”中的“洋红”色块上右击，填充直线，效果如图 8-24 所示。选择“选择”工具，按数字键盘上的＋键，复制直线，水平向右拖曳到适当的位置，效果如图 8-25 所示。

图 8-24　　图 8-25

3. 添加装饰图形

STEP 1 选择“贝塞尔”工具，绘制一个图形。按 F11 键，弹出“渐变填充”对话框。选中“双色”单选按钮，将“从”选项颜色的 CMYK 值设置为 0、100、0、0，“到”选项颜色的 CMYK 值设置为 60、80、0、0，其他选项的设置如图 8-26 所示。设置完成后，单击“确定”按钮，填充图形，并去除图形的轮廓线，效果如图 8-27 所示。用相同的方法再绘制一个图形，并填充适当的颜色，效果如图 8-28 所示。

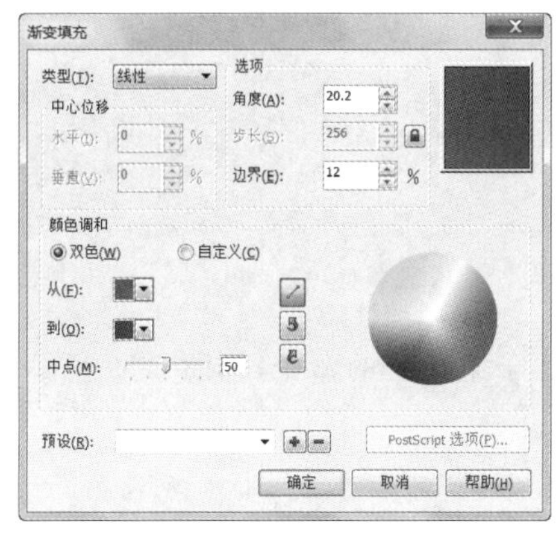

图 8-26

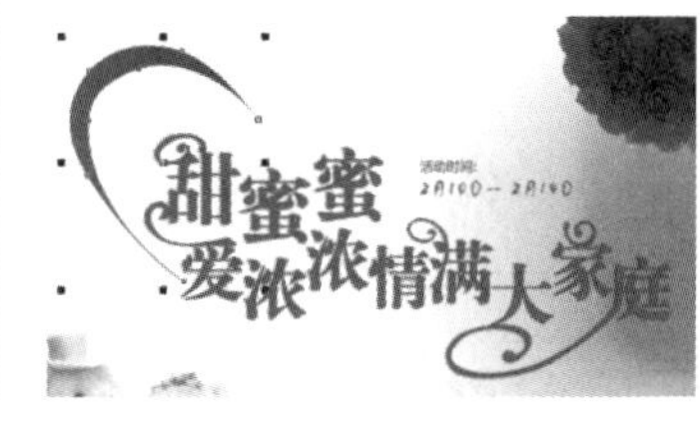

图 8-27

图 8-28

STEP 2 选择“选择”工具，用圈选的方法选取需要的图形，按 Ctrl+G 组合键，将其群组，如图 8-29 所示。按数字键盘上的+键，复制图形。选择“位图>转换为位图”命令，弹出“转换为位图”对话框，单击“确定”按钮，效果如图 8-30 所示。

图 8-29

图 8-30

STEP 3 选择“位图>模糊>高斯式模糊”命令，在弹出的“高斯式模糊”对话框中进行设置，如图 8-31 所示。单击“确定”按钮，效果如图 8-32 所示。按 Ctrl+Page Down 组合键，将图形向下移动一层，效果如图 8-33 所示。

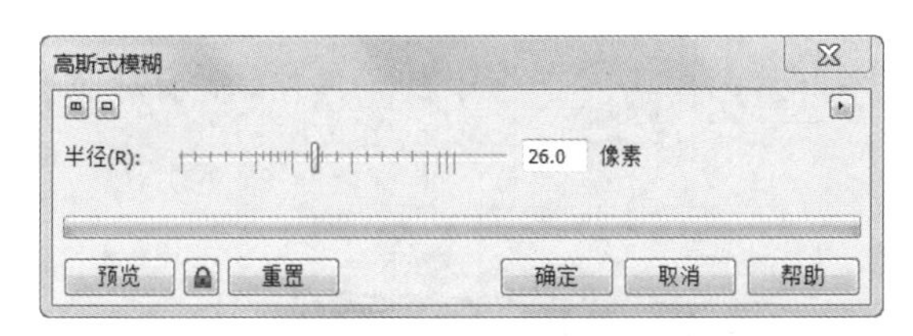

图 8-31

图 8-32

图 8-33

STEP 4 选择“选择”工具，用圈选的方法选取需要的图形，连续三次按数字键盘上的+键，复制图形，分别将其拖曳到适当的位置并调整其大小，效果如图 8-34 所示。选择需要的图形，如图 8-35 所示。单击属性栏中的“水平镜像”按钮，将图形水平翻转，效果如图 8-36 所示。情人节广告制作完成，效果如图 8-37 所示。

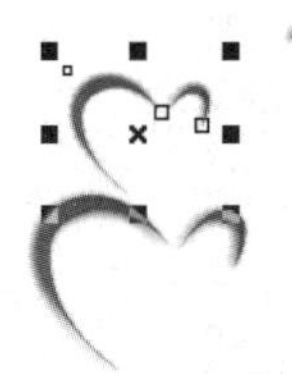

图 8-34　　图 8-35　　图 8-36　　图 8-37

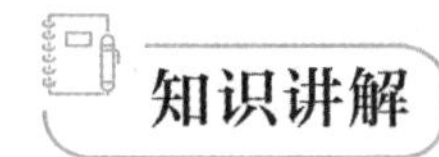

知识讲解

1.三维效果

选取导入的位图，如图 8-38 所示。选择“位图>三维效果”子菜单下的命令，如图 8-39 所示。CorelDRAW X6 提供了 7 种不同的三维效果，下面介绍常用的几种。

图 8-38

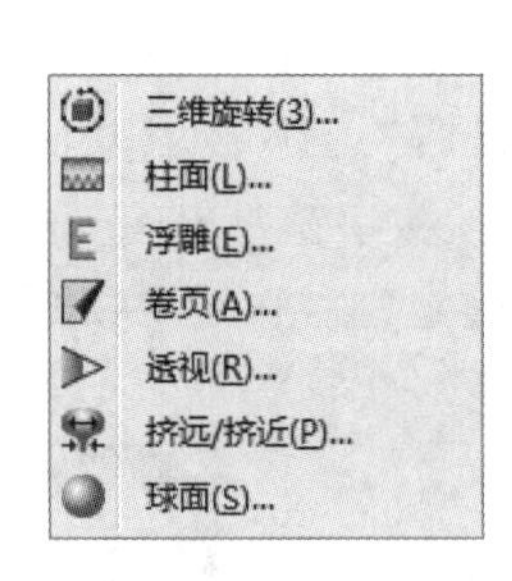

图 8-39

选择“位图>三维效果>三维旋转”命令，弹出“三维旋转”对话框。单击对话框中的按钮，显示对照预览窗口，如图 8-40 所示。左窗口显示的是位图原始效果，右窗口显示的是完成各项设置后的位图效果。

在“三维旋转”对话框中，“垂直”选项可以设置绕垂直轴旋转的角度，“水平”选项可以设置绕水平轴旋转的角度。勾选“最适合”复选框，经过三维旋转后的位图尺寸将接近原来的位图尺寸。在设置过程中，可以单击“重置”按钮对所有参数重新设置。单击按钮可以在改变设置时自动更新预览效果。设置完成后，单击“确定”按钮。

选择“位图>三维效果>柱面”命令，弹出“柱面”对话框，单击对话框中的按钮，显示对照预览窗口，如图 8-41 所示。

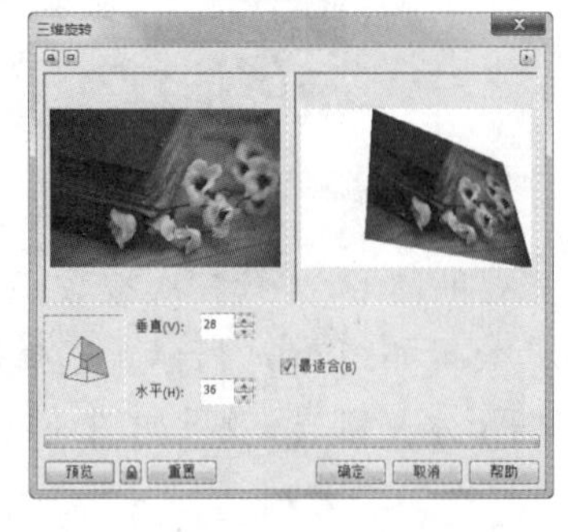

图 8-40

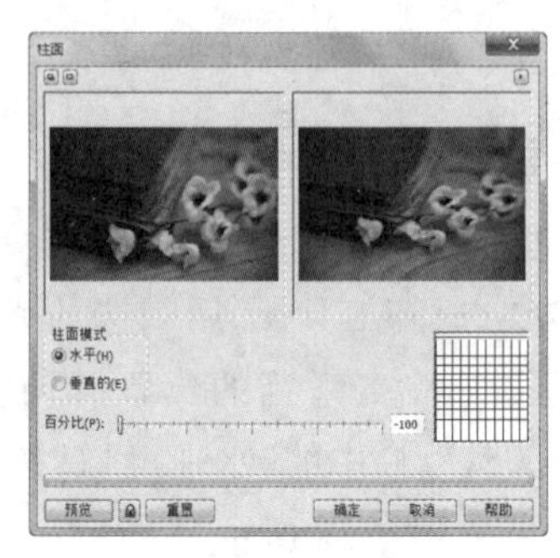

图 8-41

在“柱面”对话框中，“柱面模式”选项可以选择“水平”或“垂直的”模式。“百分比”选项可以设置水平或垂直模式的百分比。

选择“位图>三维效果>卷页”命令，弹出“卷页”对话框。单击对话框中的按钮，显示对照预览窗口，如图 8-42 所示。

“卷页”对话框的左下角有 4 个卷页类型按钮，可以设置位图卷起页角的位置。在“定向”设置区中选择“垂直的”和“水平”单选按钮，可以设置卷页效果从哪一边缘卷起。在“纸张”设置区中，“不透明”和“透明的”单选按钮可以设置卷页部分是否透明。在“颜色”设置区中，“卷曲”选项可以设置卷页颜色，“背景”选项可以设置卷页后面的背景颜色。“宽度”和“高度”选项可以设置卷页的宽度和高度。

选择“位图>三维效果>球面”命令，弹出“球面”对话框，单击对话框中的按钮，显示对照预览窗口，如图 8-43 所示。

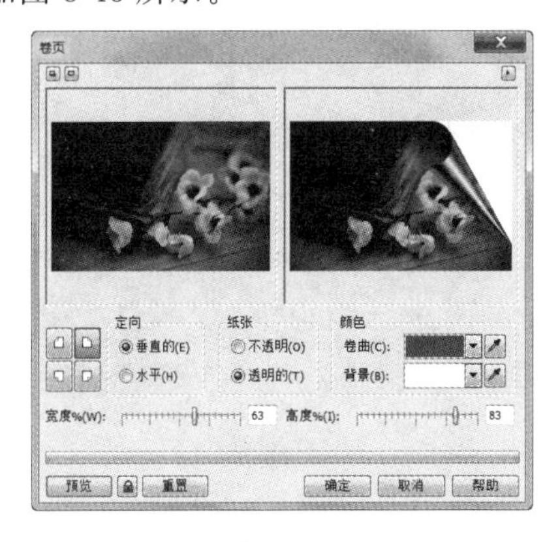

图 8-42

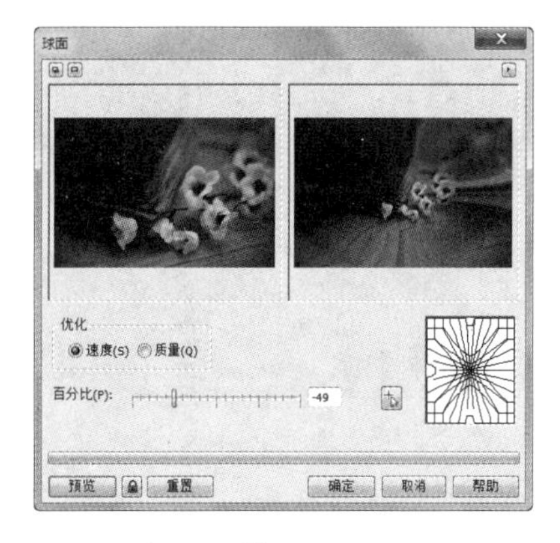

图 8-43

在“球面”对话框中，“优化”选项可以选择“速度”和“质量”选项。“百分比”选项可以控制位图球面化的程度。按钮用来在预览窗口中设定变形的中心点。

2. 艺术笔触

选中位图，选择“位图>艺术笔触”子菜单下的命令，如图 8-44 所示。CorelDRAW X6 提供了 14 种不同的艺术笔触效果，下面介绍常用的几种艺术笔触。

选择“位图>艺术笔触>炭笔画”命令，弹出“炭笔画”对话框。单击对话框中的按钮，显示对照预览窗口，如图 8-45 所示。

在“炭笔画”对话框中，“大小”和“边缘”选项可以设置位图炭笔画的像素大小和黑白度。

选择“位图>艺术笔触>蜡笔画”命令，弹出“蜡笔画”对话框。单击对话框中的按钮，显示对照预览窗口，如图 8-46 所示。

在“蜡笔画”对话框中，“大小”选项可以设置位图的粗糙程度，“轮廓”选项可以设置位图的轮廓显示的轻重程度。

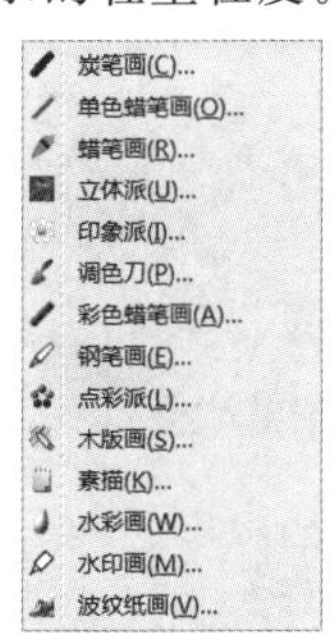

图 8-44

图 8-45

图 8-46

选择“位图>艺术笔触>木版画”命令，弹出“木版画”对话框。单击对话框中的▣按钮，显示对照预览窗口，如图 8-47 所示。

在“木版画”对话框中的“刮痕至”设置区中，可以选择“颜色”或“白色”选项，会得到不同的位图木版画效果。“密度”选项可以设置位图木版画效果中线条的密度。“大小”选项可以设置位图木版画效果中线条的尺寸。

选择“位图>艺术笔触>素描”命令，弹出“素描”对话框。单击对话框中的▣按钮，显示对照预览窗口，如图 8-48 所示。

图 8-47

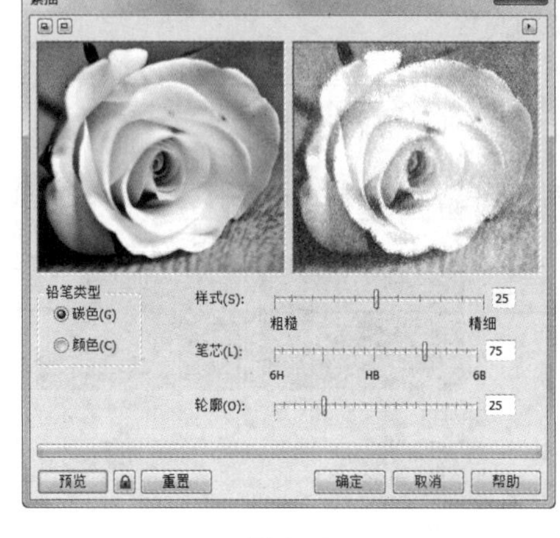

图 8-48

在“素描”对话框的“铅笔类型”设置区中，可以选择“碳色”或“颜色”类型，不同的类型可以产生不同的位图素描效果。“样式”选项可以设置石墨或彩色素描效果的平滑度。“笔芯”选项可以设置素描效果的精细和粗糙程度。“轮廓”选项可以设置素描效果的轮廓线宽度。

3. 模糊

选中位图，选择“位图>模糊”子菜单下的命令，如图 8-49 所示。CorelDRAW X6 提供了 9 种不同的模糊效果，下面介绍常用的几种。

选择“位图>模糊>高斯式模糊”命令，弹出“高斯式模糊”对话框。单击对话框中的▣按钮，显示对照预览窗口，如图 8-50 所示。

在“高斯式模糊”对话框中，“半径”选项可以设置高斯式模糊的程度。

选择“位图>模糊>放射式模糊”命令，弹出“放射状模糊”对话框。单击对话框中的▣按钮，显示对照预览窗口，如图 8-51 所示。

在“放射状模糊”对话框中，单击▣按钮，然后在左边的位图预览窗口中单击，可以设置放射状模糊效果变化的中心。

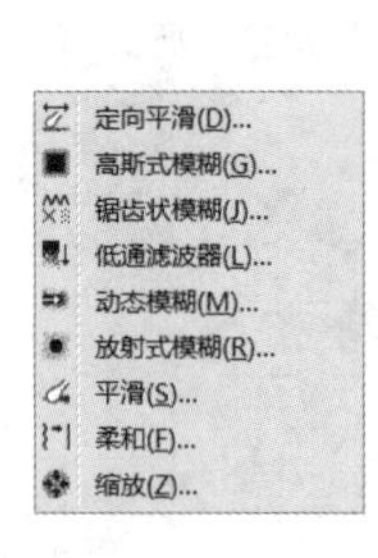

图 8-49

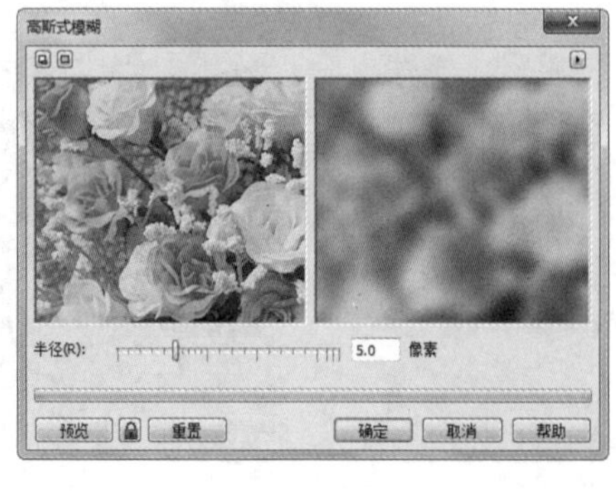

图 8-50

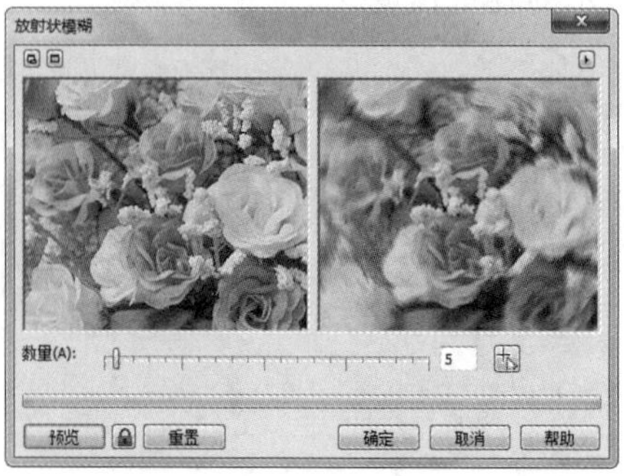

图 8-51

4.颜色变换

选中位图，选择“位图>颜色变换”子菜单下的命令，如图 8-52 所示。CorelDRAW X6 提供了 4 种不同的颜色变换效果，下面介绍其中 2 种常用的颜色变换效果。

选择“位图>颜色变换>半色调”命令，弹出“半色调”对话框。单击对话框中的按钮，显示对照预览窗口，如图 8-53 所示。

在“半色调”对话框中，“青”“品红”“黄”“黑”选项可以设定颜色通道的网角值。“最大点半径”选项可以设定网点的大小。

选择“位图>颜色变换>曝光”命令，弹出“曝光”对话框。单击对话框中的按钮，显示对照预览窗口，如图 8-54 所示。

在“曝光”对话框中，“层次”选项可以设定曝光的强度，数量大，曝光过度；反之，则曝光不足。

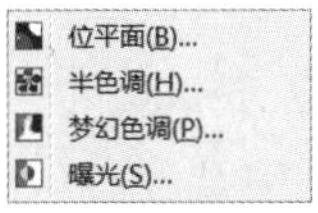

位平面(B)...
半色调(H)...
梦幻色调(P)...
曝光(S)...

图 8-52

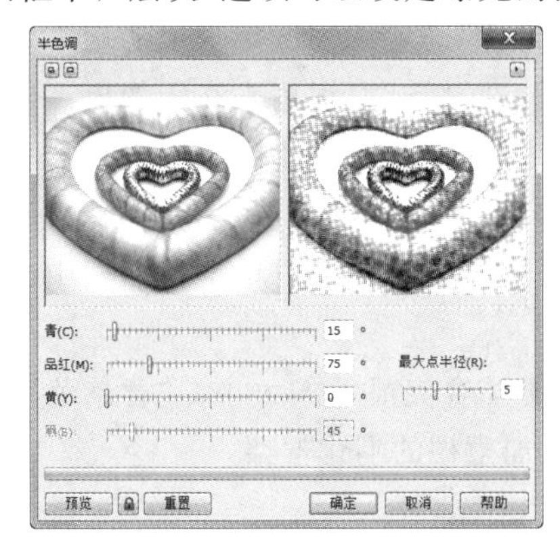

图 8-53

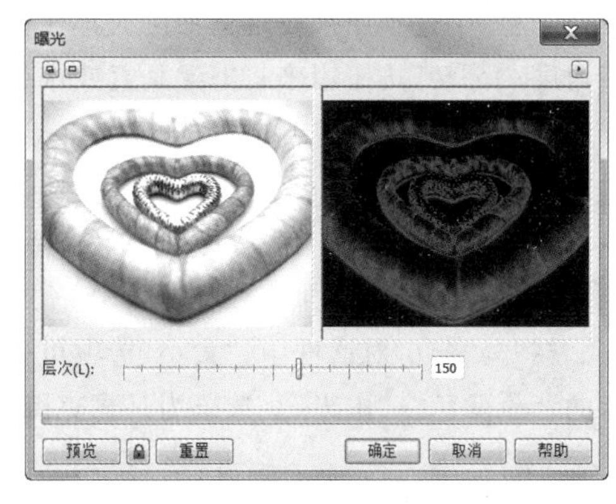

图 8-54

5.轮廓图

选中位图，选择“位图>轮廓图”子菜单下的命令，如图 8-55 所示。CorelDRAW X6 提供了 3 种不同的轮廓图效果，下面介绍其中 2 种常用的轮廓图效果。

选择“位图>轮廓图>边缘检测”命令，弹出“边缘检测”对话框。单击对话框中的按钮，显示对照预览窗口，如图 8-56 所示。

在“边缘检测”对话框中，“背景色”选项组用来设定图像的背景颜色为白色、黑色或其他颜色。单击按钮，可以在左侧的位图预览窗口中吸取背景色。“灵敏度”选项可以设定探测边缘的灵敏度。

选择“位图>轮廓图>查找边缘”命令，弹出“查找边缘”对话框。单击对话框中的按钮，显示对照预览窗口，如图 8-57 所示。

在“查找边缘”对话框中，“边缘类型”选项有“软”和“纯色”两种类型，选择不同的类型，会得到不同的效果。“层次”选项可以设定效果的纯度。

边缘检测(E)...
查找边缘(F)...
描摹轮廓(T)...

图 8-55

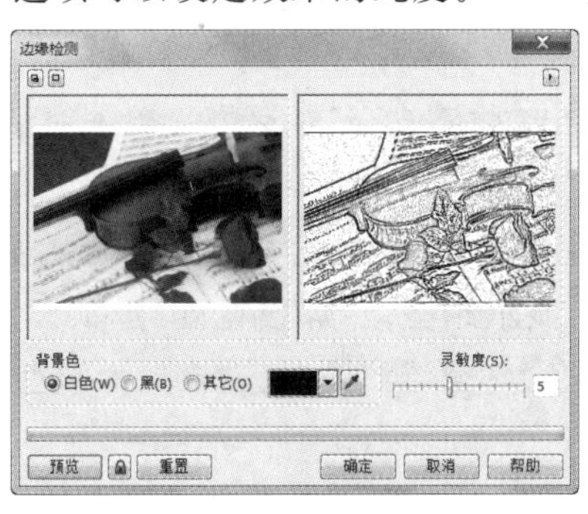

图 8-56

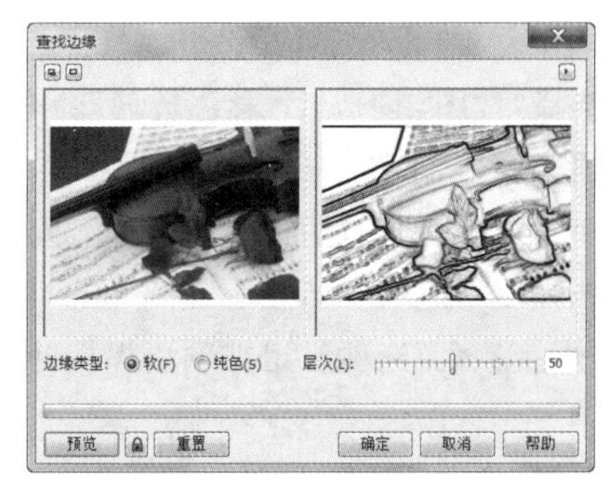

图 8-57

6. 创造性

选中位图，选择“位图>创造性”子菜单下的命令，如图 8-58 所示。CorelDRAW X6 提供了 14 种不同的创造性效果，下面介绍几种常用的创造性效果。

图 8-58

选择“位图>创造性>框架”命令，弹出“框架”对话框。单击对话框中的按钮，显示对照预览窗口，如图 8-59 所示。

在“框架”对话框中，“选择”选项卡用来选择框架，并为选取的列表添加新框架。“修改”选项卡用来对框架进行修改。其中，“颜色”和“不透明”选项分别用来设定框架的颜色和透明度；“模糊/羽化”选项用来设定框架边缘的模糊及羽化程度；“调和”选项用来选择框架与图像之间的混合方式；“水平”和“垂直”选项用来设定框架的大小比例；“旋转”选项用来设定框架的旋转角度；“翻转”按钮用来将框架垂直或水平翻转；“对齐”按钮用来在图像窗口中设定框架效果的中心点；“回到中心位置”按钮用来在图像窗口中重新设定中心点。

选择“位图>创造性>马赛克”命令，弹出“马赛克”对话框。单击对话框中的按钮，显示对照预览窗口，如图 8-60 所示。

在“马赛克”对话框中，“大小”选项可以设置马赛克显示的大小。“背景色”选项可以设置马赛克的背景颜色。“虚光”复选框为马赛克图像添加模糊的羽化框架。

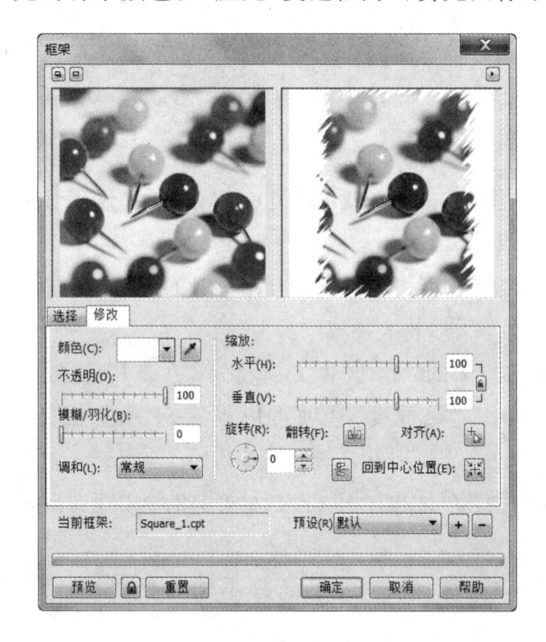

图 8-59

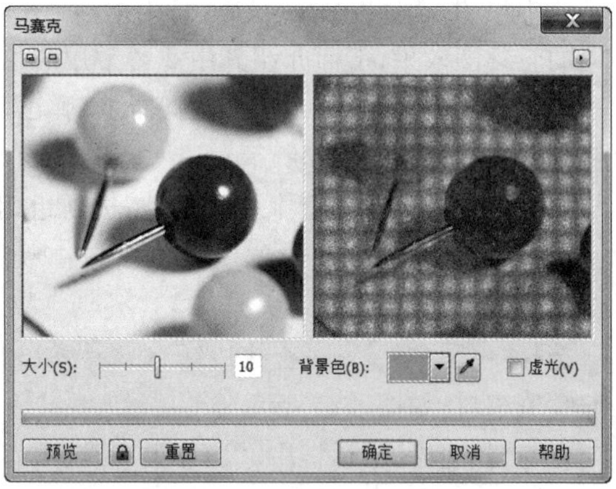

图 8-60

选择“位图>创造性>彩色玻璃”命令，弹出“彩色玻璃”对话框。单击对话框中的按钮，显示对照预览窗口，如图 8-61 所示。

在“彩色玻璃”对话框中，“大小”选项设定彩色玻璃块的大小。“光源强度”选项设定彩色玻璃的光源强度，强度越小，显示越暗；强度越大，显示越亮。“焊接宽度”选项设定玻璃块焊接处的宽度。“焊接颜色”选项设定玻璃块焊接处的颜色。“三维照明”复选框显示彩色玻璃图像的三维照明效果。

选择“位图>创造性>虚光”命令，弹出“虚光”对话框。单击对话框中的按钮，显示对照预览窗口，如图 8-62 所示。

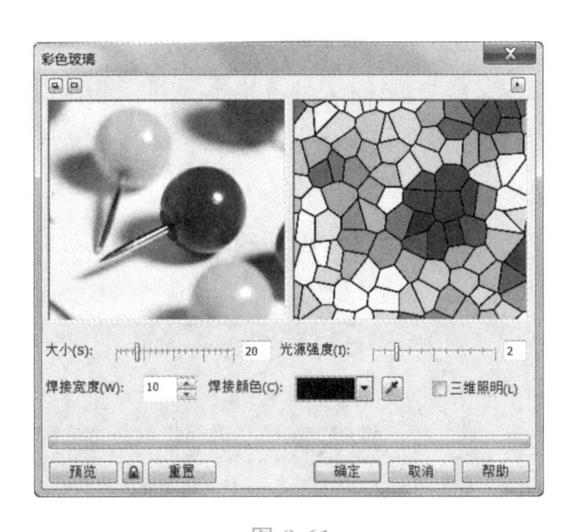

图 8-61

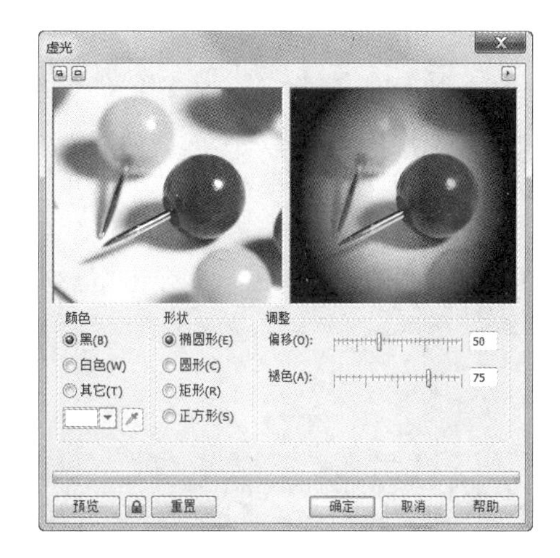

图 8-62

在“虚光”对话框中，“颜色”设置区用来设定光照的颜色。“形状”设置区用来设定光照的形状。“偏移”选项用来设定框架的大小。“褪色”选项用来设定图像与虚光框架的混合程度。

7. 扭曲

选中位图，选择“位图>扭曲”子菜单下的命令，如图 8-63 所示。CorelDRAW X6 提供了 10 种不同的扭曲效果，下面介绍几种常用的扭曲效果。

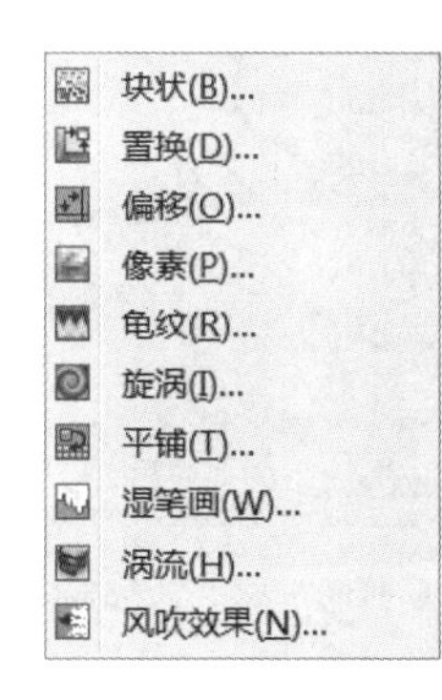

图 8-63

选择“位图>扭曲>块状”命令，弹出“块状”对话框。单击对话框中的▣按钮，显示对照预览窗口，如图 8-64 所示。

在“块状”对话框中，“未定义区域”设置区可以设定背景部分的颜色。“块宽度”和“块高度”选项用来设定块状图像的尺寸大小。“最大偏移”选项用来设定块状图像的打散程度。

选择“位图>扭曲>置换”命令，弹出“置换”对话框。单击对话框中的▣按钮，显示对照预览窗口，如图 8-65 所示。

在“置换”对话框中，“缩放模式”设置区可以选择“平铺”或“伸展适合”两种模式。在“未定义区域”下拉列表中可以选择图像的边缘类型。在“缩放”设置区中可以设置水平方向和垂直方向的图形置换程度。

图 8-64

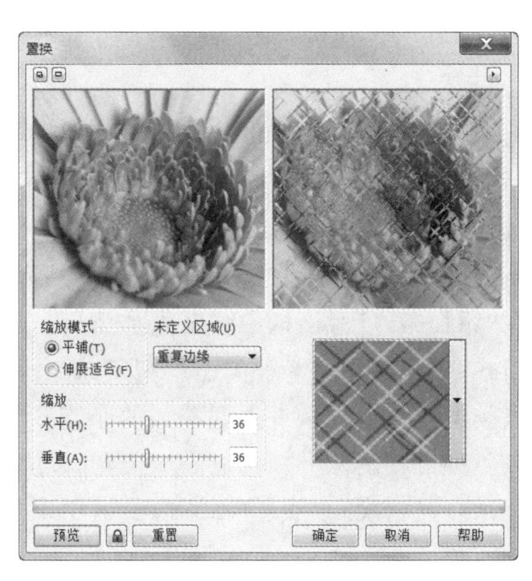

图 8-65

选择“位图>扭曲>像素”命令，弹出“像素”对话框。单击对话框中的▣按钮，显示对照预览窗口，如图 8-66 所示。

在“像素”对话框中，“宽度”和“高度”选项用来设定像素色块的大小。“不透明”选项用来设定像素色块的不透明度，数值越小，色块就越透明。“像素化模式”设置区用来选择像素化模式。当选择“射线”模式时，可以在预览窗口中设定像素化的中心点。

选择“位图>扭曲>龟纹”命令，弹出“龟纹”对话框。单击对话框中的▣按钮，显示对照预览窗口，如图 8-67 所示。

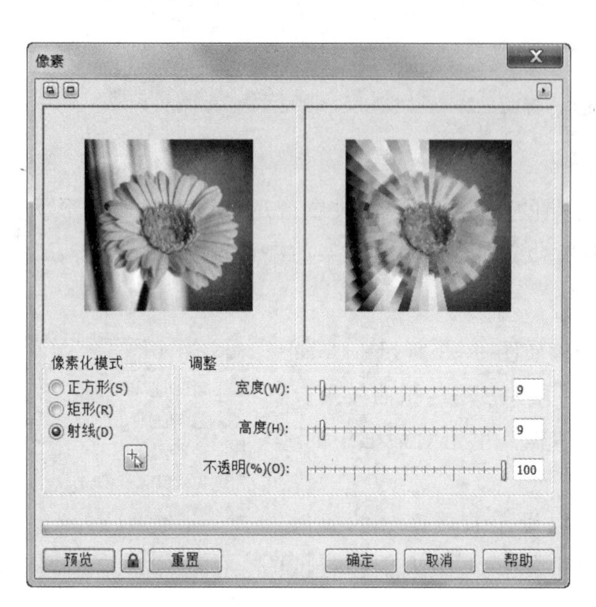

图 8-66

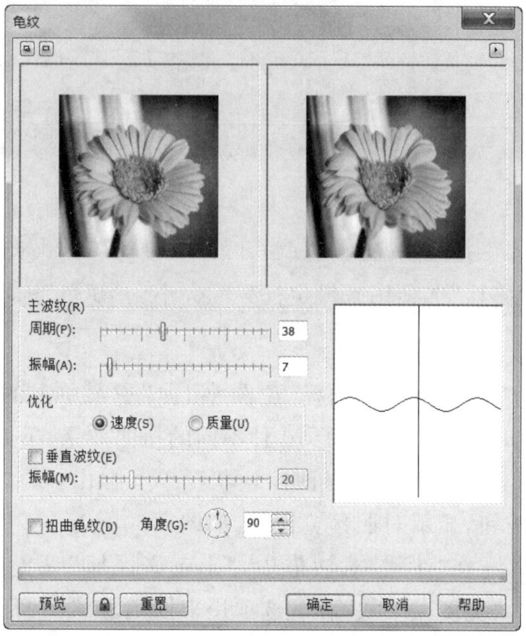

图 8-67

在“龟纹”对话框中，默认的波纹是同图像的顶端和底端平行的。在“主波纹”设置区的“周期”和“振幅”选项中，拖动滑块，可以设定波纹的周期和振幅，在右边可以看到波纹的形状。在优化设置区中可以选择“速度”或“质量”优化方式。勾选“垂直波纹”复选框，可以在图像中设置垂直波纹，并调节“振幅”滑块，设置垂直方向上的波纹振幅大小。选中“扭曲龟纹”选项，可以使波浪扭曲，调节“角度”数值，设置波纹扭曲角度。

8. 杂点

选取位图，选择“位图>杂点”子菜单下的命令，如图 8-68 所示。CorelDRAW X6 提供了 6 种不同的杂点效果，下面介绍几种常见的杂点滤镜效果。

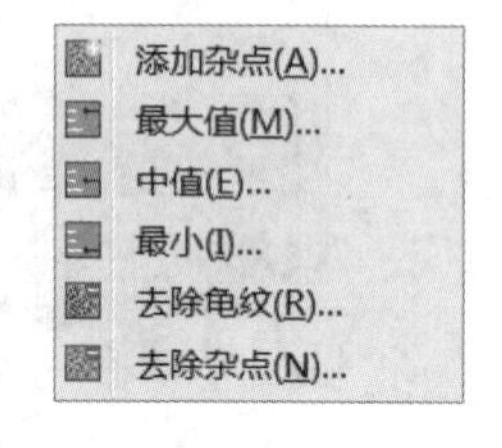

图 8-68

选择“位图>杂点>添加杂点”命令，弹出“添加杂点”对话框。单击对话框中的▣按钮，显示对照预览窗口，如图 8-69 所示。

在“添加杂点”对话框中，“杂点类型”选项组用来设定要添加的杂点类型，有高斯式、尖突和均匀 3 种类型。高斯式杂点类型沿着高斯曲线添加杂点；尖突杂点类型比高斯式杂点类型添加的杂点少，常用来生成较亮的杂点区域；均匀杂点类型可在图像上相对地添加杂点。“层次”和“密度”选项可以设定杂点对颜色及亮度的影响范围及杂点的密度。“颜色模式”选项组用来设定杂点的颜色模式，在颜色下拉列表框中可以选择杂点的颜色。

选择“位图>杂点>去除龟纹”命令，弹出“去除龟纹”对话框。单击对话框中的▣按钮，显示对照预览窗口，如图 8-70 所示。

在“去除龟纹”对话框中，“数量”选项用来设定龟纹的数量。“优化”设置区有“速度”和“质量”两个选项。“输出”选项用来设定新的图像分辨率。

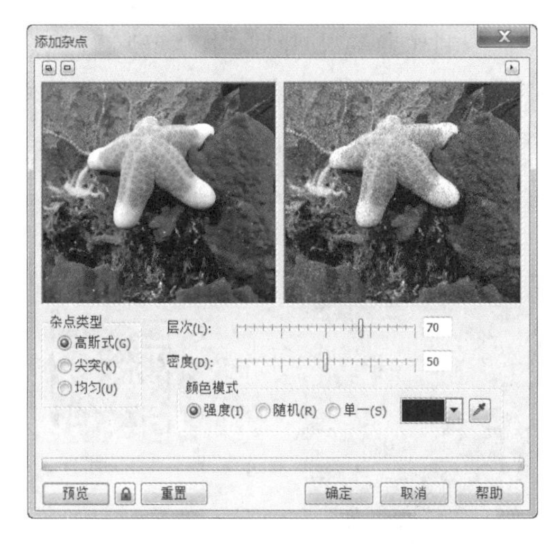

图 8-69

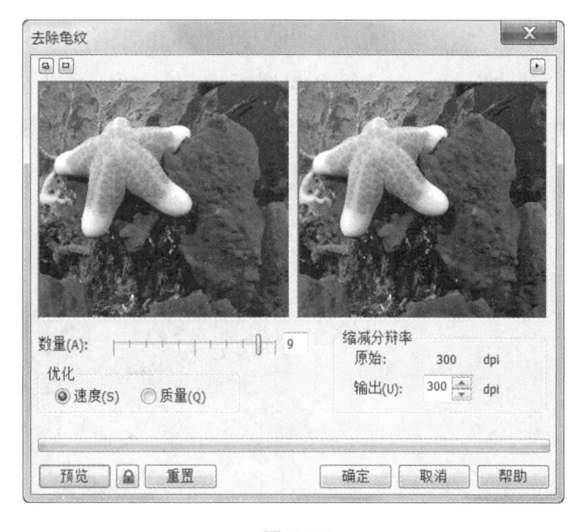

图 8-70

9. 鲜明化

选中位图，选择“位图>鲜明化”子菜单下的命令，如图 8-71 所示。CorelDRAW X6 提供了 5 种不同的鲜明化效果，下面介绍几种常见的鲜明化滤镜效果。

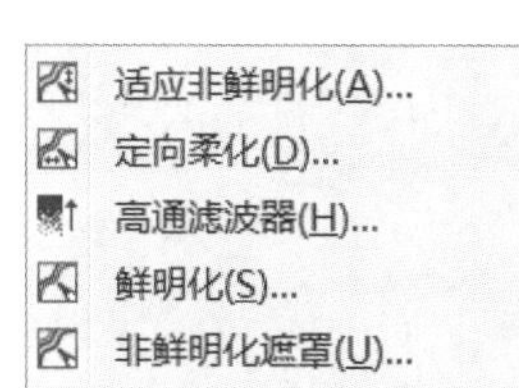

图 8-71

选择“位图>鲜明化>高通滤波器”命令，弹出“高通滤波器”对话框。单击对话框中的按钮，显示对照预览窗口，如图 8-72 所示。

在“高通滤波器”对话框中，“百分比”选项用来设定滤镜效果的程度。“半径”选项用来设定应用效果的像素范围。

选择“位图>鲜明化>非鲜明化遮罩”命令，弹出“非鲜明化遮罩”对话框。单击对话框中的按钮，显示对照预览窗口，如图 8-73 所示。

在“非鲜明化遮罩”对话框中，“百分比”选项可以设定滤镜效果的程度。“半径”选项可以设定应用效果的像素范围。“阈值”选项可以设定锐化效果的强弱，数值越小，效果就越明显。

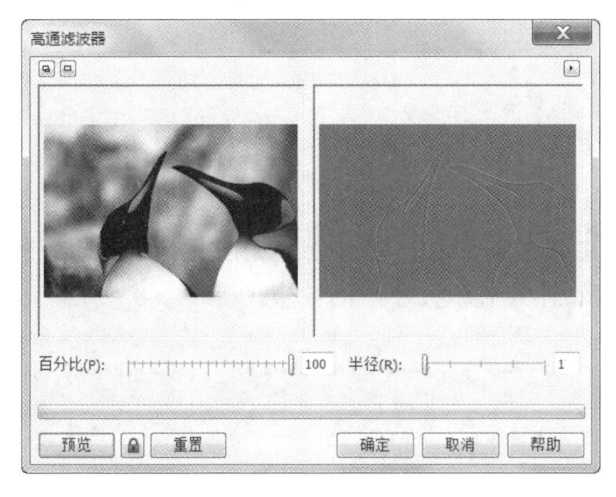

图 8-72

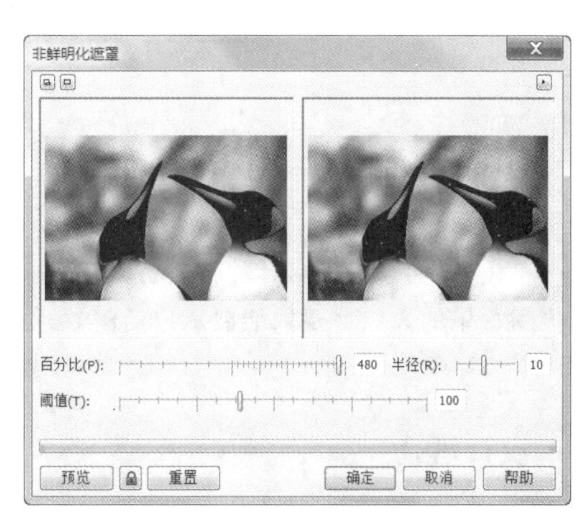

图 8-73

课堂演练——制作茶叶广告

使用“矩形”工具、“贝塞尔”工具和“图框精确剪裁”命令制作背景；使用“文本”“矩形”工具、“移除前对象”和“合并”命令制作标志；使用“文本”工具和“椭圆形”工具添加宣传文字。（最终效果参看资源包中的“源文件\项目八\课堂演练 制作茶叶广告.cdr”，见图 8-74。）

图 8-74

任务二 制作开业庆典广告

任务分析

本任务是为祝贺游乐园开业设计宣传海报。主要面向的客户是想要放松自己，在游乐园中享受热闹欢乐的人们。要求能展示出活泼欢乐的氛围，让人有积极参与的欲望。

设计理念

在设计制作中，首先通过红色的背景给人蓄势待发的能量感；使用聚光灯、灿烂的烟火和立体化的文字在突出宣传主题的同时，带来视觉上的强力冲击，展现出热情和活力感，形成喜庆、欢快的氛围；再用其他装饰图形和介绍性文字使画面更加丰富活泼，达到宣传的效果。（最终效果参看资源包中的“源文件\项目八\任务二 制作开业庆典广告.cdr”，见图 8-75。）

图 8-75

任务实施

1.添加并编辑标题

STEP 1 选择“文件>打开”命令，弹出“打开绘图”对话框。选择资源包中的“素材文件\项目八\任务二 制作开业庆典广告\01”文件，单击“打开”按钮，效果如图 8-76 所示。

STEP 2 选择“艺术笔”工具，单击属性栏中的“喷涂”按钮，在“类别”选项中选择“笔刷笔触”选项，在“喷射图样”选项的下拉列表中选择需要的图样，其他选项的设置如图 8-77 所示。在适当的位置拖曳鼠标绘制图形，效果如图 8-78 所示。

图 8-76

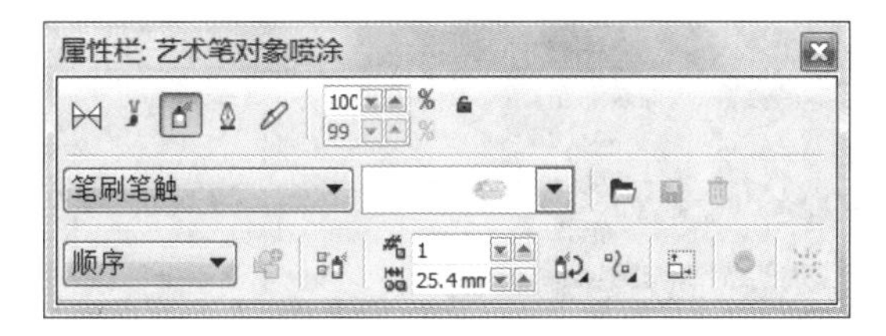

图 8-77

图 8-78

STEP 3 选择“文本”工具，分别输入需要的文字。选择“选择”工具，在属性栏中分别选择合适的字体并设置文字大小，效果如图 8-79 所示。

STEP 4 选择需要的文字，选择“渐变填充”工具■，弹出“渐变填充”对话框。选择“双色”单选按钮，将“从”选项颜色的 CMYK 值设置为 0、0、100、0，“到”选项颜色的 CMYK 值设置为 0、80、100、0，其他选项的设置如图 8-80 所示。设置完成后，单击“确定”按钮，填充文字，效果如图 8-81 所示。

图 8-79

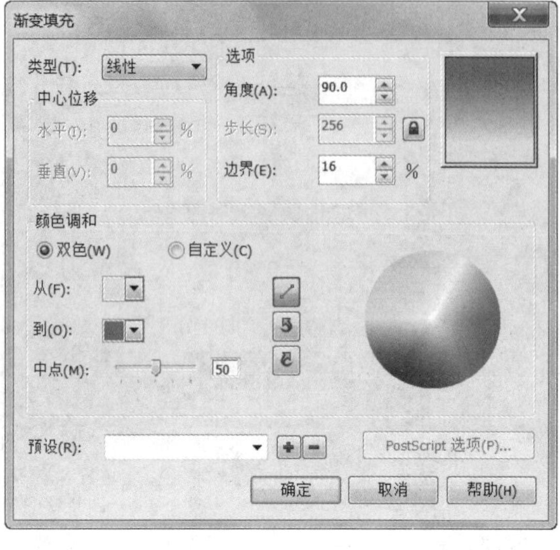

图 8-80

图 8-81

STEP 5 选择“立体化”工具，在文字上由中心向下方拖曳光标，为文字添加立体化效果。在属性栏中单击“立体化颜色”按钮，在弹出的面板中单击“使用递减的颜色”按钮，将“从”选项的颜色设置为黄色，“到”选项的颜色设置为黑色，其他选项的设置如图 8-82 所示。按 Enter 键，效果如图 8-83 所示。用相同的方法制作下方的文字效果，如图 8-84 所示。

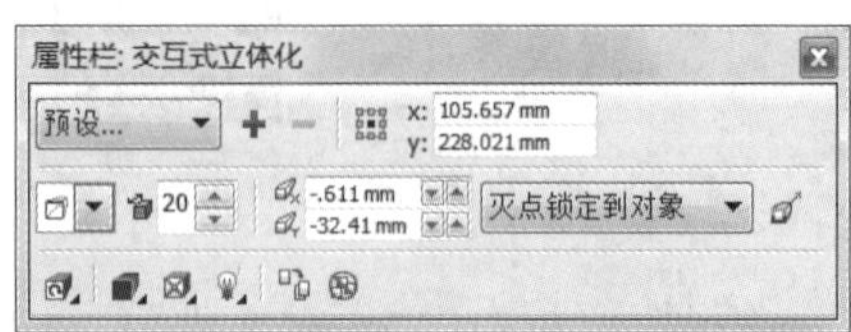

图 8-82

图 8-83

图 8-84

STEP 6 选择“椭圆形”工具，在适当的位置拖曳光标绘制一个图形。在“CMYK 调色板”中“黑”色块上单击，填充图形，并去除图形的轮廓线，效果如图 8-85 所示。

STEP 7 选择“透明度”工具，在椭圆形上从上向下拖曳光标，为图形添加透明效果。在属性栏中进行设置，如图 8-86 所示。按 Enter 键，效果如图 8-87 所示。按 Ctrl+Page Down 组合键，将该图形向后移动一层，效果如图 8-88 所示。

图 8-85

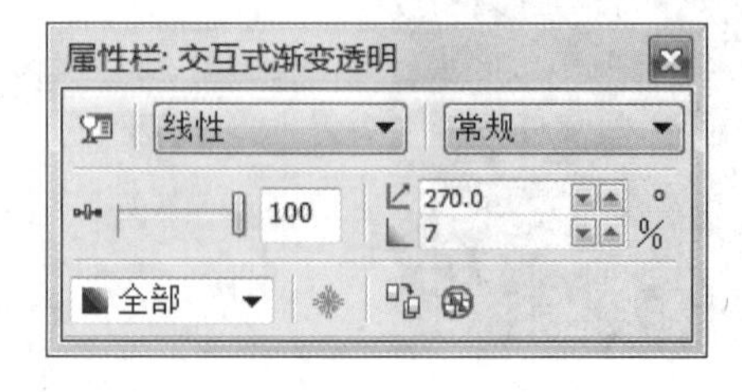

图 8-86

图 8-87

图 8-88

2. 添加其他相关信息

STEP 1 按 Ctrl+I 组合键，弹出“导入”对话框，选择资源包中的“素材文件\项目八\任务二制作开业庆典广告\02”文件，单击“导入”按钮，在页面中单击导入图片，将其拖曳到适当的位置，效果如图 8-89 所示。

STEP 2 选择“贝塞尔”工具，在适当的位置绘制一个图形。设置图形颜色的 CMYK 值为 0、0、100、0，填充图形，并去除图形的轮廓线，效果如图 8-90 所示。

图 8-89

图 8-90

STEP 3 选择“阴影”工具，在图形上从上向下拖曳光标，为图形添加阴影效果。在属性栏中将“阴影羽化”选项设置为 5，按 Enter 键，效果如图 8-91 所示。按 Ctrl+Page Down 组合键，将该图形向后移动一层，效果如图 8-92 所示。

图 8-91

图 8-92

STEP 4 选择“椭圆形”工具，按住 Ctrl 键的同时，绘制一个圆形，填充为白色，并去除图形的轮廓线，效果如图 8-93 所示。按数字键盘上的+键，复制圆形。按住 Shift 键的同时，向内拖曳控制手柄，制作同心圆效果。按 F12 键，弹出“轮廓笔”对话框，将“颜色”选项设置为红色，其他选项的设置如图 8-94 所示。单击“确定”按钮，效果如图 8-95 所示。

图 8-93

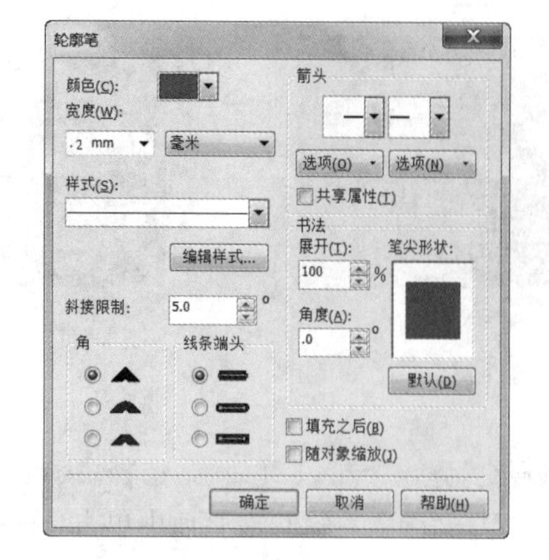

图 8-94

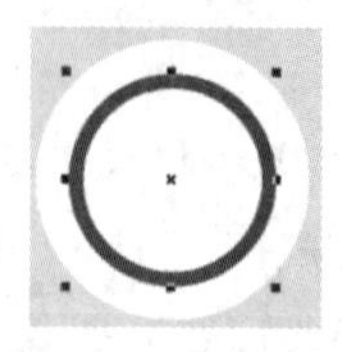

图 8-95

STEP 5 选择“贝塞尔”工具，绘制一个图形。在“CMYK 调色板”中“红”色块上单击，填充图形，并去除图形的轮廓线，效果如图 8-96 所示。选择“文本”工具，分别输入需要的文字。分别选取文字，在属性栏中选择合适的字体并分别设置适当的文字大小，填充为红色，效果如图 8-97 所示。

图 8-96

图 8-97

STEP 6 选择“选择”工具，选择需要的文字。按 F12 键，弹出“轮廓笔”对话框，将“颜色”选项设置为白色，其他选项的设置如图 8-98 所示。单击“确定”按钮，效果如图 8-99 所示。用相同的方法制作其他文字效果，如图 8-100 所示。用上述方法制作其他图形和文字效果，如图 8-101 所示。

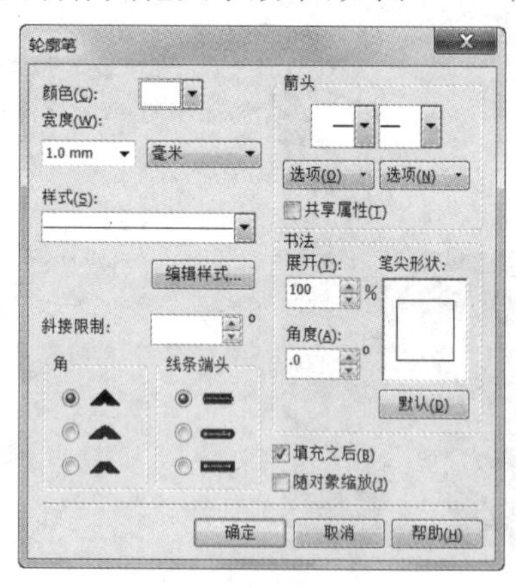

图 8-98

图 8-99

图 8-100

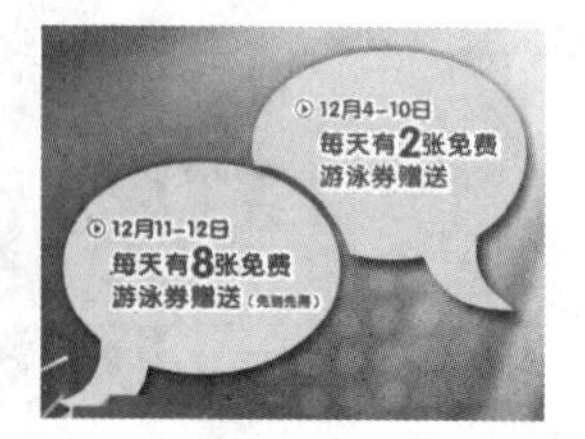

图 8-101

STEP 7 选择“矩形”工具，在属性栏中将“圆角半径”选项设置为 1.8mm，在页面中适当的位置绘制一个圆角矩形。在“CMYK 调色板”中“橘红”色块上单击，填充图形，并去除图形的轮廓线，效果如图 8-102 所示。按数字键盘上的＋键，复制图形。在“CMYK 调色板”中“白”色块上单击，填充图形，效果如图 8-103 所示。

图 8-102

图 8-103

STEP 8 选择“透明度”工具，在白色矩形上从上向下拖曳光标，为图形添加透明效果。在属性栏中进行设置，如图 8-104 所示。按 Enter 键，效果如图 8-105 所示。

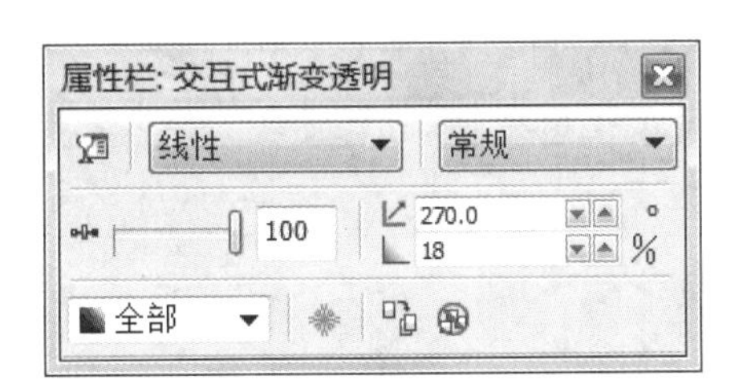

图 8-104

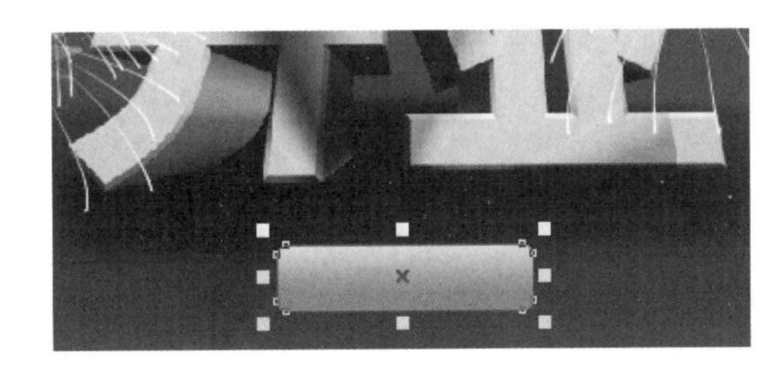

图 8-105

STEP 9 选择“文本”工具，输入需要的文字。选择“选择”工具，在属性栏中选择合适的字体并设置文字大小，填充为白色，效果如图 8-106 所示。用上述方法制作其他的图形和文字，效果如图 8-107 所示。选择文字“办卡三重礼”，选择“文本>文本属性”命令，在弹出的“文本属性”对话框中进行设置，如图 8-108 所示，按 Enter 键，效果如图 8-109 所示。

现贵宾招募中…

图 8-106

现贵宾招募中…
办卡三重礼

图 8-107

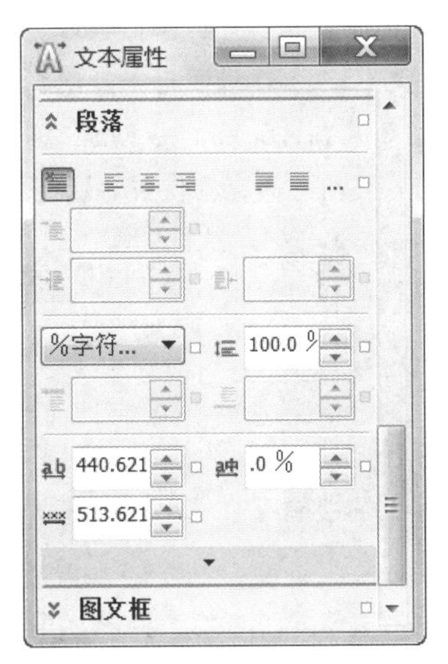

图 8-108

图 8-109

STEP 10 选择“贝塞尔”工具，绘制一个图形。设置填充色的 CMYK 值为 0、40、0、0，填充图形，并去除图形的轮廓线，效果如图 8-110 所示。按数字键盘上的+键，复制一个图形。按住 Shift 键的同时，向内拖曳控制手柄，等比例缩小图形，如图 8-111 所示。按 F12 键，弹出“轮廓笔”对话框，将“颜色”选项设置为白色，其他选项的设置如图 8-112 所示。单击“确定”按钮，效果如图 8-113 所示。

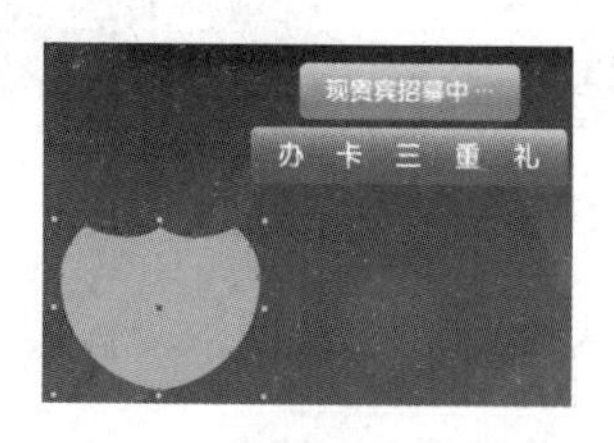

图 8-110

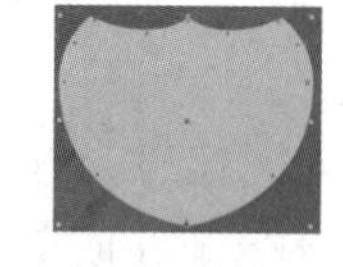

图 8-111

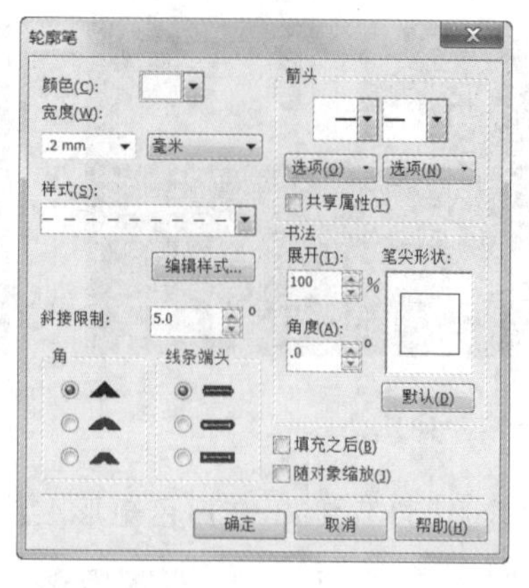

图 8-112

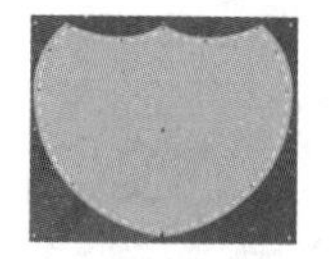

图 8-113

STEP 11 选择"文本"工具，输入需要的文字。选择"选择"工具，在属性栏中选择合适的字体并设置文字大小，效果如图 8-114 所示。选择需要的文字，单击属性栏中的"文本对齐"按钮，在弹出的面板中选择"居中"命令，文字效果如图 8-115 所示。

图 8-114

图 8-115

STEP 12 选择"椭圆形"工具，在适当的位置拖曳光标绘制一个图形，填充为黑色，并去除图形的轮廓线，效果如图 8-116 所示。

STEP 13 选择"透明度"工具，在椭圆形上从上向下拖曳光标，为图形添加透明效果。在属性栏中进行设置，具体设置如图 8-117 所示。按 Enter 键，效果如图 8-118 所示。连续按 Ctrl+Page Down 组合键，将该图形向后移动到适当的位置，效果如图 8-119 所示。

图 8-116

属性栏：交互式渐变透明

线性	常规
100	270.0 ° / 16 %
全部	

图 8-117

图 8-118

图 8-119

STEP 14 用上述方法制作其他图形和文字，效果如图 8-120 所示。开业庆典广告制作完成，效果如图 8-121 所示。

图 8-120

图 8-121

知识讲解

1. “艺术笔”工具

在 CorelDRAW X6 中，使用“艺术笔”工具可以绘制出多种精美的线条和图形，可以模仿画笔的真实效果，在画面中产生丰富的变化。通过使用“艺术笔”工具可以绘制出不同风格的设计作品。

选择“艺术笔”工具，“艺术笔预设”属性栏如图 8-122 所示，其中包含的 5 种模式分别是“预设”模式、“笔刷”模式、“喷涂”模式、“书法”模式和“压力”模式。下面具体介绍这 5 种模式。

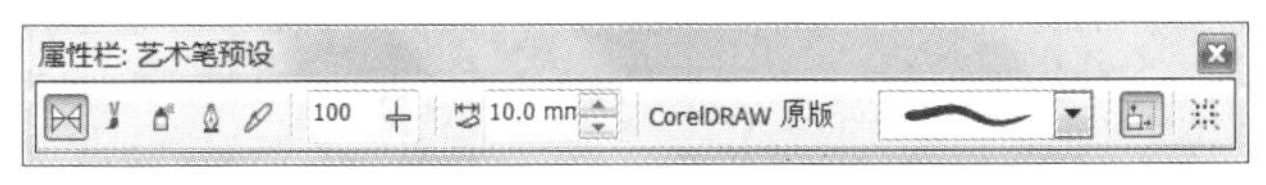

图 8-122

1)“预设”模式

“预设”模式提供了多种线条类型，并且可以改变曲线的宽度。单击“艺术笔预设”属性栏中“预设笔触”右侧的按钮，弹出其下拉列表，如图 8-123 所示。在线条列表框中单击选择需要的线条类型。

单击属性栏中的“手绘平滑”设置区，弹出滑动条，拖曳滑动条或输入数值可以调节绘图时线条的平滑程度。在“笔触宽度”框中输入数值可以设置曲线的宽度。选择“预设”模式和线条类型后，鼠标指针变为形状，在绘图页面中按住鼠标左键并拖曳，可以绘制出需要的图形。

2)“笔刷”模式

“笔刷”模式提供了多种颜色样式的笔刷，将笔刷运用在曲线上，可以绘制出漂亮的效果。

在属性栏中单击“笔刷”模式按钮，单击“艺术笔刷”属性栏中“笔刷笔触”右侧的按钮，弹出其下拉列表，如图 8-124 所示。在列表框中单击选择需要的笔刷类型，在页面中按住鼠标左键并拖曳，可以绘制出需要的图形。

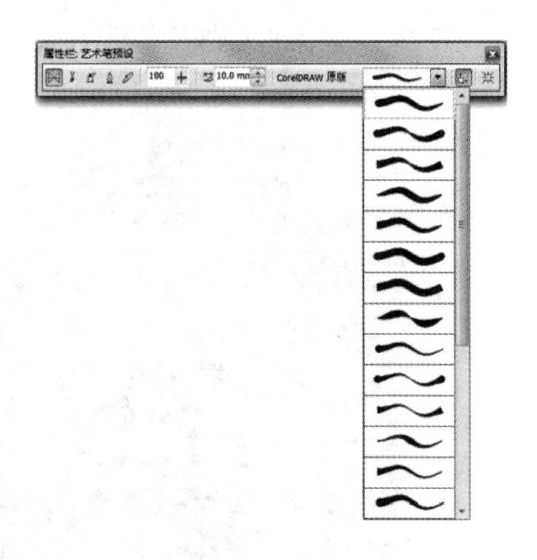
图 8-123

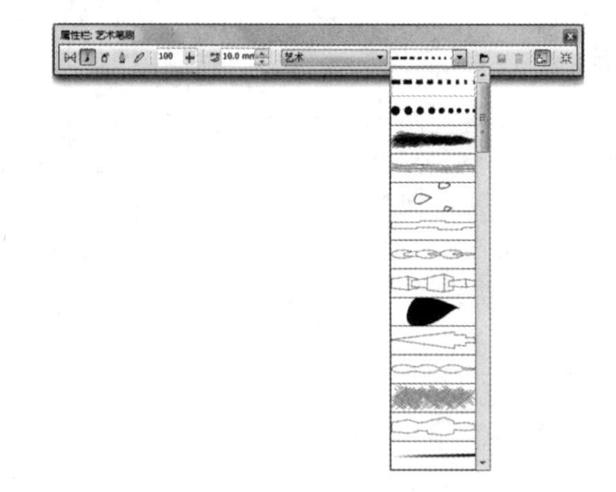
图 8-124

3)“喷涂”模式

“喷涂”模式提供了多种有趣的图形对象,这些图形对象可以应用在绘制的曲线上。

在属性栏中单击“喷涂”模式按钮,“艺术笔对象喷涂”属性栏如图 8-125 所示。单击“艺术笔对象喷涂”属性栏中“喷射图样”右侧的按钮,弹出其下拉列表,如图 8-126 所示,在列表框中可以选择需要的喷涂类型。单击属性栏中“喷涂顺序”选项,弹出下拉列表,可以选择喷出图形的顺序。选择“随机”选项,喷出的图形将会随机分布。选择“顺序”选项,喷出的图形将会以方形区域分布。选择“按方向”选项,喷出的图形将会随光标拖曳的路径分布。在页面中按住鼠标左键并拖曳,可以绘制出需要的图形。

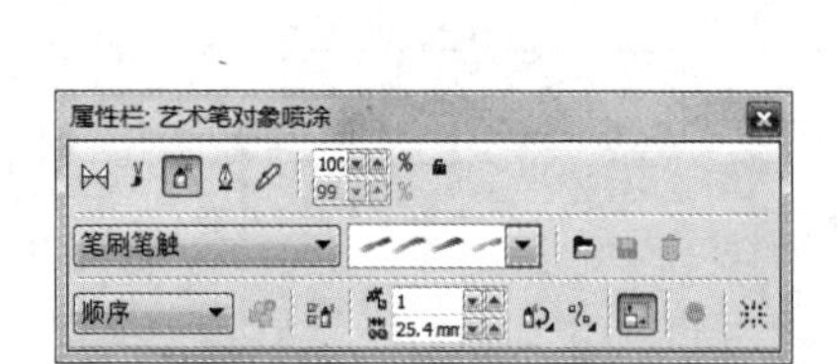

图 8-125

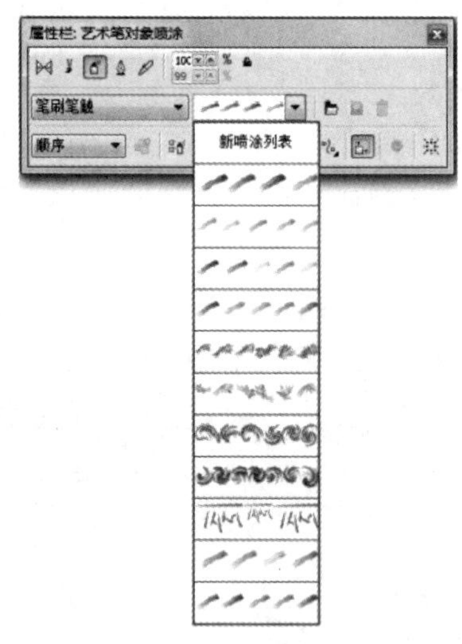

图 8-126

4)“书法”模式

在“书法”模式下,可以绘制出类似书法笔的效果,可以改变曲线的粗细。

在属性栏中单击“书法”模式按钮,“艺术笔书法”属性栏如图 8-127 所示。在属性栏的“书法角度”选项中,可以设置“书法笔触”的角度。如果角度值设置为 0,书法笔垂直方向画出的线条最粗,这是因为笔触角度是水平的;如果角度值设置为 90°,书法笔水平方向画出的线条最粗,这是因为笔触角度是垂直的。在绘图页面中按住鼠标左键并拖曳,即可绘制图形。

5)“压力”模式

在“压力”模式下,可以用压力感应笔或键盘输入的方式改变线条的粗细,应用好这个功能可以绘制出特殊的图形效果。

单击“压力”模式按钮，“艺术笔压感笔”属性栏如图 8-128 所示。在“压力”模式中设置好压力感应笔的平滑度和画笔的宽度，在绘图页面中按住鼠标左键并拖曳，即可绘制图形。

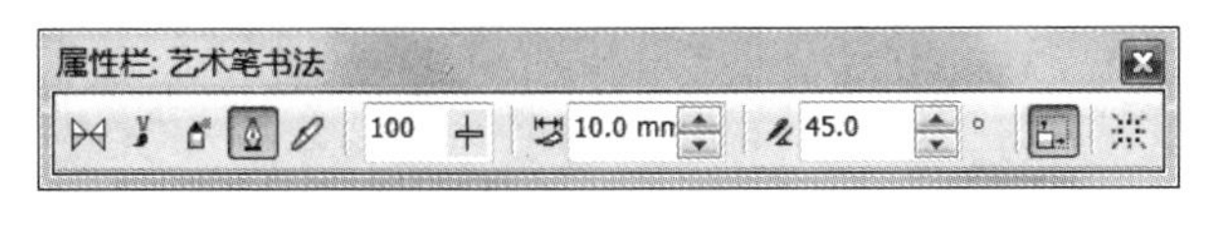

图 8-127

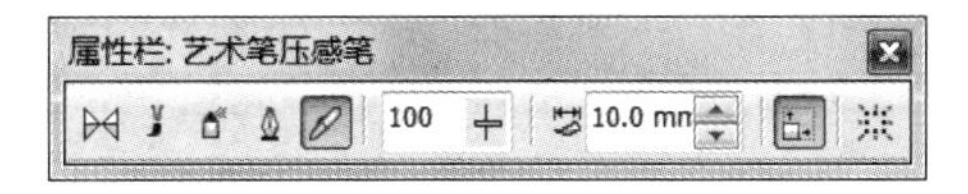

图 8-128

2. 制作立体效果

立体效果是利用三维空间的立体旋转和光源照射功能来完成的。CorelDRAW X6 中的“立体化”工具可以制作和编辑图形的三维效果。

绘制一个需要立体化的图形，如图 8-129 所示。选择“立体化”工具，在图形上按住鼠标左键并向图形右上方拖曳，如图 8-130 所示。达到需要的立体效果后，释放鼠标，图形的立体化效果如图 8-131 所示。

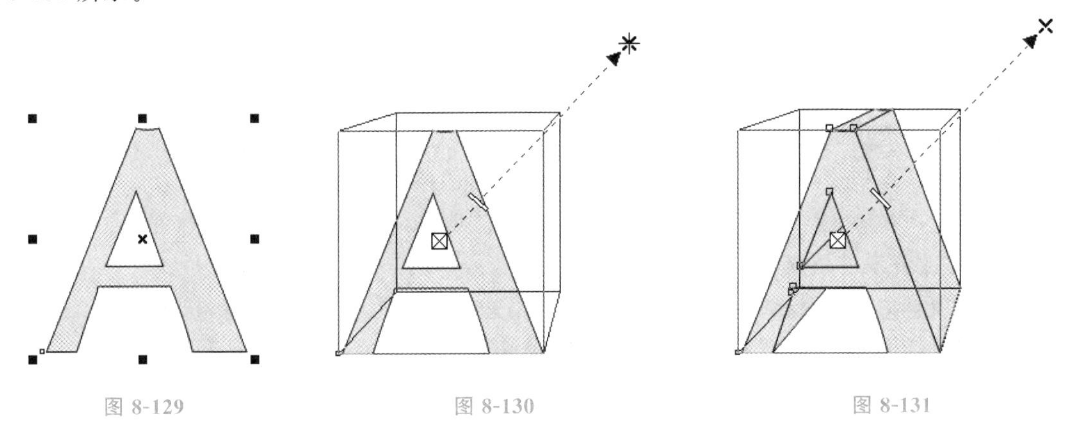

图 8-129　　图 8-130　　图 8-131

“立体化”工具的“交互式立体化”属性栏如图 8-132 所示。

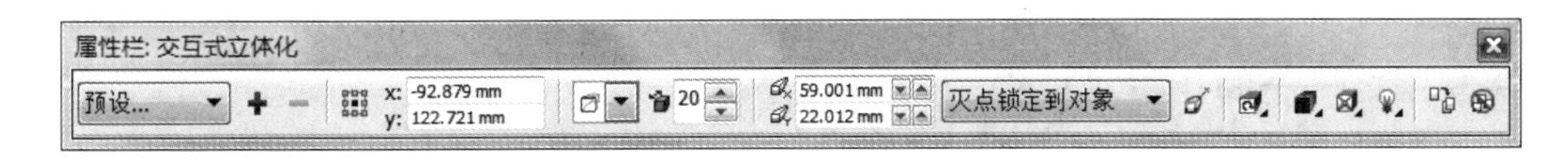

图 8-132

该属性栏中各选项的含义如下。

“立体化类型”选项：单击选项后的倒三角形按钮弹出下拉列表，分别选择可以出现不同的立体化效果。

“深度”选项：可以设置图形立体化的深度。

“灭点属性”选项：可以设置灭点的属性。

“页面或对象灭点”按钮：可以将灭点锁定到对象或页面上，在移动图形时灭点不能移动，且立体化的图形形状会改变。

“立体化旋转”按钮：单击此按钮，弹出旋转设置框，光标放在三维旋转设置区内会变为手形，拖曳鼠标可以在三维旋转设置区中旋转图形，页面中的立体化图形会进行相应的旋转。单击按钮，设置区中出现“旋转值”数值框，可以精确地设置立体化图形的旋转数值。单击按钮，恢复到设置区的默认设置。

“立体化颜色”按钮：单击此按钮，弹出立体化图形的“颜色”设置区。在颜色设置区中有 3 种颜色设置模式，分别是“使用对象填充”模式、“使用纯色”模式和“使用递减的颜色”模式。

"立体化倾斜"按钮：单击此按钮，弹出"斜角修饰"设置区，通过拖动面板中图例的节点来添加斜角效果，也可以在增量框中输入数值来设定斜角。勾选"只显示斜角修饰边"复选框，将只显示立体化图形的斜角修饰边。

"立体化照明"按钮：单击此按钮，弹出照明设置区，在设置区中可以为立体化图形添加光源。

3. "表格"工具

选择"表格"工具，在绘图页面中按住鼠标左键不放，从左上角向右下角拖曳到需要的位置，释放鼠标，表格状的图形绘制完成，如图 8-133 所示。"表格工具"属性栏如图 8-134 所示。

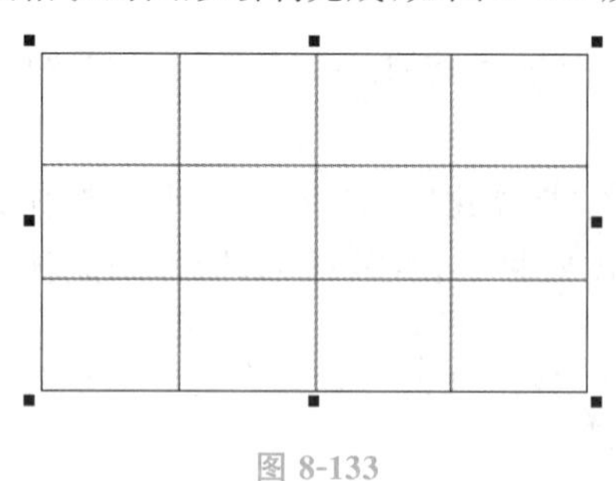

图 8-133

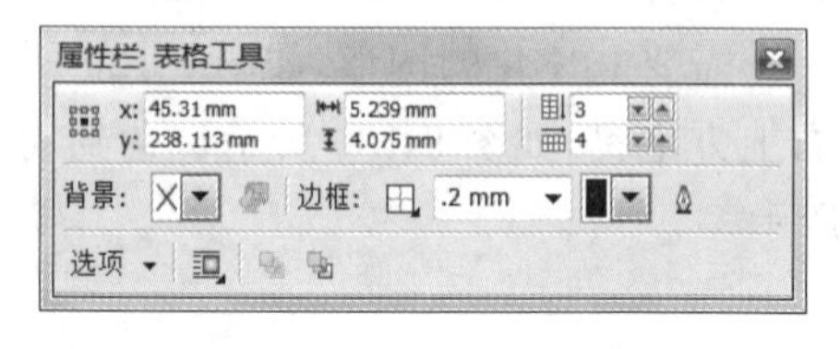

图 8-134

该属性栏中各选项的功能如下。

"行数和列数"选项：可以重新设定表格的行和列，绘制出需要的表格。

"背景色"选项：选择和设置表格的背景色。单击"编辑填充"按钮，弹出"均匀填充"对话框，可以更改背景的填充色。

"边框"选项：用于选择并设置表格边框线的粗细、颜色。单击"轮廓笔"按钮，弹出"轮廓笔"对话框，用于设置轮廓线的属性，如线条宽度、角形状、箭头类型等。

"选项"按钮：选择是否在键入数据时自动调整单元格的大小以及在单元格间添加空格。

"文本换行"按钮：选择段落文本环绕对象的样式并设置偏移的距离。

"到图层前面"按钮和"到图层后面"按钮：将表格移动到图层的最前面或最后面。

课堂演练——制作手机广告

使用"导入"命令导入背景图片；使用"文本"工具和"阴影"工具为文字添加阴影效果；使用"表格"工具创建表格。（最终效果参看资源包中的"源文件\项目八\课堂演练 制作手机广告.cdr"，见图 8-135。）

图 8-135

实战演练——制作电脑促销广告

案例分析

本案例是为圆正电脑制作促销广告。要求合理运用搭配图片及文字，以独特的视角和新颖的手法将产品特色展现出来。

设计理念

在设计制作过程中，使用纯色图片作为背景，体现出金属带给人冷硬的感觉；将产品图片置于页面的中心，在展示产品的同时，加深人们的印象；红色的标题醒目突出，起到强调的作用；下方整齐排列的文字在介绍产品特色的同时，达到宣传的目的。

制作要点

使用“图框精确剪裁”命令将不规则图形置于矩形中；使用“轮廓笔”工具和“创建轮廓线”命令制作文字的多重描边；使用“交互式封套”工具为文字添加封套效果；使用“插入符号”命令插入特殊字符；使用“艺术笔”工具添加装饰图形。（最终效果参看资源包中的“源文件\项目八\实战演练 制作电脑促销广告.cdr”，见图 8-136。）

图 8-136

★ 微视频

制作电脑促销广告1

★ 微视频

制作电脑促销广告2

★ 微视频

制作电脑促销广告3

实战演练——制作 POP 广告

案例分析

本案例是为某百货公司制作宣传广告。设计要求体现本次活动的热情以及欢乐的氛围，能够吸引消费者的注意。

设计理念

在设计制作过程中，使用渐变的蓝绿色作为背景，在展现出清爽气质的同时，能加深人们的印象，起到衬托的效果；以通过艺术处理的文字作为广告的主体，使人们一目了然，宣传性强；下方的产品醒目突出，让人印象深刻。

制作要点

使用“矩形”工具和“渐变填充”工具制作背景渐变；使用“多边形”工具、“变形”工具和“透明度”工具制作花形；使用“文本”工具、“导入”命令和“文本换行”命令制作文本绕图效果。（最终效果参看资源包中的“源文件\项目八\实战演练 制作 POP 广告. cdr”，见图 8-137。）

图 8-137

项目九

包 装 设 计

包装代表着一个商品的品牌形象。好的包装设计可以让商品在同类产品中脱颖而出，吸引消费者的注意力并引发其购买行为。包装设计可以起到美化商品及传达商品信息的作用，更可以极大地提高商品的价值。本项目以多个类别的包装为例，讲解包装的设计思路和过程、制作方法和技巧。

项目目标

- 掌握包装的设计思路和过程
- 掌握包装的制作方法和技巧

任务一 制作橙汁包装盒

任务分析

本任务是为某饮品公司设计制作橙汁包装盒效果图。设计要求造型简洁，突出橙汁的新鲜美味。

设计理念

在设计制作过程中，使用绿色与红色作为包装设计的主色调，在突出产品质量的同时，给人爽口畅快的印象；产品名称在包装上醒目鲜艳，能使消费者快速被吸引并且印象深刻；整体包装朴素大方，充分体现出橙汁的产品特色。（最终效果参看资源包中的“源文件\项目九\任务一 制作橙汁包装盒.cdr”，见图 9-1。）

图 9-1

任务实施

1. 制作包装结构图

STEP 1 按 Ctrl+N 组合键，新建一个 A4 页面。选择“矩形”工具，在页面中绘制一个矩形，如图 9-2 所示。按 Ctrl+Q 组合键，将矩形转化为曲线。

STEP 2 选择“形状”工具，选取需要的节点，如图 9-3 所示。将其拖曳到适当的位置，效果如图 9-4 所示。选取右上方的节点，将其拖曳到适当的位置，效果如图 9-5 所示。

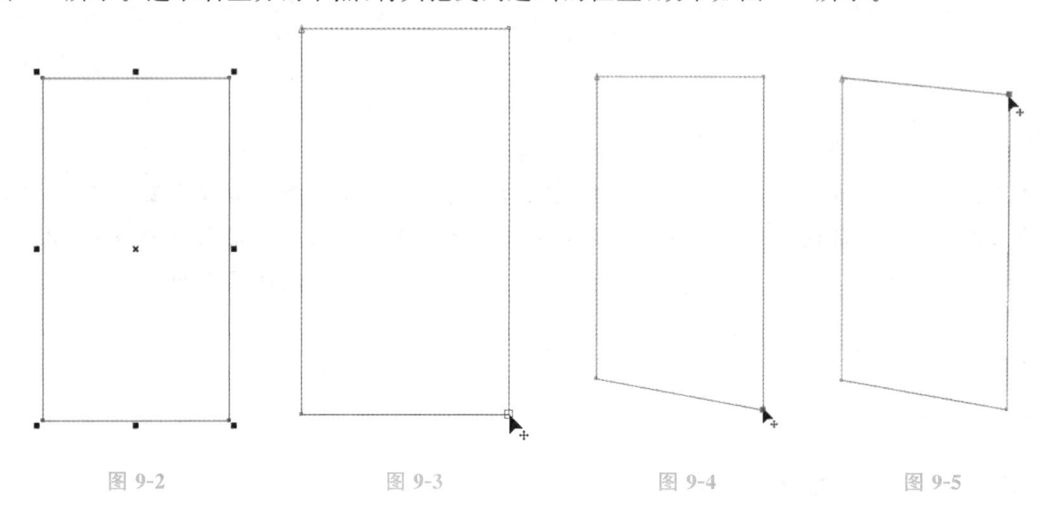

图 9-2　图 9-3　图 9-4　图 9-5

STEP 3 选择“立体化”工具，在图形上由中心向右上方拖曳光标，如图 9-6 所示，释放鼠标，效果如图 9-7 所示。

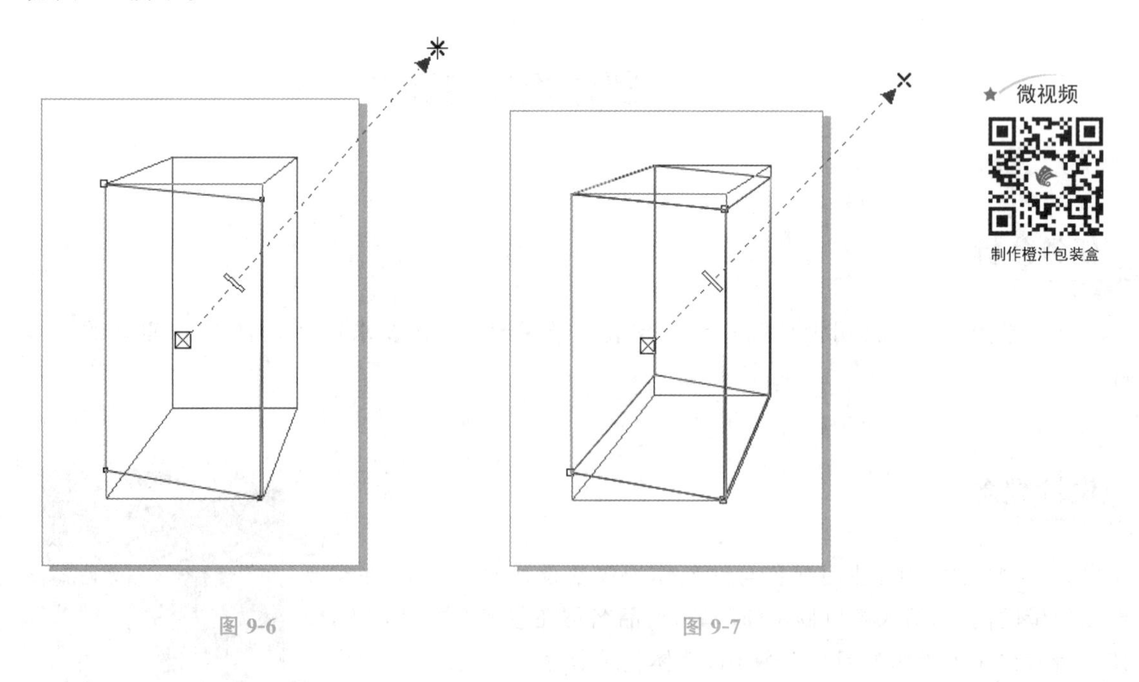

图 9-6　图 9-7

2. 制作包装盒效果

STEP 1 按 Ctrl+I 组合键，弹出“导入”对话框，选择资源包中的“素材文件\项目九\任务一制作橙汁包装盒\01”文件，单击“导入”按钮，在页面中单击导入图片，效果如图 9-8 所示。按 Ctrl+U 组合键，取消图形的群组。

STEP 2 选择“选择”工具，选取需要的图形，如图 9-9 所示，将其拖曳到适当的位置，如图 9-10 所示。选择“效果>添加透视”命令，为图形添加透视点，如图 9-11 所示。

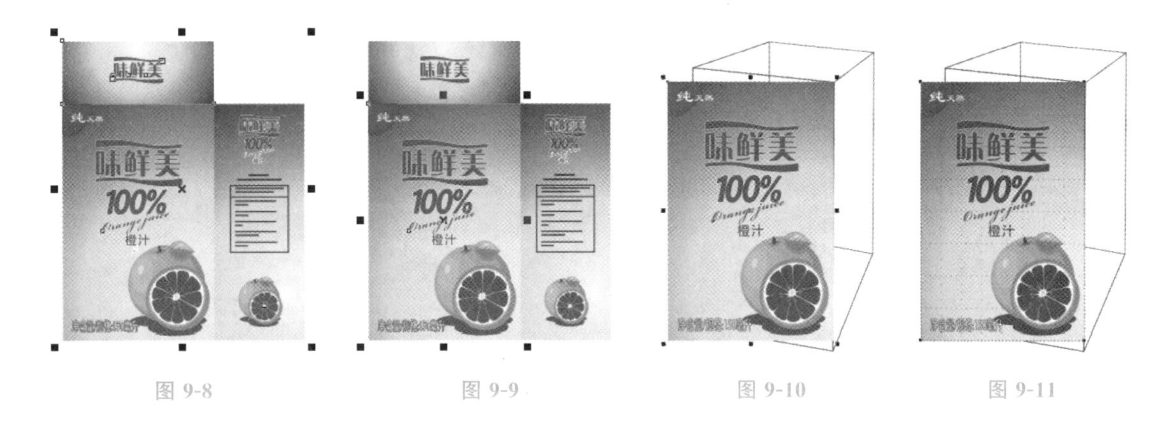

图 9-8　　图 9-9　　图 9-10　　图 9-11

STEP 3 选取左上角的节点，将其拖曳到适当的位置，效果如图 9-12 所示。用相同的方法将其他节点拖曳到适当的位置，效果如图 9-13 所示。

图 9-12

图 9-13

STEP 4 选择“选择”工具，选取需要的图形，将其拖曳到适当的位置，如图 9-14 所示。选择“效果>添加透视”命令，为图形添加透视点，如图 9-15 所示。

图 9-14

图 9-15

STEP 5 选取右下角的节点，将其拖曳到适当的位置，效果如图 9-16 所示。用相同的方法将其他节点拖曳到适当的位置，效果如图 9-17 所示。

STEP 6 选择“选择”工具，选取需要的图形，将其拖曳到适当的位置，如图 9-18 所示。用相同的方法添加透视点，并将需要的节点拖曳到适当的位置。按 Esc 键，取消选取状态，包装盒制作完成，效果如图 9-19 所示。

图 9-16

图 9-17

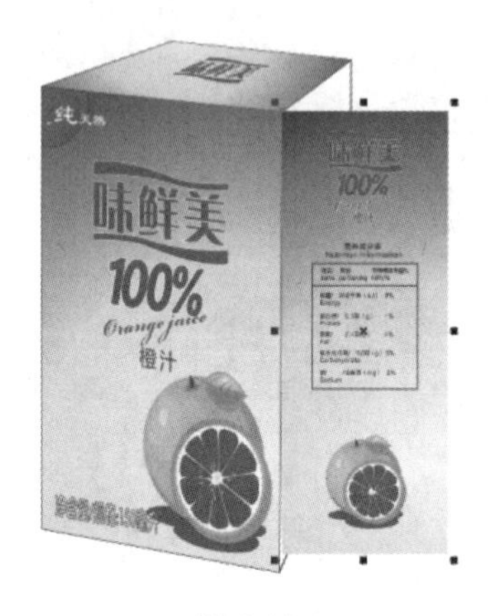

图 9-18

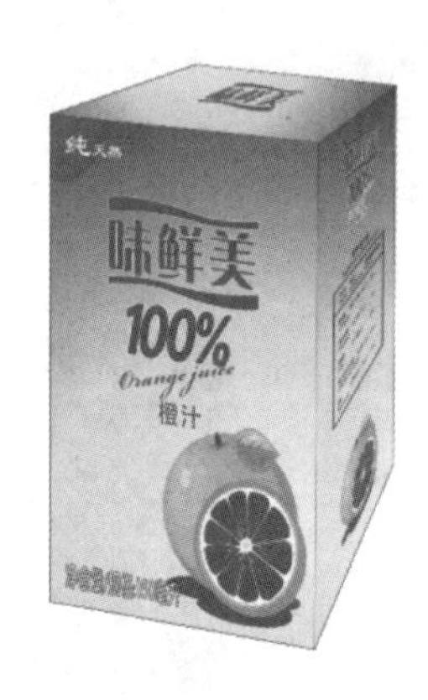

图 9-19

知识讲解

在设计和制作图形的过程中，经常会使用到透视效果。下面介绍如何在 CorelDRAW X6 中制作透视效果。

打开要制作透视效果的图形，使用“选择”工具将图形选中，效果如图 9-20 所示。选择“效果>添加透视”命令，在图形的周围出现控制线和控制点，如图 9-21 所示。用光标拖曳控制点，制作需要的透视效果，在拖曳控制点时出现了透视点×，如图 9-22 所示。用光标可以拖曳透视点×，同时可以改变透视效果，如图 9-23 所示。制作好透视效果后，按 Esc 键，确定完成的效果。

图 9-20

图 9-21

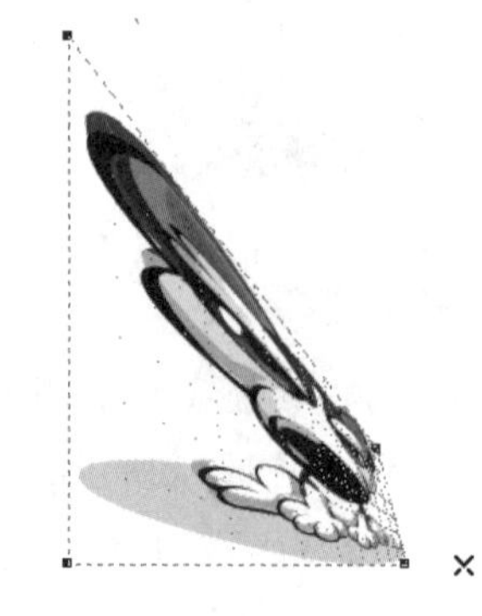

图 9-22

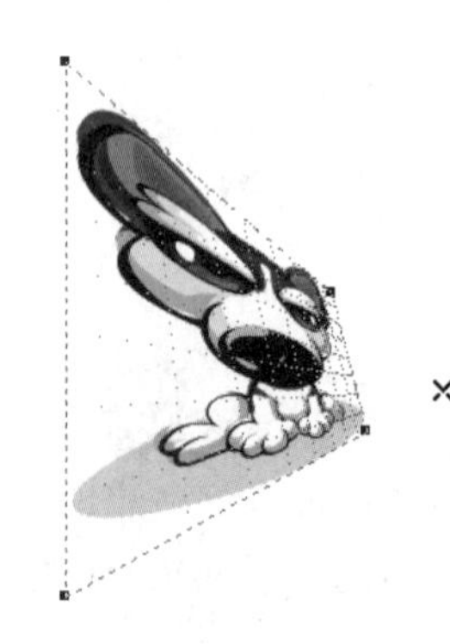

图 9-23

要修改已经制作好的透视效果，需双击图形，再对已有的透视效果进行调整即可。选择“效果>清除透视点”命令，可以清除透视效果。

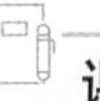

课堂演练——制作月饼包装

使用“渐变填充”工具制作背景渐变；使用“导入”命令、“透明度”工具和“图框精确剪裁”命令制作背景花纹；使用阴影工具制作圆形装饰图形的发光效果；使用字符格式化面板调整文字间距。（最终效果参看资源包中的“源文件\项目九\课堂演练 制作月饼包装.cdr”，见图 9-24。）

图 9-24

微视频

制作月饼包装1

微视频

制作月饼包装2

微视频

制作月饼包装3

任务二　制作红酒包装

任务分析

本任务是为某红酒生产商设计新产品包装效果图。这款新产品以古典华丽的造型、纯正独特的配方为主要宣传点，在包装盒的设计上运用简单的设计和文字展示出产品的主要功能特点。

设计理念

在设计制作过程中，首先使用深红色背景配以金色的图案及文字，展现出此款红酒的高端品质，优美的瓶身曲线揭示出产品典雅的气质。整体包装突出了宣传重点，达到了宣传的效果，与主题相呼应。（最终效果参看资源包中的“源文件\项目九\任务二 制作红酒包装.cdr”，见图 9-25。）

图 9-25

任务实施

1. 制作包装平面图

STEP 1 按 Ctrl+N 组合键，新建一个 A4 页面。单击属性栏中的“横向”按钮，显示为横向页面。

STEP 2 选择“矩形”工具，绘制一个矩形，如图 9-26 所示。选择“椭圆形”工具，绘制一个椭圆形，如图 9-27 所示。

STEP 3 选择“选择”工具，用圈选的方法将两个图形同时选取，单击属性栏中的“合并”按钮，将两个图形合并为一个图形，效果如图 9-28 所示。设置图形颜色的 CMYK 值为 30、100、100、0，填充图形，并去除图形的轮廓线，效果如图 9-29 所示。

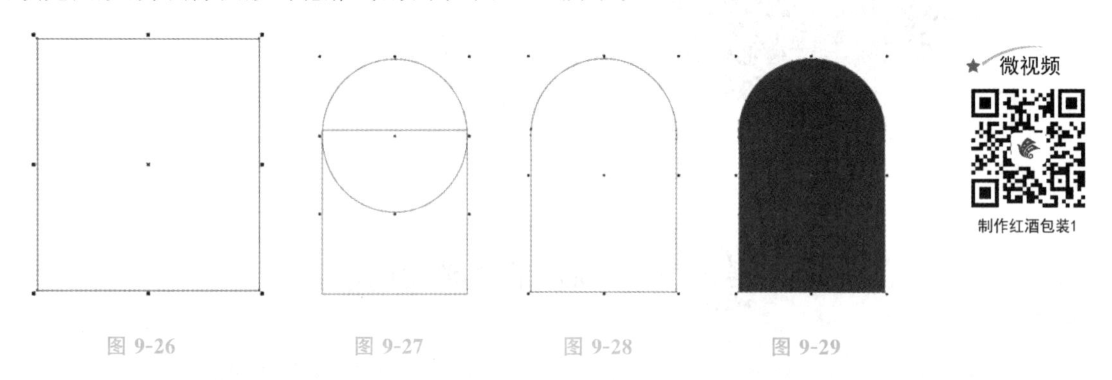

图 9-26　图 9-27　图 9-28　图 9-29

STEP 4 选择“选择”工具，单击数字键盘上的+键，复制图形。按住 Shift 键的同时，向中心拖曳右上角的控制手柄，等比例缩小图形，效果如图 9-30 所示。

STEP 5 按 F12 键，弹出“轮廓笔”对话框，在“颜色”选项中设置轮廓线颜色的 CMYK 值为 0、20、60、20，其他选项的设置如图 9-31 所示。单击“确定”按钮，效果如图 9-32 所示。用相同的方法制作其他图形，效果如图 9-33 所示。

图 9-30

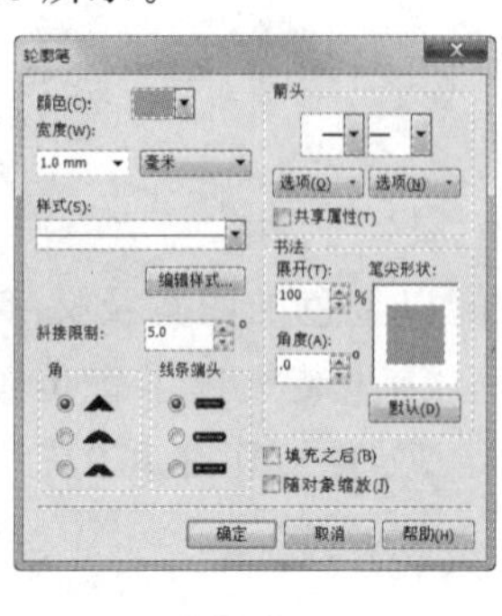

图 9-31

图 9-32

图 9-33

STEP 6 选择“贝塞尔”工具，绘制一条曲线，如图 9-34 所示。按 F12 键，弹出“轮廓笔”对话框，在“颜色”选项中设置轮廓线颜色的 CMYK 值为 0、20、60、20，其他选项的设置如图 9-35 所示。单击“确定”按钮，效果如图 9-36 所示。

图 9-34

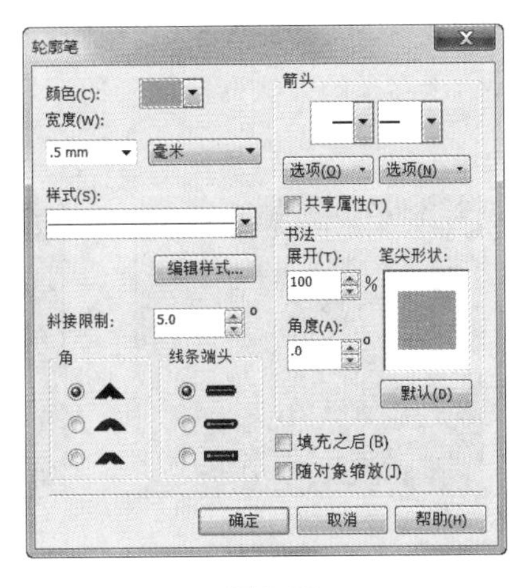

图 9-35

图 9-36

STEP 7 选择“椭圆形”工具，按住 Ctrl 键的同时，绘制一个圆形。设置图形颜色的 CMYK 值为 0、20、60、20，填充图形并去除图形的轮廓线，效果如图 9-37 所示。

STEP 8 选择“贝塞尔”工具，绘制一个图形，如图 9-38 所示。选择“选择”工具，用圈选的方法选取需要的图形，如图 9-39 所示。单击属性栏中的“移除前面对象”按钮，对图形进行修剪，效果如图 9-40 所示。

STEP 9 选择“选择”工具，多次单击数字键盘上的＋键复制图形，并分别拖曳到适当的位置，效果如图 9-41 所示。

图 9-37

图 9-38

图 9-39

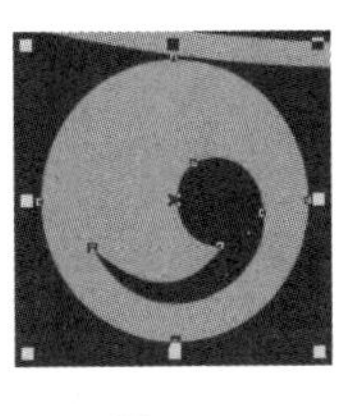

图 9-40

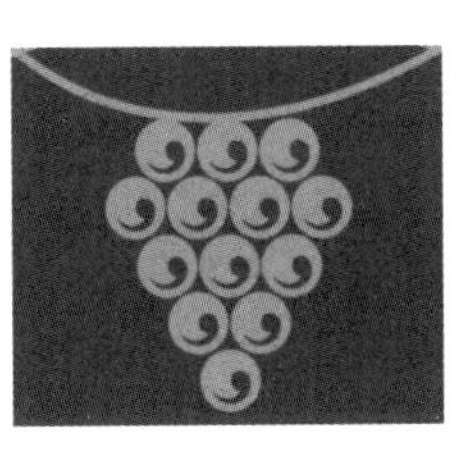

图 9-41

STEP 10 选择“文本”工具，分别输入需要的文字。选择“选择”工具，分别在属性栏中选取适当的字体并设置文字大小，填充适当的颜色，效果如图 9-42 所示。

STEP 11 按 Ctrl＋I 组合键，弹出“导入”对话框。选择资源包中的“素材文件\项目九\任务二 制作红酒包装\01”文件，单击“导入”按钮。在页面中单击导入的图片，将其拖曳到适当的位置，效果如图 9-43 所示。

图 9-42

图 9-43

STEP 12 选择“文本”工具，分别输入需要的文字。选择“选择”工具，分别在属性栏中选取适当的字体并设置文字大小，效果如图 9-44 所示。

STEP 13 选择“选择”工具，选择文字“酒精度：12%vol”。选择“形状”工具，向左拖曳文字下方的图标调整字距，释放鼠标后，效果如图 9-45 所示。用相同的方法调整其他文字的字距，效果如图 9-46 所示。选择“选择”工具，用圈选的方法选取需要的图形。按 Ctrl+G 组合键将图形群组。

图 9-44

图 9-45

图 9-46

2. 制作包装展示图

STEP 1 选择“贝塞尔”工具，绘制一个图形，如图 9-47 所示。选择“网状填充”工具，在“交互式网状填充工具”属性栏中进行设置，如图 9-48 所示。按 Enter 键，效果如图 9-49 所示。

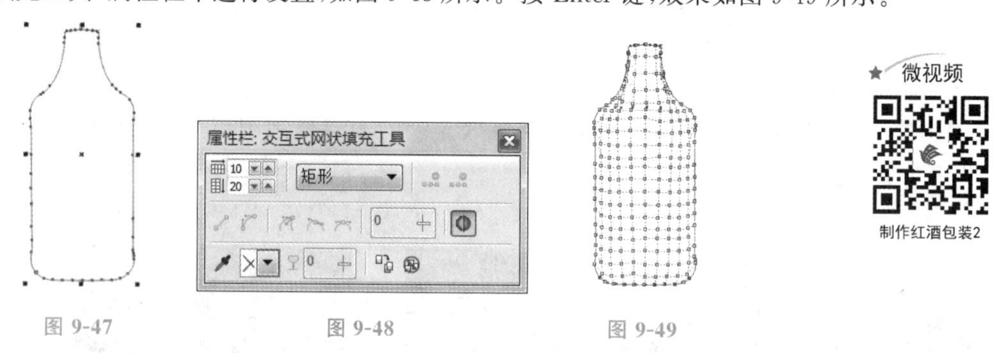

图 9-47　图 9-48　图 9-49

STEP 2 选择“网状填充”工具，用圈选的方法选取需要的节点，如图 9-50 所示。选择“窗口>泊坞窗>彩色”命令，弹出“颜色泊坞窗”对话框，设置需要的颜色，如图 9-51 所示。单击“填充”按钮，效果如图 9-52 所示。用相同的方法选取其他节点，分别填充适当的颜色，并去除图形的轮廓线，效果如图 9-53 所示。

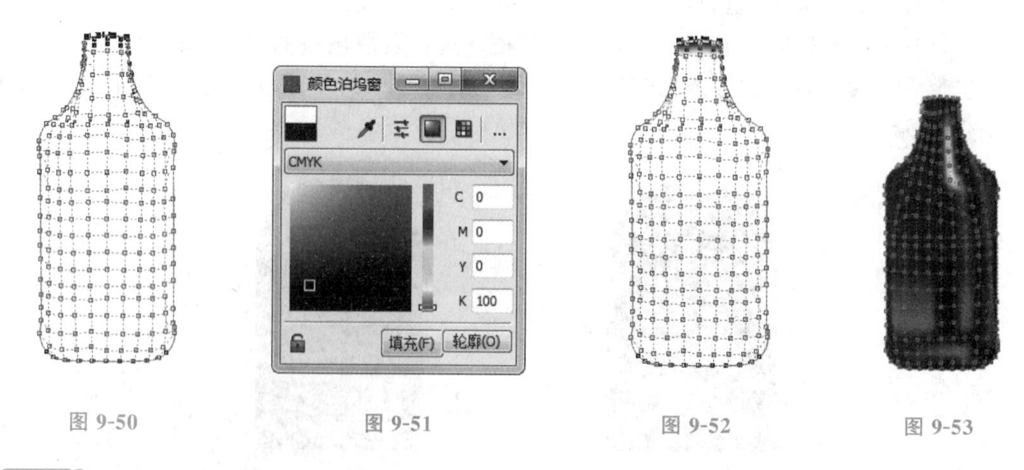

图 9-50　图 9-51　图 9-52　图 9-53

STEP 3 选择“贝塞尔”工具，绘制一个图形，设置图形颜色的 CMYK 值为 45、100、100、14，

填充图形并去除图形的轮廓线，效果如图 9-54 所示。

STEP 4 选择“贝塞尔”工具，绘制一个图形，填充图形为黑色，并去除图形的轮廓线，效果如图 9-55 所示。

STEP 5 选择“矩形”工具，在属性栏中将“圆角半径”选项均设置为 30mm，绘制一个圆角矩形，填充图形为黑色，并去除图形的轮廓线，效果如图 9-56 所示。

STEP 6 选择“选择”工具，多次单击数字键盘上的＋键复制图形，并分别拖曳到适当的位置，效果如图 9-57 所示。

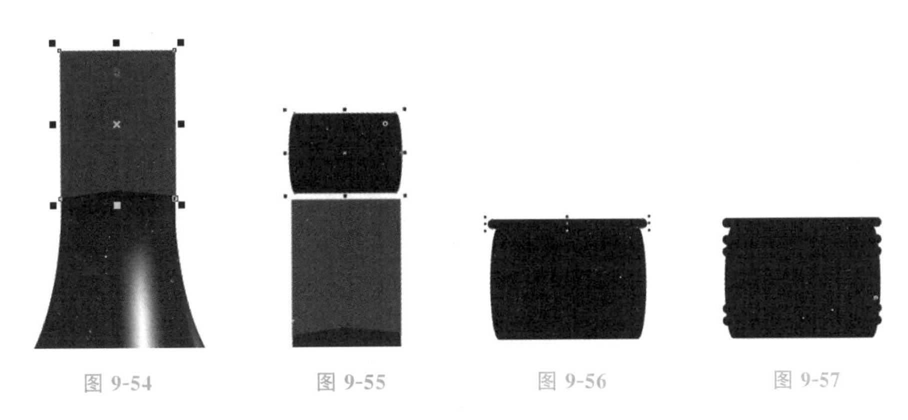

图 9-54　　图 9-55　　图 9-56　　图 9-57

STEP 7 选择“矩形”工具，在属性栏中将“圆角半径”选项均设置为 5mm，绘制一个圆角矩形。按 F11 键，弹出“渐变填充”对话框，单击“双色”单选按钮，将“从”选项颜色的 CMYK 值设置为 0、0、0、30，“到”选项颜色的 CMYK 值设置为 0、0、0、100，其他选项的设置如图 9-58 所示。单击“确定”按钮，填充图形并去除图形的轮廓线，效果如图 9-59 所示。

STEP 8 选择“选择”工具，多次单击数字键盘上的＋键复制图形，并分别调整其位置和大小，效果如图 9-60 所示。

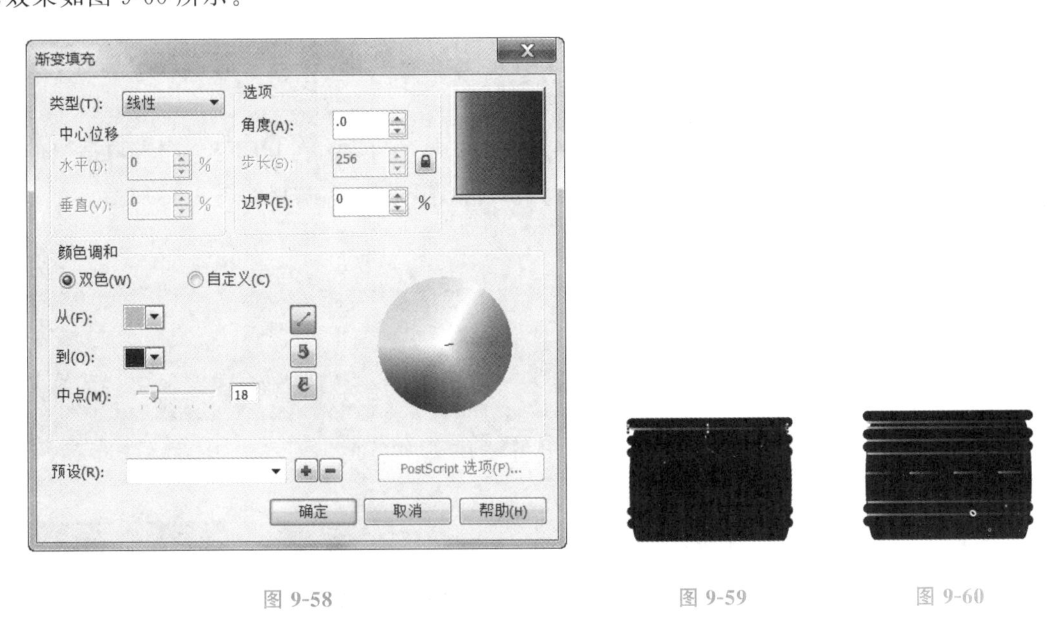

图 9-58　　图 9-59　　图 9-60

STEP 9 选择“矩形”工具，在属性栏中将“圆角半径”选项均设置为 6.8mm，在页面中绘制一个圆角矩形。

STEP 10 选择“渐变填充”工具，弹出“渐变填充”对话框，单击“自定义”单选按钮，在“位置”选项中分别添加并输入 0、22、40、66、80、100 几个位置点，单击右下角的“其他”按钮，分别设置几个位置点颜色的 CMYK 值为 0(0、20、60、20)、22(0、0、0、100)、40(0、0、60、20)、66(0、0、0、0)、80(0、20、60、20)、100(0、20、60、20),其他选项的设置如图 9-61 所示。单击“确定”按钮,填充图形并去除图形的轮廓线,效果如图 9-62 所示。用相同的方法绘制其他图形,并设置适当的颜色,效果如图 9-63 所示。

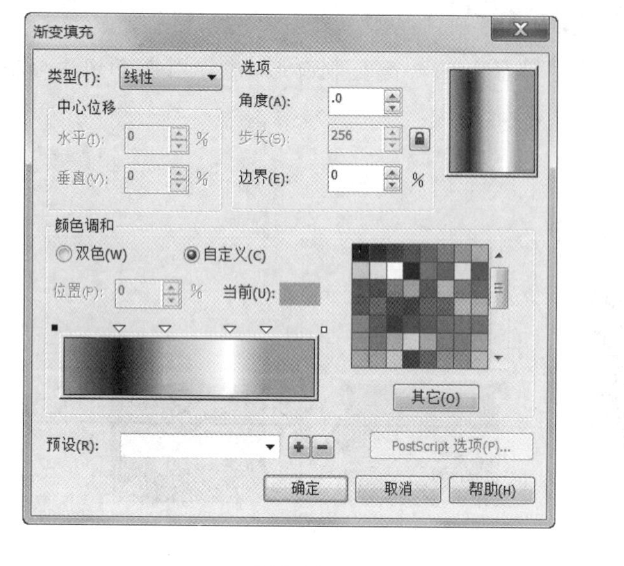

图 9-61

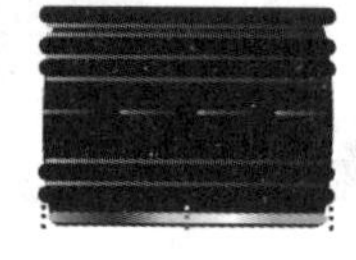

图 9-62

图 9-63

STEP 11 选择“矩形”工具绘制一个矩形。选择“渐变填充”工具,弹出“渐变填充”对话框,单击“自定义”单选按钮,在“位置”选项中分别添加并输入 0、22、40、66、80、100 几个位置点,单击右下角的“其他”按钮,分别设置几个位置点颜色的 CMYK 值为 0(0、20、60、20)、22(0、0、0、100)、40(0、0、60、20)、66(0、0、0、0)、80(0、20、60、20)、100(0、20、60、20),其他选项的设置如图 9-64 所示。单击“确定”按钮,填充图形并去除图形的轮廓线,效果如图 9-65 所示。用相同的方法制作其他图形,并填充适当的颜色,效果如图 9-66 所示。

STEP 12 选择“矩形”工具绘制一个矩形,填充图形为黑色,并去除图形的轮廓线,效果如图 9-67 所示。

STEP 13 选择“文本”工具输入需要的文字,选择“选择”工具,在其属性栏中选取适当的字体并设置文字大小,设置文字颜色的 CMYK 值为 0、20、60、20,填充文字,效果如图 9-68 所示。

图 9-64　图 9-65　图 9-66　图 9-67　图 9-68

STEP 14 选择“选择”工具,选择需要的图形,如图 9-69 所示。按数字键盘上的+键复制图

形，并调整其位置和大小，效果如图 9-70 所示。

图 9-69

图 9-70

STEP 15 选择“选择”工具，用圈选的方法选取需要的图形，如图 9-71 所示。单击其属性栏中的“创建边界”按钮，为图形创建一个边界，填充边界颜色为黑色，并去除图形的轮廓线，效果如图 9-72 所示。

图 9-71

图 9-72

STEP 16 选择“效果>添加透视”命令，在图形周围出现控制线和控制点，如图 9-73 所示。选择左上角的控制点，并将其拖曳到适当的位置，效果如图 9-74 所示。用相同的方法调整其他控制点，为图形添加透视效果，如图 9-75 所示。

图 9-73

图 9-74

图 9-75

STEP 17 选择“选择”工具，选取图形。选择“位图>转换为位图”命令，弹出“转换为位图”对话框，各选项的设置如图 9-76 所示。单击“确定”按钮，效果如图 9-77 所示。

图 9-76

图 9-77

STEP 18 选择“位图>模糊>高斯式模糊”命令，弹出“高斯式模糊”对话框，各选项的设置如图 9-78 所示。单击“确定”按钮，效果如图 9-79 所示。

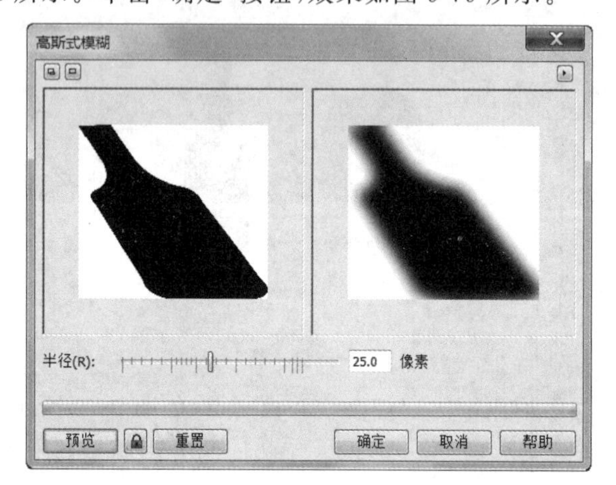

图 9-78

图 9-79

STEP 19 选择“透明度”工具，在“交互式均匀透明度”属性栏中将“透明度类型”选项设置为“标准”，其他选项的设置如图 9-80 所示。按 Enter 键，然后多次按 Ctrl＋Page Down 组合键将图形置后到适当的位置，红酒包装效果图制作完成，效果如图 9-81 所示。

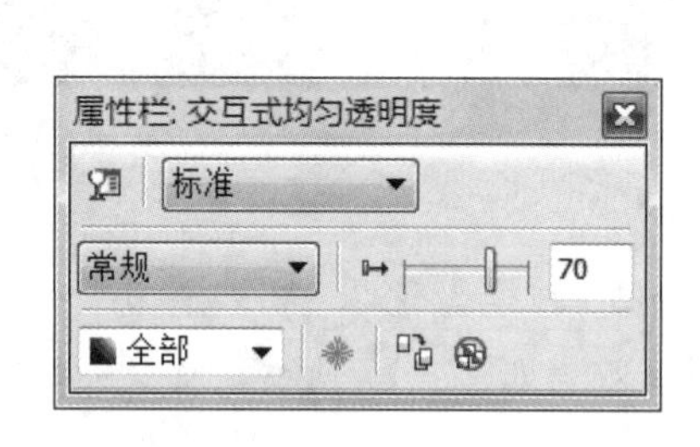

图 9-80

图 9-81

知识讲解

1. 使用封套效果

打开一个要制作封套效果的图形，如图 9-82 所示。选择“封套”工具，单击图形，图形外围显示封套的控制线和控制点，如图 9-83 所示。拖曳需要的控制点到适当的位置，释放鼠标，图形的外

形发生改变，如图 9-84 所示。选择“选择”工具并按 Esc 键，取消选取，图形的封套效果如图 9-85 所示。

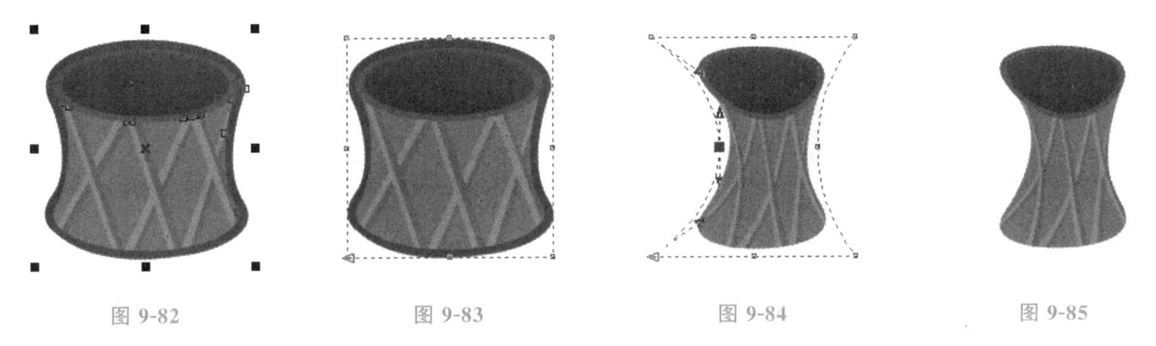

图 9-82　　图 9-83　　图 9-84　　图 9-85

“封套”工具的“交互式封套工具”属性栏如图 9-86 所示。

图 9-86

该属性栏各选项的含义如下。

“预设列表”选项：可以选择需要的预设封套效果。

“直线模式”按钮、“单弧模式”按钮、“双弧模式”按钮和“非强制模式”按钮：可以选择不同的封套编辑模式。

“映射模式”列表框：包含 4 种映射模式，分别是“水平”模式、“原始”模式、“自由变形”模式和“垂直”模式。使用不同的映射模式可以使封套中的对象符合封套的形状，制作出需要的变形效果。

2. 制作阴影效果

阴影效果是经常使用的一种特效，使用“阴影”工具可以快速给图形制作阴影效果，还可以设置阴影的透明度、角度、位置、颜色和羽化程度。下面介绍如何制作阴影效果。

打开一个图形，使用“选择”工具选取图形，如图 9-87 所示。再选择“阴影”工具，将鼠标光标放在图形上，按住鼠标左键并向阴影投射的方向拖曳光标，如图 9-88 所示，拖曳到需要的位置后释放鼠标，阴影效果如图 9-89 所示。

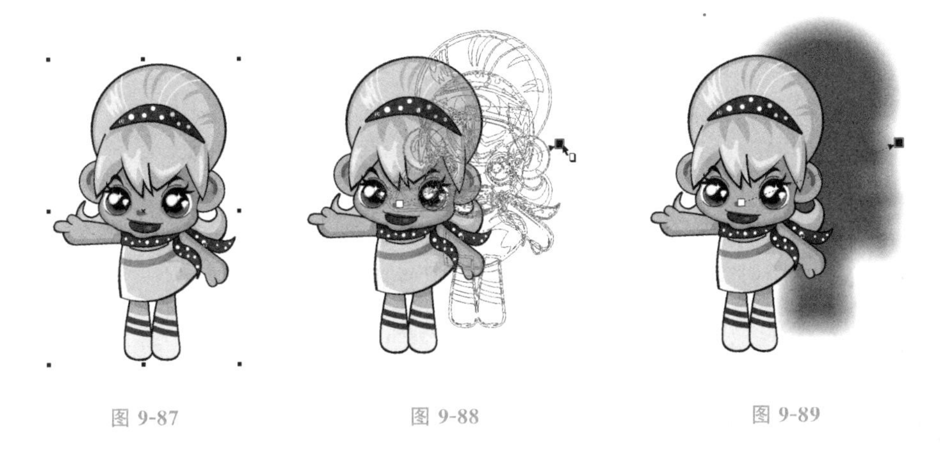

图 9-87　　图 9-88　　图 9-89

拖曳阴影控制线上的图标，可以调节阴影的透光程度。拖曳时越靠近□图标，透光度越小，阴影越淡，如图 9-90 所示；拖曳时越靠近■图标，透光度越大，阴影越浓，如图 9-91 所示。

图 9-90　　　　图 9-91

"阴影"工具的"交互式阴影"属性栏如图 9-92 所示。该属性栏各选项的含义如下。

图 9-92

"预设列表"选项：选择需要的预设阴影效果。单击预设框后面的或按钮，可以添加或删除预设框中的阴影效果。

"阴影偏移"选项、"阴影角度"选项：可以设置阴影的偏移位置和角度。

"阴影的不透明"选项：可以设置阴影的透明度。

"阴影羽化"选项：可以设置阴影的羽化程度。

"羽化方向"按钮：可以设置阴影的羽化方向。单击此按钮可弹出"羽化方向"设置区，如图 9-93 所示。

"羽化边缘"按钮：可以设置阴影的羽化边缘模式。单击此按钮可弹出"羽化边缘"设置区，如图 9-94 所示。

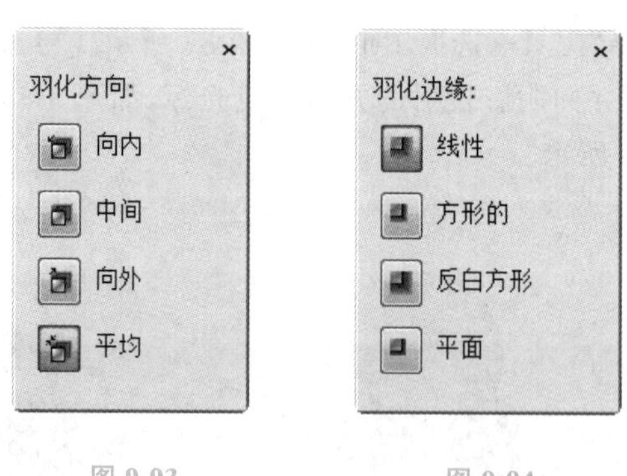

图 9-93　　　　图 9-94

"阴影淡出"选项、"阴影延展"选项：可以设置阴影的淡化和延展。

"阴影颜色"选项：可以改变阴影的颜色。

3. 转换为位图

CorelDRAW X6 提供了将矢量图形转换为位图的功能。下面介绍该功能具体的操作方法。

打开一个矢量图形并保持其选取状态，选择"位图>转换为位图"命令，弹出"转换为位图"对话框，如图 9-95 所示。

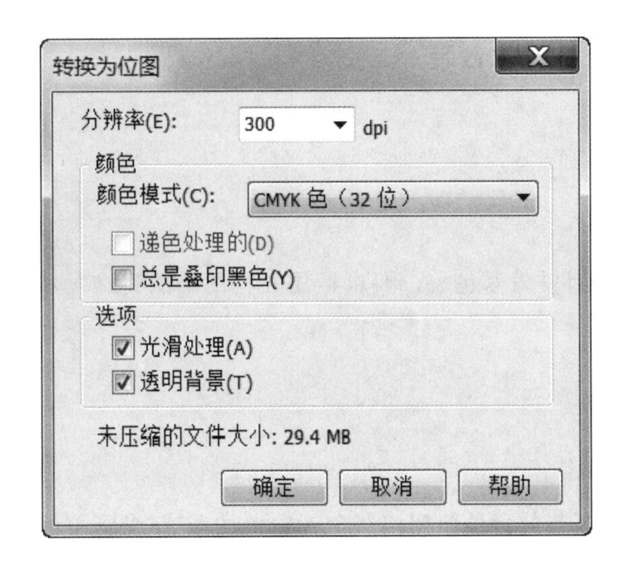

图 9-95

“分辨率”选项：在弹出的下拉列表中选择要转换为位图的分辨率。

“颜色模式”选项：在弹出的下拉列表中选择要转换的色彩模式。

“光滑处理”复选框：可以在转换成位图后消除位图的锯齿。

“透明背景”复选框：可以在转换成位图后保留原对象的通透性。

课堂演练——制作牙膏包装

使用“矩形”工具制作包装平面展开结构图；使用“文本”工具、“矩形”工具和“移除前面对象”命令制作文字效果；使用“矩形”工具和“透明度”工具制作装饰图形；使用“图框精确剪裁”命令制作图片效果；使用“形状”工具调整文字的行距。（最终效果参看资源包中的“源文件\项目九\课堂演练制作牙膏包装.cdr”，见图 9-96。）

图 9-96

实战演练——设计洗发水包装

案例分析

本案例是为某公司设计洗发水包装。要求运用独特的手法将洗发水的特色与功效表现出来，激发消费者的购买欲望。

设计理念

在设计制作过程中，包装的背景使用浅灰色到白色的渐变，象征着洗发水清洁的功能，同时体现出清新、干净的产品特点；产品形象优雅大方，字体设计在包装上具有特色；整个包装既可爱又不失时尚感。

制作要点

使用“贝塞尔”工具、“矩形”工具、“渐变”工具和“调和”工具绘制洗发水瓶身；使用“椭圆形”工具、“透明”工具和“阴影”工具绘制洗发水阴影；使用“文本”工具和图案填充工具制作标题文字；使用“文本”工具和“变形”工具添加宣传文字。（最终效果参看资源包中的“源文件\项目九\实战演练制作洗发水包装.cdr”，见图 9-97。）

微视频
制作洗发水包装1

微视频
制作洗发水包装2

图 9-97

实战演练——制作红豆包装

案例分析

红豆，多生长在我国南方的广东、广西、云南西双版纳等地，是海红豆、孔雀豆植物种子的统称。红豆的功效非常多，如解酒解毒、润肠通便、降压降脂、调节血糖、预防结石、健美减肥等。本案例是为某红豆贸易公司设计制作红豆包装盒。在包装设计上要简洁直观，醒目突出。

设计理念

在设计制作过程中，白到浅灰的渐变背景给人干净纯粹的印象；红色的产品和宣传文字在背景的衬托下醒目突出；下面的介绍性文字用色温和自然，给人强烈的归属感，传达出自然健康的经营理念；整体设计简洁大方，宣传性强。

制作要点

使用"渐变填充"工具、"2 点线"工具和"调和"工具制作背景效果；使用"文本"工具添加装饰文字；使用"轮廓笔"工具制作产品名称；使用"贝塞尔"工具和"透明度"工具制作包装展示效果。（最终效果参看资源包中的"源文件\项目九\实战演练 制作红豆包装.cdr"，见图 9-98。）

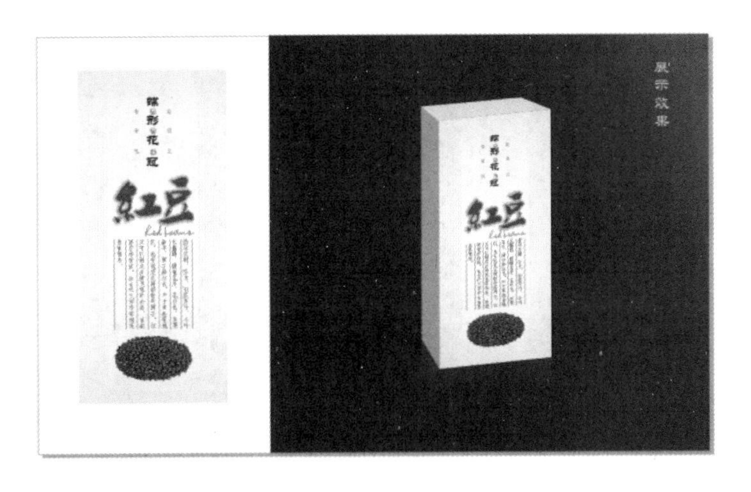

图 9-98